Web
前端技术
丛书

U0260037

HTML5+CSS3+JavaScript
前端开发基础

王 刚 编著

清华大学出版社

北京

内 容 简 介

本书面向 Web 前端开发初学者，全面系统地讲解了 HTML5、CSS3、JavaScript 基础知识和编程技巧，为使用各种流行的前端框架打下牢固的基础。

本书分为 25 章，脚本内容包括 JavaScript 与 ECMAScript 基础；HTML5 内容包括 HTML 基础、视频与音频、canvas、SVG、From、File、拖放与桌面通知、本地存储、Communication、Web Workers 与 Web SQL、WebSocket、地理位置、History 等；CSS3 内容包括 CSS 基础、选择器、插入内容、设置文本、设置图片与背景、设置表格与表单、超链接与鼠标样式、滤镜；最后一章为读者提供了两个实战案例。

本书适合 Web 前端开发初学者及 HTML5、CSS3、JavaScript 初学者，也适合高等院校和培训学校相关专业的师生参考使用。

图书在版编目（CIP）数据

HTML5+CSS3+JavaScript 前端开发基础/王刚编著. —北京：清华大学出版社，2019（2020.8重印）
（Web 前端技术丛书）
ISBN 978-7-302-52282-9

Ⅰ. ①H… Ⅱ. ①王… Ⅲ. ①超文本标记语言—程序设计　②网页制作工具
③JAVA 语言—程序设计　Ⅳ. ①TP312.8 ②TP393.092.2

中国版本图书馆 CIP 数据核字（2019）第 025791 号

责任编辑：夏毓彦
封面设计：王　翔
责任校对：闫秀华
责任印制：沈　露

出版发行：清华大学出版社
　　　　网　　　址：http://www.tup.com.cn, http://www.wqbook.com
　　　　地　　　址：北京清华大学学研大厦 A 座　　　　　邮　　编：100084
　　　　社 总 机：010-62770175　　　　　　　　　　　　邮　　购：010-62786544
　　　　投稿与读者服务：010-62776969, c-service@tup.tsinghua.edu.cn
　　　　质 量 反 馈：010-62772015, zhiliang@tup.tsinghua.edu.cn

印 装 者：三河市龙大印装有限公司
经　　销：全国新华书店
开　　本：190mm×260mm　　　　印　张：27.75　　　　字　数：710 千字
版　　次：2019 年 4 月第 1 版　　　　　　　　　　　印　次：2020 年 8 月第 3 次印刷
定　　价：79.00 元

产品编号：081829-01

前　言

随着互联网技术的迅速发展，昔日 Web 1.0 和 Web 2.0 的时代已经离我们远去，一些互联网巨头纷纷用自己的实际行动迎接 HTML5+CSS3 技术的到来，所有主流的浏览器都已经开始支持 HTML5 和 CSS3 技术的很多特性，网页的代码变得越来越整洁，对搜索引擎的支持也越来越好，甚至在移动设备端，浏览器对 HTML5 也提供了很好的支持。

本书共分为 25 个章节，前两章主要介绍 HTML5 的一些基础知识，包括 HMTL 网页的构成、各种 HTML 元素的使用方法等；第 3 章主要介绍 JavaScript 的基础知识，JavaScript 是现代网页编程中不可或缺的重要元素；第 4 章着重对 ES6 相关内容进行讲解，本章是对 JavaScript 内容的重要补充；第 5~9 章主要介绍 HTML5 中音/视频、文件操作的一些基本方法，它们可以使网页内容更加丰富；第 10~16 章主要介绍一些 API 相关的内容，包括拖放、桌面通知、Communication、Web Workers、Web SQL、Web Sockets、地理位置、History 等，灵活使用这些 API，可以使我们的网站功能更加强大；第 17~ 23 章集中介绍了 CSS 样式的使用方法，包括 CSS 基础知识、CSS3 中各种选择器的灵活使用以及各种表格和背景样式的设置方法；第 24 章主要介绍 CSS 中各种滤镜的使用方法；第 25 章通过两个项目实战案例综合本书介绍的所有内容，实战演练 HTML5 和 CSS3 的使用方法。

本书示例下载

读者可以扫描二维码下载本书的示例源代码。

如果下载有问题或对本书有疑问，请联系 booksaga@163.com，邮件主题为"HTML5+CSS3+JavaScript 前端开发基础"。

本书读者对象

- 希望自己动手制作 Web 网站的初学者
- 有志于从事 Web 前端开发的专业人士
- 高校和培训机构相关专业的师生

编　者
2019 年 1 月

目　　录

第1章

HTML5 + CSS3 学习准备

HTML5 和 CSS3 是新一代 Web 技术的标准，致力于构建一套更加强大的 Web 应用开发平台，以便提高 Web 应用开发效率，丰富 Web 体验效果。由于其广阔的发展前景，因此目前各主流浏览器都已经能更好地支持 HTML5。本章主要介绍在学习 HTML5 和 CSS3 之前，需要做的一些准备工作，以及 HTML5 的一些新标准。

1.1 学习准备

工欲善其事必先利其器。Web 应用需要浏览器作为载体，目前可供选择的浏览器类型非常多，选择一款合适的浏览器，对于体验 HTML5 的效果将会有很大的帮助。另外，选择一款得心应手的开发工具，也能够更好地掌握 HTML5 的开发技巧，提高开发效果。

1.1.1 选择合适的浏览器

IE 浏览器应该是大家最熟悉的一款浏览器，它伴随着 Windows 的成长也在不断地更新换代，除了 IE 浏览器以外，我们可能还听说或使用过 Google Chrome 浏览器、Mozilla Firefox 浏览器、Opera 浏览器、Maxthon 浏览器、百度浏览器、QQ 浏览器等，这么多的浏览器，到底哪一款适合我们学习 HTML5 呢？笔者认为，各款浏览器都有自己的优点和缺点，我们选择的依据是哪款浏览器对 HTML5 和 CSS3 支持的更好，我们就选择哪款。根据笔者的经验和目前浏览器的版本，建议大家选择 IE 11 或 Google Chrome 30 以上版本，本书将以 Google Chrome 30 为大家呈现 HTML5 的各种效果。

1.1.2　选择合适的开发工具

对于简单的 HTML 网页，使用记事本就可以完成页面布局和显示，对于稍复杂的一些 HTML 网页，使用 Notepad 或 Editplus 也可以满足需要，但是对于稍大一些的 Web 项目而言，使用这些工具就好比钻木取火，虽然通过精湛的技术和细致的编码也能完成任务，但是效率却非常低。

IDE（Integrated Development Environment）集成开发环境是专业的软件项目开发工具，根据开发语言的不同，IDE 开发工具也有很多种。对于 HTML5 而言，可供选择的开发工具有 Adobe Edge、Adobe Dreamweaver CC、Adobe ColdFusion 10、Sencha Architect 2、Sencha Touch 2、Aojo Foundation Maqetta、Visual Studio 2010、JetBrains WebStorm 4.0、Google Web Toolkit 等，这些开发工具都致力于为用户提供方便、快捷的开发模式，提高工作效率。本书将以 Adobe Dreamweaver CC 为开发工具，详细讲解 HTML5 的知识。

1.2　认识 HTML5

伴随着硬件和网络宽带的大幅改善，互联网未来的发展方向，注定要适应人们日益强烈的用户体验。HTML5 作为唯一一个能够在 PC、MAC、iPhone、iPad、Android、Windows Phone 等平台运行的语言，注定将成为移动互联网时代的 HTML 标准。

1.2.1　HTML5 语法

HTML5 与 HTML4 在语法上有很多相似之处，但还有很多关键的地方不太一样，下面我们就来看一下 HTML5 和 HTML4 在语法上的不同之处。

1. 字符编码

字符编码用于指定一个 HTML 文档使用的是哪种字符集，以便告诉浏览器应该使用哪种编码对文本进行存储或通过通信网络进行传递。在 HTML 文档中，使用<meta>元素指定字符编码。在 HTML4 中，其形式如下：

```
<meta http-equiv="Content-Type" content="text/html; charset=utf-8">
```

而在 HTML5 中，直接使用 charset 属性即可指定字符编码，其形式如下：

```
<meta charset="utf-8">
```

2. Doctype 文档类型

DOCTYPE 文档类型是一种标准通用标记语言的文档类型声明，在 HTML 文档中，用于高速浏览器应该使用哪种文档类型来解析 HTML 文档。

在 HTML4 中，DOCTYPE 文档类型的语法如下：

```
<!DOCTYPE HTML PUBLIC "-//W3C//DTD HTML4.01 Transitional//EN" "http://www.w3.org/TR/html4/0020loose.dtd">
```

在 HTML5 中，DOCTYPE 文档类型的语法如下：

`<!doctype html>`

3. MathML 与 SVG

MathML 称为数学置标语言，是一种基于 XML 的标准，用于在互联网上书写数学符号和公式。SVG 称为可缩放矢量图形，同样基于 XML 标准，是一种用于表示二维矢量图形的格式。在 HTML4 中，需要使用特定的标签来显示 MathML 和 SVG，如<embed><object> 或 <iframe>，但在 HTML5 中，可以将 MathML 和 SVG 内嵌在 HTML 文档中，完成相同功能。例如，在 HTML5 中使用 SVG 元素绘制圆的代码如下：

```
<!DOCTYPE html>
<html>
<head>
<title>1.2.1</title>
</head>
<body>
 <svg> <circle r="80" cx="100" cy="100" fill="blue"/> </svg>
</body>
</html>
```

效果如下图所示。

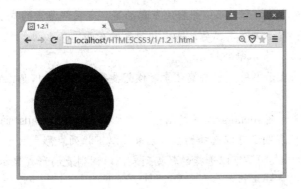

1.2.2 新增与废除的元素和属性

在 HTML5 中，不但新增了很多元素和属性，而且还废除了很多元素和属性。下面我们就来详细介绍一下这些更新换代的元素和属性。

1. 新增的与结构相关的元素

在 HTML4 中，与结构相关的元素主要使用<div>，并配合 CSS 样式进行页面布局，而在 HTML5 中，可以直接使用各种主体结构元素进行布局。这些元素包括：

- <section>元素：表示页面的一个内容区块。
- <article>元素：表示页面的一块独立内容。
- <aside>元素：表示页面上<article>元素之外的但与<article>相关的辅助信息。
- <nav>元素：表示页面中导航链接的部分。

在 HTML5 中，还新增的一些非主体结构元素。

- <header>元素：表示页面中一个内容区块<section>或整个页面的标题。
- <hgroup>元素：表示对于整个页面或页面一个内容区块<section>的<header>进行组合。
- <footer>元素：表示对整个页面或页面一个内容区块<session>的页脚。
- <figure>元素：表示一段独立的文档内容。
- <figcaption>元素：表示<figure>元素的标题。

2. 新增的与结构无关的元素

这些元素主要用于定义音/视频、进度条、时间、注释等。

- <video>元素：用于定义视频，无须<object type="video/ogg">。
- <audio>元素：用于定义音频，无须<object type="application/ogg">。
- <embed>元素：用于插入各种多媒体，可以各种格式。
- <mark>元素：用于向用户在视觉上突出显示某些文字。
- <progress>元素：表示运行中的进程。
- <time>元素：用于表示日期、时间。
- <ruby>元素：表示 ruby 注释。
- <rt>元素：表示字符的解释或发音。
- <rp>元素：在<ruby>内使用，表示不支持<ruby>元素的浏览器所显示的内容。
- <wbr>元素：表示软换行，可以根据浏览器的窗口或父级元素的宽度自行决定。
- <canvas>元素：表示画布，然后让脚本把想画的东西画在上面。
- <command>元素：表示命令按钮。
- <details>元素：表示当用户单击某元素时候想要得到的细节信息，常和<summary>元素联合使用。
- <summary>元素：是<details>元素的第一个子元素，表示<details>的标题。
- <datalist>元素：表明了可以选择的数据列表，以下拉列表形式显示。
- <datagrid>元素：表明了可以选择的数据列表，以树列表的形式显示。
- <keygen>元素：表示生成密钥。
- <output>元素：表示不同类型的输出。
- <source>元素：表示为<video><audio>等媒体元素定义资源。
- <menu>元素：表示菜单列表。

3. 新增的表单元素类型

- <email>：表示必须输入 Email 地址的文本输入框。
- <url>：表示必须输入 url 地址的文本输入框。
- <number>：表示必须输入数值的文本输入框。
- <range>：表示必须输入一定范围内数字的文本输入框。

4. 新增的表单相关属性

下表列出了与表单相关的属性。

属　　性	作用域	说　　明
autofocus	input（type=text）、select、textarea、button	以指定属性的方式让元素在画面打开时自动获得焦点
placeholder	input（type=text）、textarea	对用户的输入进行提示，提示用户可以输入的内容
form	input、output、select、textarea、button、fieldset	声明属于哪个表单，然后将其放置在页面的任何位置，而不是表单之内
required	input（type=text）、textarea	表示用户提交时进行检查，检查该元素内必定要有输入内容
autocomplete	input	规定表单是否应该启用自动完成功能
min	input	规定输入字段的最小数字
max	input	规定输入字段的最大数字
multiple	input	允许上传时一次上传多个文件
pattern	input	用于验证输入字段的模式，即正则表达式
step	input	规定输入字段的合法数字间隔
list	datalist、input	定义选项列表，与 input 配合使用
disabled	fieldset	把它的子元素设为 disabled 状态
novalidate	input、button、form	取消提交时进行的有关检查，表单可以被无条件提交
formaction	input、button	覆盖 form 元素的 action 属性
formenctype	input、button	覆盖表单的 enctype 属性
formmethod	input、button	覆盖表单的 method 属性
formnovalidate	input、button	覆盖表单的 novalidate 属性
formtarget	input、button	覆盖表单的 target 属性

5. 新增链接相关属性

（1）为 a、area 增加 media 属性。规定目标 URL 是什么类型的媒介/设备进行优化的。该属性用于规定目标 URL 是为特殊设备（如 iPhone）、语音或打印媒介设计的。该属性可接受多个值。只能在 href 属性存在时使用。

（2）为 area 增加 herflang 和 rel 属性。hreflang 属性规定在被链接文档中的文本的语言。只有当设置了 href 属性时，才能使用该属性。注释：该属性是纯咨询性的。rel 属性规定当前文档与被链接文档/资源之间的关系。只有在使用 href 属性时，才能使用 rel 属性。

（3）为 link 增加 size 属性。size 属性规定被链接资源的尺寸。只有当被链接资源是图标时(rel="icon")，才能使用该属性。该属性可接受多个值。值由空格分隔。

（4）为 base 元素增加 target 属性，主要是保持与 a 元素的一致性。

6. 新增的其他属性

（1）为 ol 增加 reversed 属性，指定列表倒序显示。

（2）为 meta 增加 charset 属性。

（3）为 menu 增加 type 和 label 属性。label 为菜单定义一个课件的标注，type 属性可以以上下文菜单、工具条与列表 cande 三种形式出现。

（4）为 style 增加 scoped 属性。它允许我们为文档的指定部分定义样式，而不是整个文档。如果使用"scoped"属性，那么所规定的样式只能应用到 style 元素的父元素及其子元素。

（5）Async 是为 Script 脚本新增加的属性，用于异步执行 Script 脚本。async 属性仅适用于外部脚本（只有在使用 src 属性时）有多种执行外部脚本的方法：

- 如果 async="async"，那么脚本相对于页面的其余部分异步执行（当页面继续进行解析时，脚本将被执行）。
- 如果不使用 async 且 defer="defer"，那么脚本将在页面完成解析时执行。
- 如果既不使用 async 也不使用 defer：在浏览器继续解析页面之前，立即读取并执行脚本。

（6）为 html 元素增加 manifest，开发离线 Web 应用程序时与 API 结合使用定义一个 URL，在这个 URL 上描述文档的缓存信息。

（7）为 iframe 增加三个属性：sandbox、seamless 和 srcdoc。用来提高页面安全性，防止不信任的 Web 页面执行某些操作。

7. 废除了能使用 CSS 样式替代的元素

在 HTML4 中有许多元素用于美化页面，而在 HTML5 中，这些美化页面的功能将由 CSS 完成，所以这些元素就被废除了。这些元素包括 basefont、big、center、font、s、strike、tt、u 等。

8. 废除了 frame 框架元素

由于框架元素的使用对网页可用性和服务器响应请求次数上存在负面消耗，因此 HTML5 中废除了 frame 框架元素，包括 frameset、frame、noframes，目前 HTML5 只支持 iframe 元素。实际上，自从 ajax 技术出现，frame 元素就已经很少被使用了。

9. HTML 废除了只有部分浏览器才支持的元素

在之前的 HTML 中有一些元素无法兼容各个浏览器，比如 marquee、bgsound 元素只能被 IE 浏览器支持，applet、blink 也只有部分浏览器才能支持，这些元素在 HTML5 中全部被废除。

10. 其他在 HTML5 中被废除的元素

还有一些元素的功能在 HTML5 中被其他元素取代,这些元素包括使用 ruby 元素替代 rb 元素，使用 abbr 元素替代 acronym 元素，使用 ul 元素替代 dir 元素，使用 from 与 input 元素替代 isindex 元素，使用 pre 元素替代 listing 元素，使用 code 元素替代 xmp 元素，使用 GUIDS 替代 nextid 元素，使用 "text/plain" MIME 类型替代 plaintext 元素。

11. 在 HTML5 中被废除的属性

HTML4 中的一些属性在 HTML5 中不再被使用，而是采用其他属性或其他方式进行替代，详见下表。

在 HTML4 中使用的属性	使用该属性的元素	在 HTML5 中的替代方案
rev	link、a	rel
charset	link、a	在被链接的资源中使用 HTTP Content-type 头元素
shape、coords	a	使用 area 元素代替 a 元素
longdesc	img、iframe	使用 a 元素链接到较长描述

（续表）

在 HTML4 中使用的属性	使用该属性的元素	在 HTML5 中的替代方案
target	link	多余属性，被省略
nohref	area	多余属性，被省略
profile	head	多余属性，被省略
version	html	多余属性，被省略
name	img	id
scheme	meta	只为某个表单域使用 scheme
archive、chlassid、codebose、codetype、declare、standby	object	使用 data 与 typc 属性类调用插件。需要使用这些属性来设置参数时，使用 param 属性
valuetype、type	param	使用 name 与 value 属性，不声明它的 MIME 类型
axis、abbr	td、th	使用明确简洁的文字开头+详述文字的形式。可以对更详细的内容使用 title 属性，以使单元格的内容变得简短
scope	td	在被链接的资源中使用HTTP Content-type头元素
align	caption、input、legend、div、h1、h2、h3、h4、h5、h6、p	使用 CSS 样式表替代
alink、link、text、vlink、background、bgcolor	body	使用 CSS 样式表替代
align、bgcolor、border、cellpadding、cellspacing、frame、rules、width	table	使用 CSS 样式表替代
align、char、charoff、height、nowrap、valign	tbody、thead、tfoot	使用 CSS 样式表替代
align、bgcolor、char、charoff、height、nowrap、valign、width	td、th	使用 CSS 样式表替代
align、bgcolor、char、charoff、valign	tr	使用 CSS 样式表替代
align、char、charoff、valign、width	col、colgroup	使用 CSS 样式表替代
align、border、hspace、vspace	object	使用 CSS 样式表替代
clear	br	使用 CSS 样式表替代
compace、type	ol、ul、li	使用 CSS 样式表替代
compace	dl	使用 CSS 样式表替代
compace	menu	使用 CSS 样式表替代
width	pre	使用 CSS 样式表替代
align、hspace、vspace	img	使用 CSS 样式表替代
align、noshade、size、width	hr	使用 CSS 样式表替代

（续表）

在 HTML4 中使用的属性	使用该属性的元素	在 HTML5 中的替代方案
align、frameborder、scrolling、marginheight、marginwidth	iframe	使用 CSS 样式表替代
autosubmit	menu	

1.2.3 全局属性

在 HTML5 中新增了一个"全局属性"的概念，我们知道，属性的作用域是元素，全局属性的作用域就是所有元素。下面我们来介绍几种常用的全局属性。

1. contentEditable 属性

该属性的主要功能是允许用户编辑元素中的内容。它是一个布尔值，可以是 true 或 false。当值为 true 时，在元素焦点上单击鼠标，可以获得鼠标焦点并插入一个符号，提示用户该元素的内容允许编辑，反之则不提示。

另外，该元素还有一个隐藏的 inherit 状态，该状态也是一个布尔值。当值为 true 时允许编辑，当值为 false 时不能编辑。如果不指定值，就由该元素继承的父级元素来决定。若父级元素允许编辑，则该元素也允许编辑；若父级元素不能编辑，则该元素也不能编辑。

例如允许编辑段落元素内容的代码如下：

```
<!doctype html>
<html>
<meta charset="utf-8">
<head>
<title>1.2.2</title>
</head>
<body>
<p contenteditable="true">此段落内容可以编辑。</p>
</body>
</html>
```

效果如下图所示。

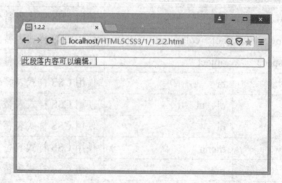

2. designMode 属性

该属性用于指定整个页面是否可编辑，当页面可编辑时，页面中任何支持 contentEditable 的元素都变成可编辑状态。该属性只能在 JavaScript 脚本中进行编辑修改。该属性并非布尔值，而是 on 和 off。当值为 on 时，页面可编辑；当值为 off 时，页面不可编辑。

页面中有以下框架代码：

```
<iframe id="editor"></iframe>
```

在 JavaScript 脚本中指定 designMode 属性的方法如下：

```
editor.document.designMode="on"
```

3. hidden 属性

在 HTML5 中，该属性用于隐藏或显示元素。hidden 属性的值是一个布尔值，当值为 true 时，元素不可见；当值为 false 时，元素可见。需要注意的是，不可见的元素并不是不存在，而是浏览器并未渲染该元素，如果在页面加载后，使用 JavaScript 脚本对该属性的值进行更改，则元素变为可见状态。例如下面这段代码：

```
<!doctype html>
<html>
<head>
<title>1.2.3</title>
</head>
<body>
<input type="text" hidden />
<input type="text" />
<input type="text" hidden />
</body>
</html>
```

效果如下图所示。

4. spellcheck 属性

从字面的意思理解，该属性的功能用于进行拼写检查。在 HTML5 中，spellcheck 属性针对 input 元素（type=text）和 textarea 两个文本输入框提供拼写检查。该属性的值是一个布尔值，当值为 true 时，执行拼写检查；当值为 false 时，不执行拼写检查。

input 和 textarea 元素指定 spellcheck 属性的代码如下：

```
<input type=text spellcheck="false" />
<textarea spellcheck="true"></textarea>
```

注 意　　如果一个元素的 readOnly 属性或 disable 属性为 true，则不执行拼写检查。

例如下面这段代码：

```
<!doctype html>
<html>
<head>
<title>1.2.4</title>
</head>
<body>
<textarea rows="10" cols="60" spellcheck="true">
Please input your name.
</textarea>
</body>
</html>
```

效果如下图所示。

5. tabindex 属性

一个页面中会有很多个控件，当按 Tab 键时，焦点会在各个控件之间进行切换，tabindex 用于表示该控件是第几个被访问的控件。如果设置一个控件的 tabindex 值为负数，那么按下 Tab 键时该控件就不能获得焦点，但是仍然可以通过编程的方式让控件获得焦点，这在复杂的页面或 Web 编程中是非常有用的。Tab 键按从小到大的顺序进行导航，值为 0 的空间会被最后导航到。例如使用 Tab 键对多个文本框进行导航的代码如下：

```
<!doctype html>
<html>
<head>
<title>tabindex</title>
</head>
<body>
<input type="text" tabindex="-1" />
<input type="text" tabindex="0" />
<input type="text" tabindex="3" />
<input type="text" tabindex="1" />
```

```
<input type="text" tabindex="2" />
</body>
</html>
```

1.2.4　HTML5 中新增的 API

应用编程接口（application program interface，API）是访问一个软件应用的编程指令和标准的集合。考虑到应用程序开发人员的需求，在 HTML5 中引入了大量新的 Javascript API，可以利用这些内容与对应的 HTML 元素相关联。它们包括：

（1）二维绘图 API，可以用在一个新的画布（Canvas）元素上以呈现图像、游戏图形或其他运行中的可视图形。

（2）一个允许 Web 应用程序将自身注册为某个协议或 MIME 类型的 API。

（3）一个引入新的缓存机制以支持脱机 Web 应用程序的 API。

（4）一个能够播放视频和音频的 API，可以使用新的 video 和 audio 元素。

（5）一个历史记录 API，可以公开正在浏览的历史记录，从而允许页面更好地支持 AJAX 应用程序中实现的后退功能。

（6）跨文档的消息传递，它提供了一种方式，使得文档可以互相通信而不用考虑它们的来源，在某种程序上，这样的设计是为了防止跨站点的脚本攻击。

（7）一个支持拖放操作的 API，可以与 draggable 特性相关联。

（8）一个支持编辑操作的 API，可以与一个新的全局 contenteditable 特性相关联。

（9）一个新的网络 API，支持 Web 应用程序在本地网络上互相通信，并在其源服务器上维持双向的通信。

（10）使用 Javascript API 的键/值对实现客户端的持久化操作，同时支持嵌入的 sql 数据库。

（11）服务器发送的事件，通过它可以与新的事件源（event-source）元素关联，新的事件源元素有利于与远程数据源的持久性连接，而且极大地消除了在 Web 应用程序中对轮询的需求。

测试题

（1）在 HTML5 中如何设置字符编码？

（2）在 HTML5 中，可以使用哪些元素代替 HTML4 中的<div>元素？

（3）在 HTML5 中用哪个元素表示页脚？

（4）contentEditable 属性的功能是什么？

（5）spellcheck 属性针对哪两个元素进行设置？

1.3　本章小结

本章主要介绍了学习 HTML5 和 CSS3 之前应做的一些准备工作。通过对本章内容的学习，读者应该能够正确选择一款开发 HTML5 的工具，以及展现 HTML5 网页的浏览器，并对 HTML5 的语法有一定的了解；知道哪些元素和属性是新增的，哪些是废除的；知道什么是全局属性，了解HTML5 中新增的 API。

第2章

HTML 元素、属性与结构

网页上的内容都是由一个个 HTML 元素和属性构成的，无论这个网页的效果多么绚丽，内容多么复杂，其基本组成单位仍然是 HTML 元素。如何对网页的 HTML 元素进行编排，使其按开发者预定的效果进行展示，这就需要对 HTML 元素和属性进行结构化编排，以便让浏览器能正确解析每个元素和属性，让网页展示出预定的效果。本章主要对 HMTL 元素和属性进行介绍，以及如何编排 HTML5 文档。

2.1 HTML 元素

HTML 元素是组成 HTML 文档的基础，所有的元素都有着相同的语法和使用规则，通过 HTML 元素的嵌套，组成一个功能丰富的 HTML 文档。本节将介绍 HTML 元素的定义、语法及嵌套使用的方法。

2.1.1 HTML 元素概述

在介绍 HTML 元素之前，首先要知道什么是 HTML 标签。HTML 标签是 HTML 语言中的基本单位。我们来看一个 HTML 文档，代码如下：

```
<!doctype html>
<html>
<head>
<meta charset="utf-8">
<title>无标题文档</title>
</head>
<body>
```

```
  </body>
</html>
```

在这段代码中，两个尖括号括起来的部分就是一个 HTML 标签，如<!doctype html><html>
<head></title><meta></body>等都叫作 HTML 标签。HTML 标签有成对出现的，如<html>和</html>，
也有单独出现的，如<meta>。成对出现的 HTML 标签中，第一个不带反斜杠的标签称为开始标签，
如<html>，第二个带反斜杠的标签称为结束标签，如</html>。HTML 的元素是指从开始标签到结
束标签的所有代码。

提 示　单独出现的 HTML 标签，在规范的书写中会有一个反斜杠，如换行标签
，如果不
写反斜杠，浏览器也是能正确解析换行的。在成对出现的标签中，如果结束标签没有
写反斜杠，虽然浏览器可以解析，但是效果并不是我们想要的，所以建议大家按照规
范的方法书写 HTML 标签。

2.1.2 HTML 元素的语法

每一个 HTML 元素都是由 HTML 标签和元素内容构成的。在 HTML 开始标签和结束标签之
间的内容就是 HTML 元素的内容。例如下面这段代码，HTML 标签<p>之间的文字就是 HTML 元
素的内容。

```
<p>这是元素内容</p>
```

另外，单独出现的 HTML 标签叫作空元素。空元素在开始标签的尖括号内使用反斜杠表示结
束，例如下面这段代码表示一个换行。

```
<br />
```

还可以在 HTML 元素标签的尖括号内给 HTML 元素定义属性。例如下面这段代码为<article>
元素定义了一个值为"MyArticle"的 id 属性。

```
<article id="MyArticle"></article>
```

关于 HTML 的属性，我们将在下面的章节做详细介绍。

2.1.3 HTML 元素的嵌套

一个 HTML 元素的内容可以是另一个或多个 HTML 元素，我们将这种现象称为 HTML 元素
的嵌套。例如下面这段代码：

```
<!doctype html>
<html>
<head>
<meta charset="utf-8" />
<title>2.1.1</title>
</head>
<body>
    <ul>
        <li><h3>第 1 节</h3></li>
```

```
        <li><h3>第 2 节</h3></li>
        <li><h3>第 3 节</h3></li>
    </ul>
</body>
</html>
```

在这段代码中，<html>标签嵌套了一个<head>和<body>标签，<head>标签又嵌套了<meta>和<title>标签，<body>标签嵌套<ul>标签，<ul>标签又嵌套了三个<li>标签，每个<li>标签又嵌套了一个<h3>标签。

被嵌套的标签必须在开始标签和结束标签之间，不能与嵌套的标签交错出现。例如下面的这段代码就是错误的：

```
<li><h3>第 1 节</li></h3>
```

对于错误的标签嵌套，有些浏览器依然能够解析，这些因为这些浏览器有良好的容错机制，但是我们必须要严格要求自己，规范自己的编码规范。

2.2　HTML5 属性

大多数的 HTML 标签都具有属性，属性可以为 HTML 提供更多的信息，比如对其方式、背景颜色、使用哪种样式等。下面我们就来看一下 HTML5 属性的基本使用方法，以及一些常用标签属性的使用方法。

2.2.1　属性的基本使用方法

在 HTML 元素的开始标签中，使用一个键值对的方式来定义属性。例如下面这段代码：

```
<a href="htpp://www.baidu.com">百度</a>
```

标签<a>元素的开始标签中，名称为"href"的属性指定了标签<a>跳转的地址是"http://www.baidu.com"。这段代码与下面两段代码的效果相同：

```
<a href='http://www.baidu.com'>百度</a>
<a href=http://www.baidu.com>百度</a>
```

在 HTML5 中，属性的值有三种表现形式，即用双引号括起来、用单引号括起来或不用引号，这三种方式都可以被浏览器解析。

虽然 HTML5 提供了简略的书写方式，但是为了规范代码，在定义元素属性的时候，提倡大家使用 name="value"的方式，不要省略双引号。

再来看下面的代码：

```
<input type="checkbox" checked="true"/>
<input type="checkbox" checked/>
```

这两段代码都表示一个被选中的复选框，不同之处在于第一个属性使用 checked="true"，第二个属性直接使用 checked。在 HTML5 中，如果属性的值是一个布尔值，就可以直接使用属性名代替属性为 true 的值；如果不定义属性名，就代表该属性值为 false。

2.2.2　HTML5 全局属性

在上一章中我们介绍了 HTML5 新增的 5 种全局属性，下面来介绍一下其他的全局属性。

1. class 属性

在 HTML5 中可以使用 class 属性对元素指定 CSS 类选择器。CSS 类选择器用于指定元素使用什么样式进行展示。关于 CSS 类选择器将会在后面的章节中进行详细介绍。使用 class 属性给<span>元素指定字体大小和颜色的代码如下：

```
<!doctype html>
<html>
<meta charset="utf-8">
<head>
<title>2.2.1</title>
<style>
    .spanFont { font-size:24px; }
    .spanColor { color:Red; }
</style>
</head>
<body>
<span class=" spanFont spanColor ">全局属性 class</span>
</body>
</html>
```

效果如下图所示。

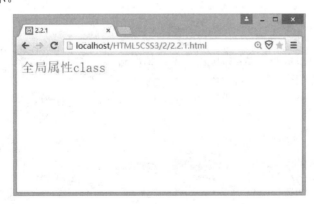

2. id 属性

id 属性规定了 HTML 元素在整个 HTML 文档中的唯一标识。id 属性的语法如下：

<element id="value">

在 HTML 文档中，可以使用 id 属性准确定位 HTML 元素，从而对元素进行各种操作。例如

使用 id 属性为 HTML 元素设置样式的代码如下：

```
<!DOCTYPE HTML>
<html>
<meta charset="utf-8">
<head>
<title>2.2.2</title>
<style type="text/css">
  #headerColor{color:red;}
  #contentColor{color:blue;}
</style>
</head>
<body>
<h1 id="headerColor">这里是红色的标题 </h1>
<p>一个段落。</p>
<p id="contentColor">这里是蓝色的内容</p>
</body>
</html>
```

效果如下图所示。

3. title 属性

title 属性用于描述元素的信息，当用户将鼠标悬停到具有该属性的元素上时，会显示 title 的内容信息。例如下面这段代码：

```
<!doctype html>
<html>
<meta charset="utf-8">
<head>
    <title>2.2.3</title>
</head>
<body>
    世界贸易组织简称<acronym title="World Trade Organization">WTO</acronym>
</body>
</html>
```

效果如下图所示。

4. style

style 属性用于规定元素的行内样式，并覆盖任何全局的样式设定。例如通过样式选择器设定文本的颜色为红色，同时又通过 style 属性设定文本的颜色为蓝色，那么 style 属性将覆盖样式选择器，字体显示为蓝色。代码如下：

```
<!doctype html>
<html>
<meta charset="utf-8">
<head>
    <title>2.2.4</title>
    <style>
        .redColor{ color:red;}
        </style>
</head>
<body>
  <span class="redColor" style="color:Blue">这段文字是什么颜色呢？</span>
</body>
</html>
```

效果如下图所示。

5. accesskey 属性

accesskey 属性用于给 HTML 元素定义快捷键，以便获得焦点或激活元素。例如在一个 HTML 文档中有两个按钮，其中一个设置了快捷键，另一个没有设置，当按下快捷键时，获得焦点的按钮有一个蓝色的边框。代码如下：

```
<!doctype html>
<html>
```

```
<head>
    <meta charset="utf-8">
    <title>2.2.5</title>
</head>
<body>
<button>没选中的按钮</button>
<button accesskey="q">快捷键是 Alt+q</button>
</body>
</html>
```

效果如下图所示。

6. dir 属性

dir 属性规定了元素内容的排列方向。该属性对应三个值，如果是从左向右排列，则使用 ltr；如果是从右向左排列，则使用 rtl；如果要根据浏览器内容自动判断，则使用 auto。例如下面这段代码：

```
<!doctype html>
<html>
<head>
    <meta charset="utf-8">
    <title>2.2.6</title>
</head>
<body>
<bdo dir="rtl">1234567</bdo><br />
<bdo dir="ltr">1234567</bdo><br />
<bdo dir="auto">1234567</bdo><br />
</body>
</html>
```

效果如下图所示。

7. contextmenu 属性

contextmenu 属性是 HTML5 中新增的属性，用于指定上下文菜单的数据源。当用户在指定位置单击鼠标右键时，弹出快捷菜单，也可以显示多级菜单。遗憾的是目前只有 FireFox 浏览器实现了该功能。添加菜单的代码如下：

```html
<!doctype html>
<html>
<head>
    <meta charset="utf-8">
    <title>2.2.7</title>
</head>
<body>
    <section contextmenu="myContextMenu">
        <p>右键单击这里弹出快捷菜单</p>
        <menu type="context" id="myContextMenu">
            <menuitem label="菜单 1"></menuitem>
            <menuitem label="菜单 2"></menuitem>
            <menu label="菜单 3">
                <menuitem label="菜单 4"></menuitem>
                <menuitem label="菜单 5"></menuitem>
            </menu>
        </menu>
    </section>
</body>
</html>
```

效果如下图所示。

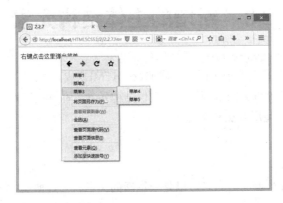

8. draggable 属性

draggable 属性是 HTML5 的一个新属性，用于设置是否可以进行拖拽。draggable 的值是一个布尔值，当值为 true 时，可以进行拖拽；当值为 false 时，不能进行拖拽。将鼠标停放在要拖拽的元素上，按住鼠标左键即可进行拖拽操作。例如下面这段拖拽一段文字的代码：

```html
<!doctype html>
<html>
```

```
<head>
    <meta charset="utf-8">
    <title>2.2.8</title>
</head>
<body>
    <p draggable="true">可以用鼠标拖动这段文字。</p>
</body>
</html>
```

效果如下图所示。

13. dropzone 属性

dropzone 是 HTML5 的一个新属性，用于指定当被拖动的数据在拖动到元素上时，是否被复制、移动或链接。该属性的语法如下：

```
<element dropzone="copy|move|link">
```

遗憾的是，目前还没有任何一款浏览器支持该属性。

2.3 新增的主体结构元素

每一个复杂的网页都是由若干个区域构成的，在 HTML5 中，为了使网页的文档结构更加清晰，新增了页眉、页脚、内容等与文档结构相关的主体结构元素。本节我们就来学习 HTML5 新增的这些主体结构元素的定义、使用方法和案例。

2.3.1 article 元素

article 元素用于定义外部的内容，可以是一篇新的文章、一篇博文、一个帖子、一段评论等，也可以是来自其他外部源的内容。一个 article 元素可以有其自己的标题、内容和脚注，还可以与其他 article 元素嵌套使用。例如下面这段代码：

```
<article>
    <header>
        <h1>面包</h1>
        <p><b>面包</b>面包，也写作麵包，是一种用五谷（一般是麦类）磨粉制作并加热而制成
的食品。……</p>
```

```
    </header>
    <p><b>豆沙面包：</b>高筋面粉 150 克，……</p>
    <p><b>乳酪石榴包：</b>红豆沙 150 克，……</p>
    <article>
        <header>吃面包的好处</header>
        <p>面包以小麦为主要原料……</p>
    </article>
    <footer>
        <p>版权所有，文章可自由转载，但请注明来源</p>
    </footer>
</article>
```

在这段代码中，header 元素中嵌入了文章的标题部分，p 元素嵌入了文章的正文，嵌套的 article 元素又引用了另外一篇文章，最后在结尾处，footer 元素嵌入了一些版权信息。

2.3.2　section 元素

section 元素定义文档中的节，比如章节、页眉、页脚或文档中的其他部分。一个 section 元素通常由内容及其标题组成。例如下面这段代码：

```
<section>
        <h1>面包</h1>
        <p><b>面包</b>面包，也写作麵包，是一种用五谷（一般是麦类）磨粉制作并加热而制成
的食品。……</p>
    </section>
```

在这段代码中，<h1>元素嵌入了这段文字的标题，<p>元素嵌入了这段文字的正文，标题和正文构成了文档内容一个独立的块，这个块使用 section 元素表示。

不推荐给没有标题的内容使用 section 元素。

提　示

section 元素用于表示文章的段，是一个独立的块，而 article 元素用于表示文章外部的内容，虽然它也是独立的，但是不要把两者混淆。例如在一篇文章中需要引用另一篇文章的某些段落时，其代码结构如下：

```
<article>
    <section>
        <h1>第一段标题</h1>
        <p>第一段正文</p>
    </section>
    <section>
        <h1>第二段标题</h1>
        <p>第二段正文</p>
    </section>
    <section>
        <h1>第三段标题</h1>
```

```
        <p>第三段正文</p>
    </section>
</article>
```

再例如在一个段落中需要引用另一篇文章时，其代码结构如下：

```
<section>
    <h1>这里是段落标题</h1>
    <article>
        <h2>标题</h2>
        <p>内容</p>
    </article>
    <article>
        <h2>标题</h2>
        <p>内容</p>
    </article>
</section>
```

注 意

> article 元素可以看成是一种特殊的 section 元素，section 元素主要强调分段或分块，属于内容的部分，而 article 元素则主要强调其完整性。

2.3.3 nav 元素

nav 元素用于定义导航链接的内容，可以作为页面导航的链接组，其中的导航元素链接到其他页面或当前页面的其他部分，使 HTML 代码在语义化方面更加精准，同时对屏幕阅读器等设备的支持也更好。

在 HTML5 之前，我们通常会使用<div>元素或<ul id="nav">这样的代码来表示页面的导航，而在 HTML5 中，我们可以直接将导航链接列表放在<nav>元素中。例如下面这段代码：

```
<nav>
  <ul>
    <li><a href="index.html">主页</a></li>
    <li><a href="/post/">随笔</a></li>
    <li><a href="/contact/">联系</a></li>
  </ul>
</nav>
```

nav 元素在网页中起着非常重要的作用，比如网页顶部的导航条，其作用是在多个页面之间进行跳转；网页侧边栏导航，其作用是从当前页面跳转到其他页面；网页页内导航，其作用是在一个网页中的多个主要部分进行跳转；翻页导航，其作用是在多个网页之间实现前后页滚动。

2.3.4 aside 元素

aside 元素用来定义 article 元素以外的内容，其内容应该与 article 的内容相关。这样的情况在生活中很常见，如文章中的名词解释。名词解释作为文章中的一部分，其内容与文章相关，这种情况下就可以使用 aside 元素。示例代码如下：

```
<!doctype html>
<html>
<head>
<meta charset="utf-8">
<title>2.3.1</title>
</head>
<body>
<p>中子的概念是由卢瑟福提出的,中子的存在是 1932 年 B.查德威克用 a 粒子轰击的实验中证实的。
</p>
<aside>
    <h4>中子</h4>
    中子（Neutron）是组成原子核的核子之一。  </aside>
</nav>
</body>
</html>
```

浏览效果如下图所示。

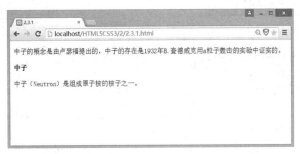

　　另外，aside 元素的内容还可以用作文章的侧栏，其内容作为文章的附属信息。例如 nav 元素导航作为 aside 元素的内容，这样就实现了一个侧边栏导航条。示例代码如下：

```
<!doctype html>
<html>
<head>
<meta charset="utf-8">
<title>2.3.2</title>
</head>
<body>
<aside id="sitebar">
  <nav>
    <h4>热门文章</h4>
    <ul>
        <li><a href=""> 识别好公司还是差公司的三张图</a></li>
        <li><a href=""> 新媒体运营应有什么样的思想？</a></li>
        <li><a href=""> 所谓的互联网运营是什么？</a></li>
    </ul>
    <h4>随机文章</h4>
    <ul>
```

```
            <li> <a href=""> 处理企业危机的六大法则 </a> </li>
            <li> <a href=""> 30 秒教你高效评价网页用户体验 </a> </li>
            <li> <a href=""> 六个细节细化团队运营 </a> </li>
            <li> <a href=""> 如何提高执行力？把沟通漏斗倒过来！ </a> </li>
            <li> <a href=""> 如何研究用户，哪里寻求大数据资源？ </a> </li>
        </ul>
    </nav>
</aside>
</body>
</html>
```

浏览效果如下图所示。

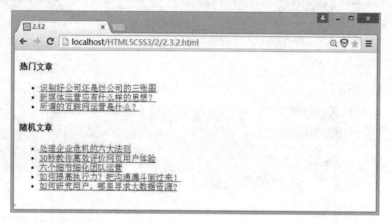

2.3.5 time 元素

time 元素用于定义日期和时间。由于时区的问题，如果网页上显示的时间处理不好，就会让人产生歧义，比如应该是下午 3 点 30 分，却显示凌晨 5 点 30 分，因此为了能够在网页上准确地显示时间，让所有人都不会产生歧义，HTML5 新增了 time 元素。time 元素可以表示带时区的时间，也可以定义多种格式的日期和时间，代码如下：

```
<p>我们早上<time>9:00</time>上班。</p>
<p>今天是<time datetime="2014-10-01">2014 年 10 月 1 日</time></p>
<p>今天是<time datetime="2014-10-01">国庆节</time></p>
<p><time datetime="2014-10-01T9:00">国庆节早上 9:00</time>升国旗</p>
<p><time datetime="2014-10-01T9:00Z">国庆节早上 9:00</time>升国旗</p>
<p><time datetime="2014-10-01T9:00+08:00">国庆节早上 9:00 是美国时间下午
5:00</time></p>
```

time 元素的 datetime 属性指定机器读取的日期和时间，time 元素的内容显示在网页上。datetime 属性中的大写字母 T 表示时间，Z 表示 UTC 标准时间，"+8:00"表示时区。

另外，time 元素还有一个 pubdate 属性，表示 article 元素的发布日期，pubdate 属性是一个可选的布尔值。例如下面这段代码：

```
<article>
  <header>
```

```
    <h1>提前
      <time datetime="2014-11-06">竣工</time>
      通知</h1>
    <p>发布时间:
      <time datetime="2014-11-10" pubdate>2012 年 11 月 10 日</time>
    </p>
  </header>
  <p>感谢各位一年来的鼎力支持.....</p>
</article>
```

在这段代码中,第一个 time 元素表示竣工的实际时间,第二个 time 元素表示这个通知发布的时间,需要使用 pubdate 属性指定第二个 time 元素代表了通知的发布时间。

2.4　新增的非主体结构元素

主体结构对应的是非主体结构,在 HTML5 中,非主体结构元素表示逻辑结构或附加信息。本节将主要介绍 HTML5 中新增的几个非主体结构元素的定义、使用方法和案例。

2.4.1　header 元素

header 元素用于定义 HTML 文档的页眉,是一种具有引导和导航作用的结构元素。header 元素通常表示整个页面或页面内一个内容区块的标题。通常情况下,一个 header 元素内嵌一个 heading 元素(h1-h6)。header 元素的示例代码如下:

```
<header>
  <h1>header 元素</h1>
  <nav>
    <ul>
      <li><a href="index.html">主页</a></li>
      <li><a href="html5/">HTML5 标签</a></li>
      <li><a href="sitemap.html">网站地图</a></li>
    </ul>
  </nav>
</header>
```

在这段代码中,h1 元素表示该区块内容的标题,nav 元素表示一个导航列表。除此之外,header 元素的内容还可以是数据表格、搜索表单或相关的 Logo 图片,以及下面我们将要介绍的 hgroup 元素等。需要注意的是,header 元素应该放在页面的开头,而且可以有多个。

2.4.2　hgroup 元素

hgroup 元素用于对 header 元素标题及其子标题进行分组。在使用 header 元素时,通常会嵌入一个 heading(h1-h6)元素,那是因为只有一个标题,并且没有子标题。如果 header 元素的标题下还有子标题,就需要使用 hgroup 元素对其进行分组。代码如下:

```
<article>
  <header>
    <hgroup>
      <h1>一级标题</h1>
      <h2>二级标题</h2>
      <h2>二级标题</h2>
      <h3> 三级标题 </h3>
    </hgroup>
  </header>
</article>
```

2.4.3　footer 元素

footer 元素用于定义区块的脚注，该区块可以是 article 元素或 section 元素。通常情况下，footer 元素会包含创作的姓名、文档的创建时间、联系方式和版权信息等。

```
<article>
  <header>
    <h1>文章标题</h1>
  </header>
  <section>
    <header>段落标题</header>
    <p>段落正文</p>
    <footer>段落脚注</footer>
  </section>
  <footer>文章脚注</footer>
</article>
```

提　示

如果 footer 元素中需要显示联系方式，应该使用下面介绍的 address 元素。

2.4.4　address 元素

address 元素用于定义文档作者或拥有者的联系信息，包括文档作者或文档维护者的姓名、网站、电子邮件、联系电话等。如果 address 元素位于 article 元素内部，则表示该文章作者或拥有者的联系信息。通常情况下，address 元素应该添加到网页的头部或底部。例如将文章作者的联系方式显示在 footer 元素中的代码如下：

```
<footer>
  <address>
  <ul>
    <li>联系地址:北京市海淀区</li>
    <li>电子邮件:×××@×××.com</li>
    <li>联系电话:021-8459658</li>
  </ul>
```

```
    </address>
</footer>
```

2.5　HTML5 结构

到目前为止，我们已经学习了 HTML5 的元素、属性、新增的主体结构元素和非主体结构元素，这些都属于 HTML5 中的局部成员，本节将继续学习如何使用 HTML5 的结构元素构建一个 HTML5 页面。

2.5.1　文档结构大纲

一个好的文档结构大纲，可以让整篇文章的结构显得非常清晰，这样不仅可以使阅读者对文章的结构一目了然，而且对于屏幕阅读器来说，能够更好地解读文档结构。

在 HTML4 中，开发者往往会使用大量的 div 元素来展现文档的结构大纲，力图做到清晰明了，而在 HTML5 中，使用新的结构元素就可以达到这样的效果。在编排文档结构大纲时，可以使用标题元素（h1-h6）来展示各个级别的内容区块标题。

2.5.2　内容区块的编排方式

内容区块的编排方式可以分为两种：一种是"显式编排"；另一种是"隐式编排"。

1. 显式编排

显式编排使用主体结构元素创建文档结构，并配合内容区块使用标题元素，这样可以使浏览器明确地显示文档大纲。例如下面的代码：

```
<h1>网页标题</h1>
<p>网页正文</p>
<section>
  <h2>主体结构标题</h2>
  <p>主体结构正文</p>
</section>
```

2. 隐式编排

隐式编排仅使用标题元素创建文档结构，浏览器通过对标题元素的解析来区分内容区块，不同等级的标题元素对应不同的内容区块。例如下面的代码：

```
<h1>网页标题</h1>
<p>网页正文</p>
<h2>主体结构标题</h2>
<p>主体结构正文</p>
```

2.5.3　标题分级

标题元素可分为 6 级，h1 的级别最高，h6 的级别最低。每一个标题元素都对应一个内容区块，在隐式编排中，根据标题元素级别从高到低，自动生成下级内容区块。如果新的标题元素级别等于或高于上一个标题，就生成新的内容区块。

另外，在嵌套使用的文档结构中，不同的内容区块可以使用相同级别的标题。例如下面这段代码：

```
<article>
  <h1>文章的标题</h1>
  <p>文章的内容</p>
  <section>
    <h1>段落的标题</h1>
    <p>段落的正文</p>
  </section>
</article>
```

测试题

（1）什么是 HTML 标签？HTML 的语法是什么？

（2）HTML5 新增了哪些全局属性？

（3）article 元素和 section 元素有什么区别？

（4）hgroup 元素有什么作用？

（5）HTML5 内容区块的编排方式有哪几种？

2.6　本章小结

本章主要学习了 HTML5 的元素、属性、新增的主体结构元素和非主体结构元素，以及 HTML5 文档结构的编排方式。通过本章的学习，应该熟练掌握 HTML5 元素和属性的使用方法，能够使用常见 HTML5 元素和属性搭建基本的文档结构。

第 3 章

JavaScript 基础知识

JavaScript 是目前最流行的脚本语言之一，它可以为 HTML 页面增加很多动态效果，使网页看起来更加炫酷，用户体验更加友好。HMTL 5 中新增的很多功能都使用了 JavaScript 技术，为了能够更好地学习 HTML5 的新功能，本章为初学者提供了 JavaScript 的一些基础知识。

3.1　JavaScript 简介

3.1.1　什么是 JavaScript

JavaScript 是一种直译式脚本语言，亦是一种动态类型、弱类型、基于原型的语言，内置支持类型。它的解释器被称为 JavaScript 引擎，为浏览器的一部分，广泛用于客户端的脚本语言，最早是在 HTML 网页上使用，用来给 HTML 网页增加动态功能。

JavaScript 是由 Netscape 公司的 Brendan Eich 于 1995 年在网景导航者浏览器上首次设计实现而成。因为 Netscape 与 Sun 合作，Netscape 管理层希望它外观看起来像 Java，所以取名为 JavaScript。但实际上它的语法风格与 Self 及 Scheme 较为接近。

为了取得技术优势，微软推出了 JScript，CEnvi 推出了 ScriptEase，与 JavaScript 同样可在浏览器上运行。因为 JavaScript 兼容于 ECMA 标准，所以也称为 ECMAScript。

3.1.2　JavaScript 的特点

JavaScript 具有以下特点：

（1）JavaScript 是一种解释型语言，不需要编译，直接嵌入到 HTML 代码中，由浏览器逐行加载解释执行。

（2）JavaScript 主要用来向 HTML 页面添加交互行为，最新版本的 JavaScript 除了向 HTML 页面添加功能外，还可以用于编写服务器端代码。

（3）JavaScript 语言简单，弱类型，语法与 java、C 语言类似。

（4）通常情况下，JavaScript 都在浏览器中运行，只需要浏览器支持即可。JavaScript 语言编写的服务器端代码，需要在 Node.Js 中运行。

（5）使用 JavaScript 可以在前端实现一些与服务器完全没有联系的效果，JavaScript 采用事件驱动的方式进行，HTML 页面相关控件的事件在触发时会自动执行响应的脚本或函数。

3.1.3 JavaScript 的组成

JavaScript 的三大组成部分是：

（1）ECMAScript：JavaScript 的核心，描述了语言的基本语法和数据类型。

（2）文档对象模型（DOM）：DOM 是 HTML 和 XML 的应用程序接口。DOM 将把整个页面规划成由节点层级构成的文档。HTML 或 XML 页面的每个部分都是一个节点的衍生物。例如下面这段代码：

```html
<html>
 <head>
  <title>Test</title>
 </head>
 <body>
  <p>Hello World!</p>
 </body>
</html>
```

这段代码可以利用 DOM 绘制成一个节点层次图，如下图所示。

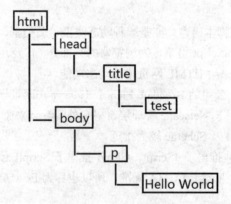

DOM 通过创建树来表示文档，从而使开发者对文档的内容和结构具有空前的控制力。利用 DOM API 可以轻松地删除、添加和替换节点（getElementById、childNodes、appendChild、innerHTML）。

（3）浏览器对象模型（BOM）：对浏览器窗口进行访问和操作，比如弹出新的浏览器窗口，移动、改变和关闭浏览器窗口，提供详细的网络浏览器信息（navigator Object）、详细的页面信息（location Object）、详细的用户屏幕分辨率的信息（screen Object），对 cookies 的支持等。BOM

作为 JavaScript 的一部分并没有相关标准的支持，每一个浏览器都有自己的实现，虽然有一些非事实的标准，但还是给开发者带来一定的麻烦。

3.1.4　JavaScript 基本结构

在 HTML 页面中，JavaScript 的基本结构如下：

```
<script language="javascript" type="text/javascript">
//这里是 JavaScript 代码
</script>
```

script 表示这里使用的是脚本语言，其中 language="javascript" 表示当前使用的语言是 javascript。

3.1.5　JavaScript 执行原理

JavaScript 脚本是通过 JavaScript 解析引擎来解析执行的，不同的浏览器内核使用不同的解析引擎，所以相同的 JavaScript 代码在不同的浏览器中有可能解析出不同的结果。通常情况下，JavaScript 执行的过程可以简单地概括为以下几个步骤：

（1）客户端请求某个网页，即上网时在地址栏中输入某个网址，浏览器接收到网址之后，向远程 Web 服务器提出请求。

（2）Web 服务器响应请求，Web 服务器找到请求的页面，并将整个页面包含 JavaScript 的脚本代码作为响应内容发送回客户端机器。

（3）客户端浏览器解释并执行带脚本的代码，客户端浏览器打开回应的网页文件内容，从上往下逐行读取并显示其中的 HTML 或脚本代码，脚本从服务器端下载到客户端，然后在客户端运行，它不会占用服务器的资源，因此通过客户端运行脚本，可以分担部分服务器的任务，极大地减轻了服务器的压力，从而间接地提升了服务器的性能。

3.2　在网页中引入 JavaScript 的方式

可以使用多种方式在网页中引入 JavaScript 代码，根据具体的使用情况，可以采用不同的方式为网页引入 JavaScript。

3.2.1　使用 <script> 标签

<script> 标签作为 JavaScript 的基本结构，通常会在 HTML 页面的 <head> 标签中引入 JavaScript 代码。例如下面这段代码：

```
<html>
<head>
    <meta charset="UTF-8">
    <title>Title</title>
    <script language="JavaScript" type="text/javascript">
```

```
        alert("Hello World!");
    </script>
</head>
<body>
</body>
</html>
```

 提示 对于 avaScript 的初学者而言，alert()是一个非常有用的方法，它可以帮助初学者调试 JavaScript 代码，逐步确定问题。

除了在\<head\>标签中引入 JavaScript 代码以外，还可以在\<body\>标签中引入 JavaScript 代码。例如下面这段代码：

```
<html>
<head>
    <meta charset="UTF-8">
    <title>Title</title>
</head>
<body>
<script language="JavaScript" type="text/javascript">
    alert("Hello World!");
</script>
</body>
</html>
```

由于 JavaScript 解析引擎是自上而下逐行解析代码，因此以上两段代码都会在页面打开的时候弹出一个对话框。

3.2.2 使用外部 JavaScript 文件

如果页面中需要引入的 JavaScript 代码非常多，依然使用上面的方式在页面中引入 JavaScript 代码，整个页面就会非常混乱，代码的可读性也会非常差。为了避免这种情况的出现，可以将 JavaScript 代码保存成单独的文件，然后在 HTML 页面中引入即可，这样 HTML 页面与 JavaScript 相关的代码就只有一句话。例如下面这段代码：

```
<html>
<head>
    <meta charset="UTF-8">
    <title>Title</title>
    <script src="Test.js" ></script>
</head>
<body>
</body>
</html>
```

在 HTML 页面中引入外部 JavaScript 文件是比较实用的方法，可以将 JavaScript 代码根据功能分成若干个文件，然后在 HTML 页面中逐个引入，也可以在多个 HTML 页面中分别引入同一个

JavaScript 文件，这样不仅有利于 JavaScript 代码管理，而且还提高了 JavaScript 代码的使用效率。

3.2.3　直接在 HTML 标签中使用

还有一种方式，就是在 HTML 页面中直接使用 JavaScript 代码，一般不推荐使用，但在某些情况下，可以作为快速调试的一种方法。例如下面这段代码：

```
<html>
<head>
    <meta charset="UTF-8">
    <title>Title</title></head>
<body>
<input name='btn' type="button" value="弹出消息框"
onclick="javascript:alert("欢迎你");"/>
</body>
</html>
```

当用户单击 HTML 页面中的这个按钮时，就会弹出一个对话框，显示"欢迎你"。

3.3　数据类型和变量

每一种编程语言都有它的数据类型和变量，JavaScript 也不例外。下面我们就来学习 JavaScript 的数据类型和变量。

3.3.1　变量

变量是用于存储信息的容器，可以使用字母来保存值，这些字母就称之为变量。声明变量后，可以通过表达式对这些变量进行运算。例如下面的代码：

```
var x=5;
var y=8;
var z=x+y;
```

在 JavaScript 中，可以使用描述性更好的词语为变量命名，但是变量的命名必须符合以下规则。

（1）变量必须以字母开头。
（2）变量也可以以$或_开头。
（3）变量名称对大小写敏感，也就是说 x 和 X 是两个不同的变量。

3.3.2　Number

JavaScript 中只有一种数字类型，那就是 Number，它不同于其他编程语言的整型、浮点型等数字类型，比较常用的 JavaScript 数字类型是带小数点和不带小数点的两种数字。例如下面的代码：

```
<html>
<head>
```

```
    <meta charset="UTF-8">
    <title>Title</title>
</head>
<body>
<script>
    var pi=3.14
    var x=45
    alert("pi="+pi+";x="+x)
</script>
</body>
</html>
```

将这段代码保存为 test.html 文件，然后双击打开这个文件，就可以看到弹出的消息显示"pi=3.14;x=45"，如下图所示。

 本章的代码示例中均可以使用这种方式查看代码效果。另外，笔者使用的是谷歌浏览器，JavaScript 的 alert 弹框效果会因为浏览器的不同而不同。

还可以使用科学计数法表示非常大或非常小的数字。例如下面这段代码：

```
var y=32e5;
var z=32e-5;
```

其中 y 表示 3200000，z 表示 0.00032。

如果数字的前缀为 0，就表示这是一个八进制数；如果数字的前缀是 0x，就表示这是一个十六进制数。例如下面的代码：

```
var y = 0366;
var z = 0xFF;
```

当数字运算结果超过了 JavaScript 所能表示的数字上限（溢出）时，结果为一个特殊的无穷大（infinity）值，在 JavaScript 中以 Infinity 表示。同样地，当负数的值超过了 JavaScript 所能表示的负数范围时，结果为负无穷大，在 JavaScript 中以-Infinity 表示。我们可以通过数学运算来获取这样的数字，例如下面的代码：

```
var x = 2/0;
var y = -2/0;
```

如果在数字计算中夹杂了非数字的值，就会出现 NaN 错误，该错误表示这个值不是一个数字。可以使用全局函数 isNan() 来判断一个值是不是 NaN 值。例如下面这段代码：

```
<html>
<head>
    <meta charset="UTF-8">
    <title>Title</title>
</head>
<body>
<script>
    var x = 100
    alert(isNaN(x));
    var y = "Hello"
    alert(isNaN(y));
</script>
</body>
</html>
```

执行这段代码后，先弹出一个 false，然后弹出一个 true。说明 x 表示的值是一个数字，而 y 表示的值不是一个数字。

3.3.3　字符串

字符串是另外一个非常重要的数据类型，用于存储一系列的字符。JavaScript 规定字符串可以使用单引号也可以使用双引号。例如下面的代码：

```
var x = 'Hello';
var y = "Hello";
```

当字符串中需要包含引号时，可以使用单引号或双引号将其包围。例如下面的代码：

```
var x = 'He is called "Sean"';
var y = "He is called 'Sean'";
```

字符串有一个长度属性，用于计算字符串的长度。例如下面的代码：

```
var txt="Hello World!";
document.write(txt.length);
```

执行这段代码后，HTML 页面上会输出字符串 Hello World!

这里的 document.write() 用于将内容输出到 HTML 页面上，这种方式也可以作为调试程序的一种方法。

字符串在实际应用中，还会经常用到 indexOf() 方法，用于定位某个字符在字符串中出现的位置，如果这个字符串中不存在定位的字符，那么将返回-1。例如下面的代码：

```
var str="Hello world!";
var n=str.indexOf("world");
```

```
var m= str.indexOf("bear");
document.write("world 的位置是"+n);
document.write(" bear 的位置是"+m);
```

执行这段代码后，HTML 页面上会输出以下内容：

```
world 的位置是 6 , bear 的位置是-1。
```

说明 world 在字符串的第 6 个位置，而 bear 不是这个字符串中的内容。这里需要注意，计算字符串位置时，索引是从 0 开始的。

replace()方法用于在字符串中查找并替换指定的字符串。例如下面的代码：

```
var str="Good morning, Rudy."
var n=str.replace("Rudy ","Todd");
document.write(n);
```

执行这段代码后，页面上显示字符串"Good morning, Todd."

3.3.4 布尔值

布尔值（Boolean）是程序中条件判断的依据，它的值有两种： true 和 false。当值为 true 时，执行条件判断为真的代码；当值为 false 时，执行条件判断为假的代码。关于布尔值的使用方法，将在后面讲解条件判断时详细叙述。

3.3.5 比较运算符

比较运算符逻辑语句中用于测定变量或值是否相等。JavaScript 中提供了多种比较运算符，用于处理各种逻辑运算。

JavaScript 中用"=="表示等于，用"==="表示全等，它们都可以用来表示两个值是否相等，区别在于，三个等号可以区分值的数据类型是否相等。例如下面的代码：

```
var x=10
var y="10"
alert(x==y)
alert(x===y)
```

执行这段代码后，首先弹出 true，然后弹出 false。这是因为第二次比较的时候还比较了两个值的数据类型是否一致，因为 x 是一个数字型，而 y 是一个字符串，所以它们不等。

JavaScript 中用"!="表示不等于，用">"表示大于，用"<"表示小于，用">="表示大于或等于，用"<="表示小于或等于。在 JavaScript 的比较运算符中，除了等于（==）和全等于（===）需要特殊关注外，其他的比较运算符都没有什么难度。

3.3.6 数组

数组是指数据的有序列表。数组中的每个值称为数组的一个元素，元素在数组中的位置称为索引，数组的索引是从 0 开始的。同一个数组中元素的数据类型可以是任何类型，如数字型、字符型、布尔型，甚至是另一个数组。

可以直接使用"[]"来创建数组，数组中的每个元素用逗号分隔。例如下面的代码：

```
var address=["Beijing","ShangHai","HeFei"]
var ages=[20,24,26]
var array=["Sean",25,"Beijing"]
```

还可使用构造函数来创建数组，数组的构造函数是 Array()。例如下面的代码：

```
var colors = new Array();
var colors = new Array(6);
var colors = new Array("blue", "red", "green");
```

每个数组都有一个 length 属性，表示数组中元素的个数，第二个构造函数中的参数 6 表示这个数组的长度为 6。数组中的元素用逗号分隔，如果在创建数组的时候，在最后一个元素的后面多添加了一个逗号，虽然数组本身不会出错，但数组的长度会发生改变，有可能造成其他错误。

创建数组后，可以通过数组的索引来访问和修改数组中元素的值。例如下面的代码：

```
var address=["Beijing","ShangHai","HeFei"]
alert(address[0])
address[0]="NanJing";
alert(address[0])
```

在这段代码中，首先创建了一个数组 address，该数组中有三个元素，通过 alert 函数将索引为 0 的元素输出，弹出框将显示字符串"Beijing"。然后将字符串"NanJing"赋值给索引为 0 的元素，再次将其输出，此时弹出字符串"NanJing"。

数组的遍历将在后面循环语句中详细介绍。

3.3.7　对象

对象是带有属性和方法的特殊数据类型，JavaScript 中提供了多个内置对象，比如 String、Date、Array 等，通过这些对象的属性和方法可以很方便地操作字符串、日期和数组。例如通过 String 对象的 trim()方法移除字符串首位空白，或者通过 toUpperCase()方法将字符串中所有的字符转换为大写，代码如下：

```
var str="Good morning, Rudy!"
str=str.trim()
str=str.toUpperCase()
alert(str)
```

执行这段代码后，字符串首位的空白将被移除，所有字母被转换成大写并输出。

除了内建的对象以外，用户还可以自定义对象。例如下面的代码：

```
person=new Object();
person.name="Mr Zhang";
person.age=32;
person.address="Beijing";
```

这段代码创建了一个 person 对象，并分别给对象的 name、age 和 address 属性赋值。

3.4 条件判断

条件判断用于根据不同的条件来执行不同的代码。在 JavaScript 中，主要有以下几种条件语句：

- if 语句：只有当指定条件为 true 时，使用该语句来执行代码。
- if...else 语句：当条件为 true 时执行代码，当条件为 false 时执行其他代码。
- if...else if....else 语句：使用该语句来选择多个代码块之一来执行。
- switch 语句：使用该语句来选择多个代码块之一来执行。

3.4.1 if 语句

If 语句是最简单的条件判断语句，只有当指定条件为 true 时才执行相应的代码。If 语句的语法如下：

```
if(condition){
    当条件为 true 时执行的代码
}
```

小括号()里面是需要判断的条件，大括号{}里面是条件为 true 时需要执行的代码。例如下面这段代码：

```
var score=92;
if(score > 90){
    alert("成绩：优秀");
}
```

3.4.2 if...else 语句

if....else 语句是在条件为 true 时执行 if 语句下的代码，在条件为 false 时执行 else 语句下的其他代码。其语法如下：

```
if(condition){
    当条件为 true 时执行的代码
}else{
    当条件不为 true 时执行的代码
}
```

例如下面这段代码：

```
var score =85;
if(score < 60){
    alert("成绩：不合格");
}else{
    alert("成绩：合格");
}
```

3.4.3　if...else if....else 语句

当判断条件出现两种以上情况时，需要根据不同的条件执行不同的代码，该语句最终只会选择一种匹配的条件执行相应的代码。其语法如下：

if (condition1){
　　当条件 1 为 true 时执行的代码
}else if (condition2){
　　当条件 2 为 true 时执行的代码
}else{
　　当条件 1 和条件 2 都不为 true 时执行的代码
}

例如下面这段代码：

```
var score = 92;
if(score <60){
    alert("成绩：不合格");
}else if(score>=60 && score<90){
    alert("成绩：良");
}else{
    alert("成绩：优秀");
}
```

3.4.4　switch 语句

当条件很多的时候，最终只有一个判断语句执行，如果使用多个 if...else 匹配条件，就会显得非常烦琐，此时可以使用 switch 语句进行匹配，当条件不同的时候执行不同的代码。其语法如下：

switch(n) {
case 1:
　　执行代码块　1
　　break;
case 2:
　　执行代码块　2
　　break;
default:
　　与　case 1　和　case 2　不同时执行的代码
}

其中 n 是一个表达式，通常情况下 n 是一个变量。当 n 的值与 case 后面的值匹配时，执行相应 case 里面的代码，最后通过 break 跳出。如果所有的 case 都没有匹配成功，就执行 default 里面的代码。

例如下面的代码：

```
var month=5;
switch (month) {
```

```
    case 1:
    case 2:
    case 3:
        alert("一季度");
        break;
    case 4:
    case 5:
    case 6:
        alert("二季度");
        break;
    case 7:
    case 8:
    case 9:
        alert("三季度");
        break;
    case 10:
    case 11:
    case 12:
        alert("四季度");
        break;
}
```

当多个 case 的执行代码相同时，可以将这些 case 语句并列。

3.5　循环语句

循环语句可以将一段代码块反复执行，根据循环语句的不同，可以指定循环次数或不指定循环次数，直到条件成立为止。JavaScript 中主要有 for、for…in、while 和 do…while 这几种循环语句。

3.5.1　for 循环

for 循环是比较常见的一种循环语句，可以指定循环次数。其基本语法如下：

for (语句 1; 语句 2; 语句 3)
{
　被执行的代码块
}

其中语句 1（代码块）在开始前执行，语句 2 定义运行循环（代码块）的条件，语句 3 在循环（代码块）已被执行之后执行。例如下面这段代码：

```
for (var i=0;i<5;i++){
    document.write(i+"-");
}
```

　　在这个 for 循环中，设置变量 i 的起始值为 0，判断 i 是否小于 5，因为 0 小于 5 为 true，所以输出 i 的值和一条横线，然后对 i 进行自加运算。此时 i 的值变成了 1，再次判断 i 是否小于 5，因为 1 小于 5 为 true，所以再次输出 i 的值和一条横线。以此类推，直到 i 不小于 5 为止。执行这段代码后，页面显示如下：

```
0-1-2-3-4-
```

　　for 循环也可以用于遍历数组中的值。例如下面的代码：

```
var address=["Beijing","ShangHai","HeFei"]
for (var i=0;i<address.length;i++){
    document.write(address[i]+"-");
}
```

　　数组的 length 属性用于获取数组的长度，根据数组的长度循环输出数组中的元素。执行这段代码后，页面显示如下：

```
Beijing-ShangHai-HeFei-
```

3.5.2　for...in 循环

　　for...in 循环主要用于对数组和对象的属性进行遍历。for... in 循环中的代码每执行一次，就会对数组的元素或对象的属性进行一次操作。其语法如下：

```
for (variable in object) {
    被执行的代码
}
```

　　variable 表示一个属性，object 表示可枚举属性被迭代的对象。例如下面的代码：

```
var address=["Beijing","ShangHai","HeFei"]
for (var i in address){
    document.write(address[i]+"-");
}
```

　　执行这段代码后，页面显示如下：

```
Beijing-ShangHai-HeFei-
```

3.5.3　while 循环

　　while 循环会在指定条件为真时循环执行代码块，如果不设定 while 循环条件中的变量数值限定的值，就会一直循环。其语法如下：

```
while (条件)
{
    需要执行的代码
}
```

例如下面的代码：

```
var i=0;
while (i<5) {
    var str="i 的值是"+i+"<br>";
    document.writeln(str);
    i++;
}
```

在这段代码中，首先设置变量 i 的值为 0，然后判断 i 是否小于 5，因为 0 小于 5，所以执行代码块，输出一段字符，i 自加 1。此时 i 的值是 1，判断 i 是否小于 5，因为 1 小于 5，继续执行代码块，输出一段字符，i 自加 1。以此类推，直到 i 等于 5，循环结束。执行这段代码后，页面输出以下内容：

```
i 的值是 0
i 的值是 1
i 的值是 2
i 的值是 3
i 的值是 4
```

注 意　使用 while 循环的时候，一定要记得在循环代码中改变条件变量的值，否则 while 条件永远为真，会造成死循环。

3.5.4　do...while 循环

do...while 循环是 while 循环的变体，该循环会在检查条件是否为真之前执行一次代码块，如果条件为真，就会重复这个循环。其语法如下：

do
{
　需要执行的代码
}
while (条件);

例如下面这段代码：

```
var i=0;
do{
    var str="i 的值是"+i+"<br>";
    document.writeln(str);
    i++;
}while(i<5)
```

与 while 循环一样，为了不出现死循环，同样需要在循环代码中改变条件变量的值。

3.6　函数定义和调用

函数是 JavaScript 中的一个重要功能，它是一段代码的集合，这段代码可以在不同地方调用，从而提高 JavaScript 代码的复用性。

3.6.1　定义函数

在 JavaScript 中可以通过 function 关键字定义函数，函数可以有参数，也可以没有参数。其语法如下：

function functionName(parameters) {
　　执行的代码
}

例如下面这段代码：

```
function sum(num1, num2) {
    document.writeln(num1+num2);
}
```

这段代码定义了一个名为 sum 的函数，该函数有 num1 和 num2 两个参数，函数的主要功能是输出 num1 和 num2 的值。

还可以通过一个表达式定义函数，函数表达式可以存储在变量中。例如下面这段代码：

```
var x = function (a, b) {return a * b};
```

这段代码中定义了一个函数，该函数没有函数名，其返回两个参数的乘积并保存在变量 x 中。

3.6.2　调用函数

函数声明后可以直接通过函数名进行调用，如果函数带有参数，在调用函数时就需要相应的传入参数。例如下面这段代码：

```
function getAddress(name,address) {
    document.write(name+" is come from "+address)
}
getAddress("Sean","BeiJing");
```

执行这段代码后，页面输出以下内容：

```
Sean is come from BeiJing
```

测试题

（1）如何在 HTML 页面中引入 JavaScript 代码？

（2）JavaScript 的数据类型有哪些？

（3）在使用 while 循环时，如何才能避免死循环？

（4）在调用函数时如何传递参数？

3.7　本章小结

　　本章主要介绍了 JavaScript 的一些基本知识，包括在 HTML 页面中如何引入 JavaScript 代码、JavaScript 中的数据类型和变量、JavaScript 条件判断和循环语句的使用方法，以及函数的定义和调用。通过本章的学习，读者应该掌握 JavaScript 的一些基本用法，并为后面章节的学习打下基础。

第 4 章

ES6 基础知识

ECMAScript 6.0（以下简称 ES6）是 JavaScript 语言的下一代标准，它的问世标志着一个 JS 时代的到来。ES6 提供了大量的新特性，不仅简化了 JavaScript 语言的写法，而且还扩大了其应用范围。本章主要介绍 ES6 中的一些新功能和常用功能，包括声明变量和常量、模板字符串、箭头函数、解构赋值、Set 和 Map 数据结构等。

4.1　准备测试环境

对于初学者而言，搭建一个完全适应 ES6 所有功能的测试环境并不是一件容易的事情，所以这里介绍两种相对简单的测试环境的搭建方法，以便初学者能迅速上手开始练习。

方法 1：首先下载 Chrome（谷歌）浏览器并安装，然后启动浏览器，按 F12 功能键打开调试窗口，选择如下图所示的 Console 标签，在下面的空白处可以输入测试的 ES6 代码。由于这是一个测试用的控制台输出窗口，因此在输入代码时，若需要换行，则可以按下 Shift+Enter 键，开始输入第二行内容，内容输入结束后，按 Enter 键执行命令。还可以在文本文件中输入代码，然后复制到这里直接执行。

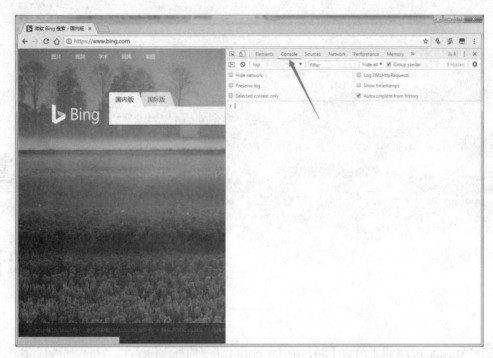

　　方法 2：使用集成开发环境 WebStorm 和 Node.js 搭建 ES6 的测试环境。首先到 WebStorm 官网下载最新版的 WebStorm，下载地址为 http://www.jetbrains.com/Webstorm/，下载成功后，按照提示安装并注册 WebStorm 集成开发环境。然后到 NodeJs 官网下载并安装 NodeJs，下载地址为 http://nodejs.cn/download/，下载成功后按照提示进行安装即可。两个工具都安装完成后，还需要为它们进行一些简单的配置。启动 WebStorm，选择 file→setting 命令，打开 Settings 窗口，如下图所示。

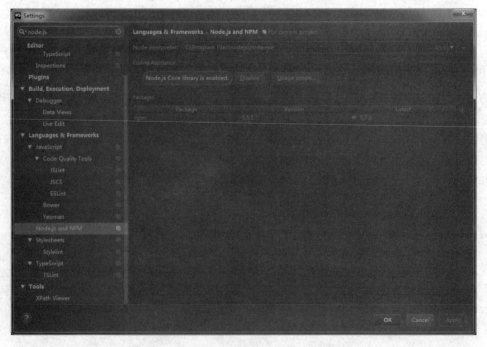

　　在窗口左上角的搜索框中输入 node.js，找到需要配置的选项，然后在右边窗口中配置 Node interpreter 选项，参照上图。然后选择如下图所示的 JavaScript 选项，在右边的 JavaScript language version 下拉列表中选择 ECMAScript 6 选项，保存设置后重启 WebStorm。

　　选择 file→new→project 菜单命令，打开如下图所示的窗口，选择 Empty Project 选项，新建一个项目。

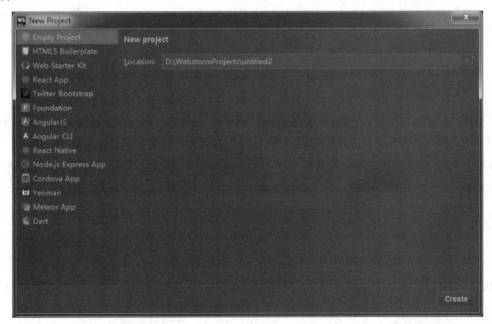

　　在新建的项目文件上单击鼠标右键，选择 New→JavaScript File 命令，新建一个名为 test.js 的 JavaScript 文件，如下图所示。

在新建的 **test.js** 文件中，输入以下测试代码。按下 Shift+F10 组合键，或者单击右上角的绿色
箭头，执行这段代码，控制台中将依次输出 1~3。

```
for (var i = 0; i < 4; i++) {
    console.log(i);
}
```

至此，我们的测试环境就搭建完成了，同学们可以根据实际情况选择方便的测试环境。

4.2 声明变量 let 和 const

4.2.1 let 命令

众所周知，JavaScript 中用 var 关键字来声明变量，而在 ES6 中，还可以使用新增的 let 关键字
来声明变量，与 var 不同，let 声明的变量只在代码块内有效。例如下面这段代码：

```
{
    let a=5;
    var b=8;
    console.log(a);
    console.log(b);
}
```

执行上面这段代码后，控制台第一行输出 5，第二行输出 8，说明这两个变量能够正常输出。
如果将输出命令放在大括号的外面，例如下面这段代码：

```
{
    let a=5;
    var b=8;
```

```
    }
    console.log(a);
    console.log(b);
```

执行上面这段代码后，控制台输出以下错误信息：

Uncaught ReferenceError: a is not defined

说明变量 a 在未被声明的范围内使用。

4.2.2　块级作用域

这里指的代码块可以理解为{}内的范围，如果存在多层代码块嵌套的情况，内层代码块中声明的变量就不能在外层代码块中调用，相反,外层代码块中声明的变量却可以在内层代码块中调用。例如下面这段代码：

```
{
    {
        let a=5;
    }
    console.log(a);
}
```

执行上面这段代码后，由于变量 a 在内层代码块中声明，在外层代码块中调用，因此控制台会输出错误信息：Uncaught ReferenceError: a is not defined。相反的情况，例如下面这段代码：

```
{
    let a=5;
    {
        console.log(a);
    }
}
```

执行上面这段代码后，由于变量 a 在外层代码块中声明，在内层代码块中调用，因此控制台能够输出正确的值 5。在 ES6 中，块级作用域允许任意嵌套，但是外层作用域无法读取内层作用域的变量，而外层作用域的变量可以被内层作用域调用。

另一个常用的作用域就是 for 循环，在 for 循环中，计数器的变量始终保存在一个作用域内，这样才能保证计数正确。例如下面这段代码：

```
for(let i=0;i<8;i++){
console.log(i);
}
```

执行上面这段代码后，控制台依次输出 0,1,2,3,4,5,6,7。如果将输出命令放在 for 循环之外，例如下面这段代码：

```
for(let i=0;i<8;i++){}
console.log(i);
```

执行上面这段代码后，控制台输出错误信息：

Uncaught ReferenceError: a is not defined。

4.2.3 先声明后使用

使用 var 声明变量时，可以先使用后声明，不会报错，而使用 let 声明变量时，如果没有声明变量就使用，就会出现错误。例如下面这段代码：

```
console.log(a);
var a=5;
```

执行上面这段代码后，控制台输出 undefined，说明虽然变量 a 在使用之前并没有用 var 关键字声明，但是也可以正常使用，此时变量的值被定义为 undefined，不会报错。如果使用 let 声明变量，例如下面这段代码：

```
console.log(b);
let b=8;
```

执行上面这段代码后，控制台输出错误信息：Uncaught ReferenceError: a is not defined，说明变量 b 使用 let 关键字声明，声明语句在调用语句之后，所以变量 b 在调用之前是不存在的，这样就出现了错误。由此可见，在 ES6 中使用 let 声明变量，可以让代码更加规范，避免出现过多不必要的情况。

4.2.4 重复变量名

使用 var 声明变量时，允许在相同的作用域中声明多个相同的变量，但是后声明的变量会覆盖先声明的变量。例如下面这段代码：

```
var a=10;
var a=15;
console.log(a);
```

执行上面这段代码后，控制台输出 15，说明前面声明的变量 a 虽然已经赋值 10，但是在后面调用之前，又声明了一个相同的变量 a，并且为其赋值为 15，这样前面声明的变量就被后面声明的变量覆盖了，所以输出语句就输出了后面的变量。

与 var 关键字不同，使用 let 关键字声明变量时，相同的作用域中不允许重复声明变量。例如下面这段代码：

```
let a=10;
let a=15;
console.log(a);
```

执行上面这段代码后，控制台输出以下错误信息：

Uncaught SyntaxError: Identifier 'a' has already been declared

说明变量 a 已经在前面声明了，这里不能再重复声明该变量。

5. const 命令

在 ES6 中使用 const 命令声明一个只读常量，该常量一旦声明就不能改变，并且在声明常量的同时必须立刻初始化。例如下面这段代码：

```
const PI=3.1415;
console.log(PI);
```

使用 const 命令声明了一个常量 PI，并为其初始化值为 3.1415，然后将其在控制台输出。如果在输出之前重复为其赋值，例如下面这段代码：

```
const PI=3.1415;
PI=4;
console.log(PI);
```

这样控制台就会输出以下错误信息：

Uncaught SyntaxError: Invalid or unexpected token

说明常量在声明并初始化之后，它的值就不能再发生变化了。

除此之外，常量的使用和变量的使用有一些相同之处。例如，常量只能在其声明的作用域内有效，在调用常量之前必须提前声明常量，在同一个作用域内不能重复声明常量。

4.2.5 实例：面试题

小明去参加一个技术面试，考官给了他一套考题，以下选项中哪个是正确的？

（A）

```
let m=2;
const n=4;
m=m*3;
n=n*2;
console.log(m*n);
```

输出：48

（B）

```
let m=2;
for(let i=0;i<2;i++){
    let n=m+i;
}
console.log(n);
```

输出：3

（C）

```
let m=2;
if(m<5){
```

```
    n=2*m;
}else{
    n=3*m;
}
let n=3;
console.log(m+n);
```

输出：4

案例分析：这个面试题主要考察了变量声明的一些规则。选项 A 中使用 let 关键字声明了一个变量 m，使用 const 关键字声明了一个常量 n，然后用乘法分别更改 m 和 n 的值，最后输出 m 和 n 的乘积。let 声明的变量值可以更改，但是 const 声明的常量不能更改，所以这里当执行 n=n*2 时会报错。选项 B 先使用 let 声明了一个变量 m，然后执行一个 for 循环，在循环内部又声明了一个变量 n，用于接收 m+i 的结果，最后在循环体外输出变量 n。注意这里 n 的作用域在 for 循环体内，但是输出命令却在循环体外，所以跨越了块级作用域，导致错误。选项 C 先声明了一个变量 m，并为其赋初值 2，然后判断 m 的值，如果 m 小于 5，就将 2m 赋值给变量 n，否则将 3m 赋值给变量 n，最后输出 m+n 的和。看似没有什么问题，但是声明变量 n 的语句放在了调用变量 n 的后面，导致变量 n 在没有声明之前就被调用，这里也会报错。所以这三个答案中没有一个是正确的。

4.3　模板字符串

在 ES5 中，使用 JavaScript 处理字符串经常会遇到很多书写上的问题，稍有不慎就会出错，或者写了很多，看上去非常烦琐。ES6 中提供了模板字符串功能，可以很好地解决这些问题。

4.3.1　字符串格式化

JavaScript 中字符串与表达式拼接的用法很常见，在 ES5 中，我们需要使用加号完成字符串与表达式的拼接功能。例如下面这段代码：

```
var address='BeiJing';
console.log('Welcome to' + address);
```

而在 ES6 中，可以将表达式放置在 ${}的大括号中，完成与字符串的拼接功能，例如下面这段代码：

```
const address='BeiJing';
console.log('Welcome to ${address}');
```

在使用模板字符串拼接表达式的时候，需要使用反引号（`）标识（键盘左上角数字 1 左边的标识），而不是单引号（'）标识。

4.3.2　多行字符串

在 ES5 中，如果要拼接多行字符串，就需要使用反斜杠（\n）转义换行。例如下面这段代码：

```
var msg='How are you? \nFine thank you.'
console.log(msg);
```

执行这段代码后，控制台输出结果如下：

```
How are you?
Fine thank you.
```

转义符（\n）被解析为换行，如果要输出一个 HTML 节点树，那么每个节点末尾都需要附加一个换行的转移符，这样写出来的代码可读性很差。ES6 的模板字符串功能可以帮助我们简化这一过程，让代码简单易懂。例如下面这段代码：

```
const htmlTreeNodes='
    <ul>
        <li>JavaScript</li>
        <li>C++</li>
        <li>Python</li>
    </ul>
    ';
console.log(htmlTreeNodes);
```

执行这段代码后，控制台输出结果如下：

```
<ul>
    <li>JavaScript</li>
    <li>C++</li>
    <li>Python</li>
</ul>
```

使用模板字符串处理多行字符串，不仅轻松解决了多行字符串的换行问题，而且还保留了多行字符串的缩进。

4.3.3　运算与函数调用

模板字符串中的变量表达式，必须写在${}大括号中，否则会出现错误。大括号中可以写一个或多个变量，还可以进行变量的运算。例如下面这段代码：

```
let x=2;
let y=5;
console.log('${x}+${y}=${x+y}');
console.log('${x}+${y*2}=${x+y*2}');
```

这里声明了两个变量：x 和 y，并给 x 赋初始值为 2，给 y 赋初始值为 5，然后通过模板字符串在等式左边分别对变量进行运算，在等式右边将运算的变量表达式写在大括号中，这样输出的结果如下：

```
2+5=7
2+10=12
```

可以看到，等式两边是成立的，这就说明使用模板字符串对变量分别进行运算，与在模板字符串中运算变量表达式是完全相等的。

模板字符串中不仅可以进行变量运算，还可以调用函数。例如下面这段代码：

```
function fn(){
    return 'BeiJing';
}
console.log('Welcome to ${fn()}.');
```

先声明一个函数 fn()，该函数返回一个字符串，然后使用模板字符串将该函数与另一个字符串进行拼接，这样就完成了模板字符串调用函数的功能。执行上面这段代码后，控制台输出结果如下：

```
Welcome to BeiJing.
```

4.3.4　includes()、startsWith()和 endsWith()

在 JavaScript 中要查找一个字符串是否包含另一个字符串，只能使用 indexOf 方法。如果包含，则返回该字符串的索引位置；如果不包含，则返回-1。现在 ES6 中又提供了以下三种新方法，为字符串的操作提供了更多的便利。

- includes()：返回布尔值，表示是否找到参数字符串。
- startsWith()：返回布尔值，表示参数字符串是否在原字符串的头部。
- endsWith()：返回布尔值，表示参数字符串是否在原字符串的尾部。

通过下面的示例可以清楚地认识这三种方法的使用。

```
let msg='Welcome to BeiJing.';
console.log(msg.includes('to'));
console.log(msg.startsWith('Welcome'));
console.log(msg.endsWith('.'));
```

执行上面这段代码后，控制台输出结果如下：

```
true
true
true
```

因为字符串 msg 中包含字符串'to'，所以第一个输出结果为 true；因为字符串 msg 以字符串'Welcome'开始，所以第二个输出为 true；因为字符串 msg 以字符串'.'结束，所以第三个输出为 true。

这三个方法还可以有第二参数，表示匹配的索引位置。例如下面这段代码：

```
let msg='Welcome to BeiJing.';
console.log(msg.includes('to',8));
console.log(msg.startsWith('BeiJing',11));
console.log(msg.endsWith('Welcome',7));
```

执行上面这段代码后，控制台输出结果如下：

```
true
true
true
```

includes 和 startsWith 方法的第二个参数，均表示从第 n 个索引位置开始匹配字符串，而
endsWith 方法的第二个参数则表示在前 n 个字符串中匹配结果。

4.3.5　repeat()

ES6 中还新增了一个 repeat()方法，该方法的功能是将原来的字符串重复 n 次后返回。例如下
面这段代码：

```
let msg = 'ha';
console.log(msg.repeat(3));
```

执行上面这段代码后，控制台输出结果如下：

```
hahaha
```

需要注意的是，repeat 方法的参数不能是负数或 Infinity，否则会报错；如果参数是小数，则会
被取整；如果参数是 0 或 Nan，则输出一个空字符串；如果参数是字符串，则会被转换成数字，转
换成功了，就会重复输出相应的字符串，转换失败了，就会输出空字符串。例如下面这段代码：

```
let msg='ha';
console.log(msg.repeat('3'));
console.log(msg.repeat('HH'));
```

执行上面这段代码后，由于字符串'3'可以转换成数字 3，第一个输出字符串'hahaha'，第二个字
符串'HH'无法转换成数字，因此第二个输出空字符串。

4.4　箭头函数

在 ES5 中，定义一个函数必须使用 function 关键字，其基本格式如下：

function functionname()

{

　　这里是要执行的代码

}

在 ES6 中，为了更简洁方便地定义和调用函数，可以使用箭头(=>)来定义函数。例如下面这
段代码：

```
const fn=(a,b)=>a+b;
fn(3,4);
7
```

调用函数 fn(3,4)，输出结果为 7。该函数有两个参数：a 和 b，函数执行代码是 a+b，并将其
计算结果返回，等同于 ES5 中的写法，如下所示：

```
var fn = function(a,b){
    return a+b;
}
```

如果箭头函数不需要参数，可以省略小括号()。例如下面这段代码：

```
let fn=()=>3.14;
fn();
3.14
```

调用函数 fn()，输出结果为 3.14，表示该函数直接返回一个具体的值 3.14，没有任何参数。这段代码等同于 ES5 中的代码：

```
var fn=function(){return 3.14};
```

箭头函数的后面就是具体的执行语句，如果这部分代码多余一条语句，就需要使用大括号将其括起来，形成一个代码块，并用 return 语句将其返回。例如下面这段代码：

```
let fn=x=>{
    if(x>0){
        return x*x;
    }else{
        return -x*x;
    }
}
```

调用函数 fn(6)，输出结果为 36，调用函数 fn(-5)，输出结果为-25。如果去掉这段代码中箭头后面的大括号{}，这段代码就会报错。

在 ES5 中，经常使用 this 对象指向 window 对象，以便获取更多的操作，而在 ES6 中，如果使用箭头函数，就要慎重使用 this 对象。先来看下面这段代码：

```
let name='Sean';
let fn=()=>{
    return 'My name is '+this.name;
}
fn();
```

执行这段代码后，控制台输出'My name is '，而我们期望它能正常输出'My name is Sean'。这是因为在箭头函数中并不存在 this 对象，所以这里的 this 其实是一个 undefined 对象， name 也是一个空值。如果想得到期望的值，就可以将上面代码中的 this 关键字去掉，然后重新执行这段代码即可。

4.5　解构赋值

ES6 中新增了一种数据处理方式，可以将数组和对象中的值提取出来对变量进行赋值，这个过程是将一个数据结构分解为更小的部分，称之为解构。

4.5.1　对象解构赋值

在 ES5 中，要将一个对象的属性提取出来，需要经过以下几个过程。

```
const user={
    name:'Sean',
    age:30
}
const name=user.name;
const age=user.age;
console.log(name+'-'+age);
```

先定义一个 user 对象，并为其 name 属性设置值为'Sean'，为其 age 属性设置值为 30，然后分别定义 name 和 age 变量，从 user 对象中获取对应的属性值给变量赋值，最后将变量 name 和 age 的值输出到控制台。这种做法在 ES5 中是一种非常普遍的做法，但是在 ES6 中，还可以将其进一步简化为下面这段代码：

```
const user={
    name:'Sean',
    age:30
}
const {name,age}=user;
console.log('${name}-${age}');
```

将变量声明在大括号中，直接将对象赋值给这个声明的变量，ES6 会根据对象的属性名与变量名匹配赋值，只有变量和属性同名，才能正确赋值。如果将变量 name 修改成 Name，例如下面这段代码：

```
const {Name,age}=user;
```

这样 ES6 将无法获取到对应属性 name 的值，因为属性名和变量名的首字母不同，此时的 Name 应该是 undefined。

4.5.2　数组解构赋值

解构另一个常用的地方是数组，利用解构可以非常方便地将数组中的值依次赋值给多个变量。例如下面这段代码：

```
let fn=()=>['Sean',30,'BeiJing'];
let [name,age,address]=fn();
console.log('${name}-${age}-${address}');
```

这段代码中先声明一个箭头函数，该函数返回一个数组，数组中有三个值，然后声明三个变量，并将其放置在一个数组中，用于接收箭头函数的返回值。执行这段代码后，控制台中输出"Sean-30-BeiJing"，也就是说，函数的返回值依次赋给了对应的变量。

数组的解构与对象的解构模式不同，对象解构过程中，只要变量名和属性名相同就可以解构成功，而数组解构过程中，是根据变量的顺序依次结构数组中的值。如果等号左边数组中变量的个数大于等号右边数组中值的个数，那么左边多余的变量会被解构成 undefined。例如下面这段代码：

```
let [name,age,address]=['Sean',30];
console.log('${name}-${age}-${address}');
```

执行这段代码后，控制台中输出"Sean-30-undefined"，因为第三个变量 address 在数组中没有找到对应的值，所以输出 undefined。

另一种情况是，如果等号左边数组中变量的个数小于等号右边数组中值的个数，那么所有的变量都会被依次赋值。例如下面这段代码：

```
let [name,age]=['Sean',30,'BeiJing'];
console.log('${name}-${age}');
```

执行这段代码后，控制台中输出"Sean-30"。

4.5.3　字符串解构赋值

因为字符串是由一个个字符组成类似数组的对象，所以也可以对字符串进行解构赋值。例如下面这段代码：

```
const [a,b,c,d,e]='hello';
console.log('${a}-${b}-${c}-${d}-${e}');
```

执行这段代码后，字符串 hello 被分解成 5 个单独的字符，并分别赋值给变量 a,b,c,d,e，最后控制台输出结果"h-e-l-l-o"。

另外一个特殊的解构方式，是对字符串的长度属性进行解构。例如下面这段代码：

```
let {length: len}='hello';
console.log(len);
```

执行这段代码后，控制台中输出字符串'hello'的长度 5。

4.6　Set 和 Map 数据结构

4.6.1　Set 数据结构

Set 是 ES6 中的一种新数据结构，与数组有些类似，不同的是，数据中的成员可以重复，而 Set 中的成员不能重复。可以通过 new 关键字构造一个 Set 对象，它也有 add 方法，可以为其添加成员，列入下面这段代码：

```
const set=new Set();
set.add(1);
set.add(2);
set.add(2);
set.add(3);
set.add(3);
```

```
for(let i of set){
    console.log(i);
}
```

执行这段代码后，控制台依次输出 1,2,3。因为 Set 中的成员不能重复，所以即使为其添加两次相同的值，最终也只能输出一个值。每次为 Set 对象逐个添加成员是一件非常麻烦的事情，在创建 Set 对象的时候，还可以通过为构造函数传递一个数组作为参数，或者是一个具有 iterable 接口的其他数据结构作为参数，这样就可以直接创建出一个初始化的 Set 对象。例如下面这段代码：

```
const set = new Set([1,2,2,3,3,]);
for(let i of set){
    console.log(i);
}
```

执行这段代码后，控制台依然输出 1,2,3。由此可见，通过将数组作为参数创建的 Set 对象，如果数组中有重复的值，就可以为数组去除重复值。Set 对象与数组比较类似，也有一个 size 属性，用于表示 Set 对象中成员的数量。

可以通过数组创建 Set 对象，也可以通过 Set 对象创建数组。例如下面这段代码：

```
const set = new Set([1,2,3,4]);
const array = Array.from(set);
for(let i of array){
    console.log(i);
}
```

执行这段代码后，控制台依然输出 1,2,3,4。通过 Array 的 from 方法可以将一个 Set 对象转换成 Array。

4.6.2　Set 的基本操作

Set 的基本操作可以分为两类：一类是对 Set 本身的操作；另一类是遍历整个 Set 成员。对 Set 本身的操作有以下 4 个。

- add(value)：添加一个值，返回 Set 结构本身。
- delete(value)：删除一个值，返回一个布尔值，表示删除是否成功。
- has(value)：返回一个布尔值，表示该值是否为 Set 的成员。
- clear()：清除 Set 的所有成员，没有返回值。

因为 add 方法返回 Set 结构本身，所以在添加值的时候，如果需要添加多个值，就可以连着写 add 方法。例如下面这段代码：

```
const set = new Set();
set.add(1)
   .add(2)
   .add(3);
for(let i of set){
    console.log(i);
```

```
    }
    const hasvalue = set.has(2);
    console.log(hasvalue);
    set.delete(2);
    const hasvalue2 = set.has(2);
    console.log(hasvalue2);
```

在这段代码中，首先创建一个 Set，通过 add 方法分别添加三个值，添加完成后将这些值依次输出；然后通过 has 方法判断 Set 中是否存在一个为 2 的值，并输出结果；最后通过 delete 方法将 2 从 Set 中删除，再次通过 has 方法判断 Set 中是否存在一个为 2 的值，输出结果。

对 Set 的遍历操作也有 4 个方法。

- keys()：返回键名的遍历器。
- values()：返回键值的遍历器。
- entries()：返回键值对的遍历器。
- forEach()：使用回调函数遍历每个成员。

因为 Set 中没有键，只有值，所以这里 keys 和 values 的返回结果是一样的。例如下面这段代码：

```
const set = new Set([1,2,3]);
for(let i of set.keys()){
    console.log(i);
}
for(let i of set.values()){
    console.log(i);
}
```

执行这段代码后，控制台将输出两组 1,2,3，说明 Set 的键和值是一样的。如果使用 entries，将返回键和值一样的键值对。例如下面这段代码：

```
for(let i of set.entries()){
    console.log(i);
}
```

执行这段代码后，控制台将输出键和值相同的键值对。

```
[1,1]
[2,2]
[3,3]
```

前面的案例中我们还使用过 for...of 循环遍历了 Set，并没有指定使用哪种遍历操作，但是仍然可以遍历 Set，这是因为 Set 默认是可以遍历的，它的默认遍历操作就是 values 方法，所以在遍历 Set 时可以直接使用默认遍历器。例如下面的代码：

```
for(let i of set){
    console.log(i);
}
```

forEach 也是一种键值的遍历方法，因为 Set 中没有键，只有值，所以使用 forEach 遍历 Set 也会得到键和值相等的结果。例如下面这段代码：

```
set.forEach((key,value)=>console.log('key=${key};value=${value};'))
```

执行这段代码后，控制台输出结果如下：

```
key=1;value=1;
key=2;value=2;
key=3;value=3;
```

4.6.3 扩展运算符

ES6 新增了一种扩展运算符，由三个点(...)表示，用于将一个数组转换成用逗号分隔的参数序列。例如下面这段代码：

```
console.log(...[1,2,3]);
```

执行这段代码后，控制台将依次输出 1 2 3。如果对一个字符串使用扩展运算符，将会把字符串转换成一个字符数组。例如下面这段代码：

```
console.log(...'Hello');
```

执行这段代码后，控制台将依次输出 H e l l o。扩展运算符的内部实际使用的还是 for...of 循环，所以它也可以用于 Set 结构。例如下面这段代码：

```
let set = new Set([1,2,3]);
let array = [...set];
console.log(array);
```

执行这段代码后，控制台将输出[1,2,3]。因为 Set 结构中的成员具有唯一性，所以可以结合扩展运算符对多个 Set 结构进行并集、交集和差集的运算。例如下面这段代码：

```
let setA = new Set([1,2,3]);
let setB = new Set([2,3,4]);
let unionSet = new Set([...setA,...setB]);
console.log(...unionSet);
let intersectSet = new Set([...setA].filter(x=>setB.has(x)));
console.log(...intersectSet);
let differenceSet = new Set([...setA].filter(x=>!setB.has(x)));
console.log(...differenceSet);
```

执行这段代码后，控制台输出结果如下：

```
1 2 3 4
2 3
1
```

这里先构造两个 Set 结构，每个 set 都有三个值，根据这两个 Set 再构造一个 unionSet，它的成员由前面两个 Set 的扩展表达式组成。这两个 Set 合并后有重复的数据 2 和 3，因为 Set 中的成员不能重复，所以这里合并后只会有一个 2 和 3，输出结果就是 1 2 3 4。第二个交集 intersectSet 同样是由前面两个 Set 构造而成，这里运用了扩展表达式和 filter 方法，以及 Set 的 has 方法，用于从两个 Set 中筛选出共有的值 2 和 3，输出结果就是 2 3。第三个差集 differenceSet 与第二个并集 intersectSet 在筛选结果的过程中正好相反，输出结果是 1。

4.6.4　Map 数据结构

ES6 新增了 Map 数据结构，类似于对象 Object，同样是键值对的组合，但与对象又有所区别。对象的键仅限于字符串，而 Map 的键不仅可以是字符串，还可以是其他任何类型，这就非常方便地扩展了集合的应用。Map 与 Set 的操作基本相同，都是通过构造方法创建的。在构造时，可以通过接收一个数组参数来表示成员的键和值，如果不带参数，就需要通过 set 方法添加成员的键和值。也可以通过 delete 方法删除 Map 中的成员，通过 has 方法判断某一个成员是否属于 Map。例如下面这段代码：

```
const mapA = new Map();
const obj = {name: 'Sean'};
mapA.set(obj,'student');
console.log(mapA.get(obj));
console.log(mapA.has(obj));
mapA.delete(obj);
console.log(mapA.has(obj));
```

执行这段代码后，控制台输出结果如下：

```
student
true
false
```

这段代码中先构造了一个 Map，变量名为 mapA，接着创建了一个对象 obj，这个对象中有一个属性 name，值为 Sean，通过 Map 的 set 方法将对象 obj 设置为键，值为 student，添加到 mapA 中，通过 Map 的 get 方法获取键名为 obj 的值并输出，此时的键是一个对象，但是它的值是 student，所以第一行输出是一个字符串 student；然后通过 Map 的 has 方法，判断 mapA 中是否存在键名为 obj 的值，如果存在则输出 true，否则输出 false，所以第二行输出一个 true；最后通过 Map 的 delete 方法将键名为 obj 的成员删除，再通过 has 方法判断这个键是否存在并输出结果，最终输出一个 false。

在构造 Map 时，通过接收一个数组作为参数，构造出具有键和值的 Map。例如下面这段代码：

```
const mapB = new Map([
    ['name','Sean'],
    ['age',20]
]);
console.log(mapB.size);
console.log(mapB.has('name'));
console.log(mapB.get('name'));
console.log(mapB.has('age'));
console.log(mapB.get('age'));
```

执行这段代码后，控制台输出结果如下：

```
2
true
Sean
true
20
```

Map 中的键具有唯一性，如果多次为 Map 添加相同的键，那么后添加的值将会覆盖前面的值。当读取的键在 Map 中不存在时，将获取到 undefined 结果。例如下面这段代码：

```
const mapC = new Map();
mapC.set('name','Sean')
    .set('name','Anna');
console.log(mapC.get('name'));
console.log(mapC.get('age'));
```

执行这段代码后，控制台输出结果如下：

```
Anna
undefined
```

构造一个 Map 结构 mapC 后，两次为其添加相同的键，不同的值，最后输出的时候只能获取最后一个添加的值，而第二个键'age'在 mapC 中并不存在，所以就返回了 undefined。

4.6.5　Map 遍历方法

Map 的遍历方法与 Set 的遍历方法相同，都可以通过 keys()、values()、entries()、forEach()和扩展运算符(...)进行遍历。例如下面这段代码：

```
const map = new Map([
    ['name','Sean'],
    ['age',20]
]);
for (let key of map.keys()){
    console.log(key);
}
```

这段代码只输出 Map 的键名，输出结果如下：

```
name
age
```

如果换成输出 Map 的值，那么代码如下：

```
for (let value of map.values()){
    console.log(value);
}
```

执行这段代码后，输出结果如下：

```
Sean
20
```

如果要将键和值都输出，就可以使用以下两种输出方法：

```
for (let item of map.entries()){
    console.log(item);
}
for (let [key,value] of map.entries()){
    console.log(key,value);
}
```

执行这段代码后，输出结果如下：

```
["name","Sean"]
["age",20]
name Sean
age 20
```

以上的 for...of 循环可以用扩展运算符替代。例如下面的代码：

```
[...map.keys()];
[...map.values()];
[...map.entries()];
[...map];
```

4.7　Promise 对象

4.7.1　Promise 简介

Promise 直译过来就是承诺的意思，如果有人承诺了要做某事，他就一定要去做。ES6 中的 Promise 对象是一种异步编程的解决方案，以往在 JavaScript 中，都需要回调函数和事件来解决异步编程的问题，函数一个套一个非常烦琐，程序编写麻烦，可读性差，维护也很不方便。Promise 很好地解决了这个问题，它提供了统一的 API，用于获取异步操作的结果。

Promise 对象有三种状态，分别是 pending（进行中）、fulfilled（已成功）和 rejected（已失败），异步操作完成后，就可以确定当前 Promise 对象的状态，该状态一旦确定就无法再更改。Promise 对象的状态只能从 pending 变为 fulfilled，调用 resolve()方法将该实例的状态设置为 fulfilled，或者从 pending 变为 rejected，调用 reject()方法将该实例的状态设置为 rejected。

简单概括地讲，Promise 就是处理异步操作，异步处理成功了就执行成功的操作 resolve()，异步处理失败了就捕获错误或者停止后续操作 reject()。

4.7.2　创建 Promise 对象

Promise 对象可以通过构造函数创建，它接收一个函数作为参数，这个函数有两个参数：resolve 和 reject，分别用于处理异步操作成功和失败。Promise 的一般表示形式如下：

```
new Promise(
    /* executor */
    function(resolve, reject) {
        if (/* success */) {
            // ...执行代码
            resolve();
        } else { /* fail */
            // ...执行代码
            reject();
        }
    }
);
```

在构造 Promise 对象的时候，执行函数 executor 作为构造函数的参数，它有两个参数：resolve 和 reject。如果异步操作成功，执行完必要的操作后，调用 resolve()方法就将 Promise 对象的状态设置为 fulfilled，表示已完成；如果异步操作失败，执行完必要的操作之后，调用 reject()方法就将 Promise 对象的状态设置为 rejected，表示已失败。

4.7.3　then()

Promise 对象有一个 then()方法，用于返回一个 Promise 对象。它接收两个参数：第一个是处理成功后的参数；第二个是处理失败后的参数。由于 Promise 对象的 then()方法返回一个 Promise 对象，因此它可以进行链式调用。下面是一个 then 方法调用的例子，代码如下：

```
const promise = new Promise((resolve,reject)=>{
    setTimeout(()=>{
        resolve('success');
    },2000);
});
promise.then((data)=>{
    console.log(data);
},(err)=>{
    console.log(err);
}).then((data)=>{
    console.log('链式调用: ${data}');
});
```

在这段代码中，先构造一个 Promise 对象并设置一个计时器，两秒之后返回一个成功的字符串 success，然后调用 then 方法，在异步成功的函数中输出返回的字符串 success，在异步失败的函数中返回错误信息，继续调用 then 方法，在异步成功的函数中输出特定的文字。

执行这段代码后，首先暂停两秒钟，然后输出 success，紧接着输出文字信息'链式调用：undefined'。在第二个 then 的链式调用中，这里的参数 data 是一个 undefined 对象，因为在第一个 then 方法中，异步执行成功之后，仅仅是输出了 resolve 返回的信息，没有将其他信息继续返回，在第二个 then 方法中并没有接收到任何参数信息，所以这里的参数就是一个 undefined 对象。

注意这里第一个 then 方法的第二个函数不会执行，因为在构造 Promise 对象的时候执行了 resolve 方法，这是异步调用成功的方法，所以在下面的 then 方法中只会执行第一个函数。如果在构造 Promise 对象的时候调用了 reject 方法，那么在下面的 then 方法中将执行第二个函数。

4.7.4 catch()

catch 方法也会返回一个 Promise 对象，它可以和 then 方法组成链式调用。catch 方法主要用于处理 Promise 对象状态为 rejected 的信息，以及程序运行过程中的异常信息，所以在使用 then 方法的时候，通常仅指定一个参数，而省略第二个参数，将程序中所有的错误全部放到 catch 中进行处理。下面是一个 catch 方法捕获 rejected 状态的情况，代码如下：

```
const promise = new Promise((resolve,reject)=>{
    setTimeout(()=>{
        reject('reject');
    },2000);
});
promise.then((data)=>{
    console.log('success:${data}');
}).catch((err)=>{
    console.log('错误：${err}');
});
```

这段代码中，在构造 Promise 对象的时候，使用了 reject 方法，所以这里 catch 的信息就是 reject 方法返回的信息。执行这段代码后，暂停两秒，输出如下信息：

```
错误：reject
```

4.7.5 Promise.all()

Promise 的 all 方法接收一个参数，该参数可以是数组或对象，但必须具有 Iterator 接口。只有当数组或对象中所有元素的状态都变成 fulfilled 的时候，Promise 的状态才能是 fulfilled。相反，只要数组或对象中一个元素的状态变成 rejected，Promise 的状态就会变成 rejected。例如下面这段代码：

```
var arr = [1, 2, 3];
var promises = arr.map(function(e) {
  return new Promise(function(resolve, reject) {
    resolve(e * 2);
  });
});

Promise.all(promises).then(function(data) {
```

```
    console.log(data);
    console.log(arr);
});
```

执行这段代码后，首先输出[2,4,6]，然后输出[1,2,3]。

4.7.6 Promise.race()

Promise.race()和 Promise.all()比较类似，不同的是 Promise.race 中只要有一个改变了状态，Promise 实例的状态就会跟着改变，它的返回值也会传递到回调函数中。下面这段代码演示了 Promise.race 的效果：

```
const p1 = new Promise((resolve,reject)=>{
    setTimeout(resolve,100,'P1 fulfilled');
});
const p2 = new Promise((resolve,reject)=>{
    setTimeout(resolve,50,'P2 fulfilled');
});
const p3 = new Promise((resolve,reject)=>{
    setTimeout(reject,150,'P1 rejected');
});
Promise.race([p1,p2,p3]).then((data)=>{
    console.log(data);
}).catch((err)=>{
    console.log(err);
});
```

在这段代码中，p1、p2 和 p3 分别是三个 Promise 对象，p2 调用 setTimeout 的时间最短，所以它的状态最先改变，最终 Promise 对象的状态就被设置成了 fulfilled，并且接收 p2 返回的值。最终输出结果如下：

```
P2 fulfilled
```

4.7.7 Promise.resolve()

Promise.resolve 方法用于将现有的对象转换成 Promise 对象，它的参数有以下 4 种情况。

（1）参数是一个 Promise 实例

在这种情况下，resolve 方法不做任何更改，直接返回这个实例。

（2）参数是一个 thenanble 对象

thenable 对象是指具有 then 方法的对象。例如下面这段代码：

```
const thenable = {
    then: (resolve,reject)=>resolve(42)
};
```

Promise.resolve 方法会先将 thenable 对象转为 Promise 对象，然后立即执行 thenable 对象中的 then 方法。例如下面这段代码：

```
const promise = Promise.resolve(thenable);
promise.then((value)=>console.log(value));
```

上面这段代码执行 resolve 方法后，立即执行 thenable 对象中的 then 方法，将 promise 对象状态变为 resolved 并放回 42，然后执行 promise 对象的 then 方法，接收到这个返回值并输出。

（3）参数是一个一般对象

如果参数是一个一般对象（指原始值或不具有 then 方法的对象）原始值，那么 Promise.resolve 方法将返回一个新的 Promise 对象，并将其状态设置为 resolved。例如下面这段代码：

```
const promise = Promise.resolve(2018);
promise.then((data)=>console.log(data));
```

执行这段代码后，将输出 2018。

（4）没有参数

如果不带任何参数，就执行 Promise.resolve 方法，将直接放回一个新的 Promise 对象。例如下面这段代码：

```
const promise = Promise.resolve();
```

执行这段代码后，将生成一个新的 Promise 对象。

4.7.8 Promise.reject()

Promise.reject()和 Promise.resolve()正好相反，它接收一个参数值 reason，即发生异常的原因。此时返回的 Promise 对象将会置为 rejected。例如下面这段代码：

```
const promise = Promise.reject('error');
promise.then(null, function (data) {
    console.log(data)
});
```

执行这段代码后，直接输出 error 信息。

4.8　for...of 循环

ES6 中新增了 for...of 循环，为可遍历的数据结构提供统一的遍历方法。例如有下面这样一个数组：

```
const arr=['BeiJing','ShangHai','HangZhou'];
for(let v of arr){
    console.log(v);
}
```

执行这段代码后，控制台输出以下结果：

```
BeiJing
ShangHai
HangZhou
```

for..of 循环之所以能够循环遍历数组中的成员，这是因为数组具有 Iterator 接口，所有具有这个接口的集合数组都能使用 for...of 进行遍历。在 ES6 中，能够使用 for...of 循环进行遍历的集合数据还有 Map、Set、String 等。

Iterator 实际上是一个遍历器，它为集合数据提供了统一的遍历操作，其内部是一个指针操作，当第一次调用 next 方法时，指针会指向数据结构的起始位置，再次调用 next 方法时，指针会指向数据结构的第一个成员，依次调用 next 方法，指针会依次移动到下一个成员，直到数据结构的结束位置为止。对于初学者而言，只需要掌握 for...of 循环操作的方法即可。

4.9　Generator 函数

前面提到过 Promise 对象，用于处理异步操作，在 ES6 中还提供了 Generator 函数，同样是处理异步操作的解决方案。Promise 对象在处理异步操作时与传统的异步操作有些类似，操作成功时执行一种操作，失败时执行另一种操作，但是在 Generator 函数中，可以依次执行多个操作。Generator 函数的声明格式如下：

```
function* addresses(){
    yield 'BeiJing';
    yield 'ShangHai';
    return 'NanJing';
}
const fun=addresses();
```

function 是关键字，addresses 是函数名，关键字与函数名之间有一个星号，函数体内可以有多个 yield 表达式，每一个表达式都可以返回一个状态信息。创建一个 Generator 函数后，其调用方式与一般函数相同，都是函数名后面带一个小括号，但此时并没有实际执行函数体内的代码，而是需要调用遍历器的 next 方法，让指针移动到下一个状态。例如现在执行 fun.next()，控制台输出结果如下：

```
Object {value: "BeiJing", done: false}
```

再次执行 fun.next()，控制台继续输出：

```
Object {value: "ShangHai", done: false}
```

再次执行 fun.next()，控制台继续输出：

```
Object {value: "NanJing", done: true}
```

可以看到，每次调用一个 next 方法，函数体都会从上往下执行，遇到 yield 表达式或 return 语句就会停止执行，直到函数体的结束位置。每个 yield 表达式都会输出一个对象，该对象中的 value 属性值就是返回的值，而 done 属性则表示指针是否移动到结束位置。如果函数中所有的 yield 表达式和 return 语句都已经返回了值，此时继续执行 next 方法，就会输出一个值为未定义的对象，如下所示：

```
Object {value: undefined, done: true}
```

Generator 函数的这种分段执行的特性，可以帮助我们解决多个异步操作的问题。

4.10　async 函数

JavaScript 的发展一直在致力于解决异步调用的问题，前面介绍的 Promise 和 Generator 都是为了让异步调用的代码更简单，更方便。而新加入的 async 函数，更是让异步调用的操作更趋于同步操作。

async 函数与 Generator 函数的最大区别是，async 函数声明中没有星号，而是多了一个 async 关键字，函数体中没有 yield 表达式，而换成了 await。另外，async 函数的执行不再需要调用 next 方法，而是直接调用函数名，并且 async 函数返回一个 Promise 对象，可以使用 then 和 catch 来处理回调操作。例如下面这段代码：

```
async function getAddress(name) {
    await console.log('${name}-A');
    await console.log('${name}-B');
    await console.log('${name}-C');
}
getAddress('BeiJing').then( (result)=> {
    console.log(result);
}).catch((err)=>{
    console.log(err)
})
```

这段代码中先声明了一个 async 函数，函数体中有三个 await 表达式，每个表达式都对应输出一个字符串，当函数执行到对应的 await 表达式时，会先返回一个 Promise 对象，然后执行异步 then 操作，待异步操作完成后继续执行 async 函数体中的代码，遇到下一个 await 后继续等待异步操作。执行以上代码后，控制台输出如下内容：

```
BeiJing-A
BeiJing-B
BeiJing-C
```

4.11　class

有过 java 或 .net 编程经验的读者对 class（类）应该不会陌生，在 ES6，使用 class 关键字也可以定义一个类，使用 class 就可以创建对象。例如下面这段代码：

```
class UserInfo{
    constructor(name,age){
        this.name=name;
        this.age=age;
    }
    getUserName(){
        return this.name;
    }
    getUserAge(){
        return this.age;
    }
}
```

上面这段代码中使用 class 关键字定义了一个名为 UserInfo 的类，该类中的构造方法 constructor 将在实例化这个对象时被调用，可以将构造方法的参数传递到类的内部。类中 this 表示当前类的实例，通常情况下，为了初始化数据，会在构造函数实例化时为其赋值。另外，这个类中还定义了两个方法，分别用于对外提供 name 和 age 的两个属性的值。

可以先使用 new 关键字生成类的一个实例，然后才能执行其他操作。如果没写构造方法，JavaScript 引擎就会自动为其添加一个空的 constructor 方法。有了类的实例，就可以直接调用类内部的方法。例如下面这段代码：

```
let userInfo=new UserInfo('Sean',20);
let userName=userInfo.getUserName();
let userAge=userInfo.getUserAge();
console.log('User name is ${userName}, user age is ${userAge}.');
```

执行这段代码后，控制台输出如下结果：

```
User name is Sean, user age is 20.
```

需要注意的是，之前定义一个 JavaScript 方法时都需要用到 function 关键字，现在在类中定义方法时，就不需要使用 function 关键字了。

类是可以继承的，通过关键字 extends 可以实现类的继承。继承的类叫作子类，被继承的类叫作父类，子类可以继承父类中的方法和属性。例如下面这段代码：

```
class BeiJingPerson extends UserInfo{}
let userInfo=new BeiJingPerson('Dora',20);
let userName=userInfo.getUserName();
```

```
let userAge=userInfo.getUserAge();
console.log('User name is ${userName}, user age is ${userAge}');
```

因为子类 BeiJingPerson 继承了父类 UserInfo，所以实例化一个子类对象 userinfo 就可以通过子类对象调用父类的方法。执行这段代码后，控制台输出以下结果：

```
User name is Dora, user age is 20
```

4.12　实例：下馆子吃饭

想必大家都在饭馆吃过饭，回想一下这个过程。如果当时客人比较多，我们点餐后不可能立即就给我们做，而是需要先下单，然后等待，在等待的这段时间内，大家通常都会拿出手机看新闻，或玩游戏，用于消磨等待的时间。等待和玩游戏消磨时间是同时发生的事情，我们可以用异步来描述这个过程。

首先明确这里应该有两个异步执行的操作，一个是等待，另一个玩游戏，所以应该有两个 function，一个叫作 Waiting，另一个叫作 PlayingGame。我们使用 async 函数对这两个操作执行异步处理，相关代码如下：

```
async function Main() {
    console.log('客人点餐...');
    await PlayingGame();
    await Waiting();
}
```

在等待的过程中，客人会时不时地看一眼服务员或厨师，如果等待的时间过长，客人就会烦躁，但不管怎样，最终还是会上菜。因为在等待的过程中，客人还在玩游戏，所以这些操作也是异步执行的。相关代码如下：

```
async function Waiting() {
    await setTimeout(()=>{
        console.log('客人看了一眼服务员...');
    },2000);
    await setTimeout(()=>{
        console.log('客人看了一眼厨师...');
    },4000);
    await setTimeout(()=>{
        console.log('客人等得不耐烦了...');
    },6000);
    await setTimeout(()=>{
        console.log('饭终于好了...');
    },8000);
}
```

再来看玩游戏的过程，假设客人打通游戏第 5 关后，饭就上桌了。因为在玩游戏的过程中，客人还时不时地看看饭有没有好，所以玩游戏也不是很专注，这里也用异步处理。相关代码如下：

```
async function PlayingGame() {
    console.log('拿出手机开始玩游戏...');
    for (let i = 0; i < 5; i++)
    {
        await setTimeout(()=>{
            console.log('打通游戏第${i+1}关...');
        },1000*(i+1));
    }
    await setTimeout(()=>{
        console.log('退出游戏，收起手机...');
    },6000);
}
```

最后执行 Main 方法。

```
Main()
```

控制台输出以下结果：

```
客人点餐...
拿出手机开始玩游戏...
打通游戏第 1 关...
打通游戏第 2 关...
客人看了一眼服务员...
打通游戏第 3 关...
打通游戏第 4 关...
客人看了一眼厨师...
打通游戏第 5 关...
退出游戏，收起手机...
客人等得不耐烦了...
饭终于好了...
```

测试题

（1）什么是块级作用域？

（2）在声明变量时，var、let 和 const 有什么区别？

（3）Promise 对象的两个参数分别是什么？

（4）使用 async 函数的时候，函数体内必须有什么关键字？

4.13　本章小结

　　本章主要介绍了 ES6 的一些新知识，其中包括声明变量、模板字符串、箭头函数、解构赋值、Set 和 Map 数据结构、Promise 对象、for...of 循环、Generator 函数、async 函数、class 等，熟练掌握 ES6 的这些新知识，对以后成为一个出色的程序员将有很大的帮助。

第 5 章

HTML5 音频和视频

在 HTML4 中，如果在网页中展示音频或视频，则需要使用第三方插件或 Flash 工具，而且浏览器必须安装插件才能播放，而在 HTML5 中，提供了音频和视频的播放接口，只要支持 HTML5 的浏览器都可以直接进行播放。这个强大的功能要归功于 video 元素和 audio 元素，本章将详细介绍这两个元素的使用方法。

5.1 Web 视频的标准与格式

目前，video 元素支持三种视频格式，分别为 Ogg、MPEG4 和 WebM；audio 元素支持三种音频格式，分别为 Ogg Vorbis、MP3 和 Wav。由于各浏览器对 HTML5 支持的程度不同，因此不同浏览器的不同版本对 video 元素和 audio 元素的支持程度也不同，详见下表。

格 式	IE	Firfox	Opera	Chrome	Safari
Ogg	No	3.5+	10.5+	5.0+	No
MPEG 4	9.0+	No	No	5.0+	3.0+
WebM	No	4.0+	10.6+	6.0+	No
Ogg Vorbis	No	3.5+	10.5+	3.0+	No
MP 3	9.0+	No	No	3.0+	3.0+
Wav	No	3.5+	10.5+	No	3.0+

提 示

Ogg 表示带有 Theora 视频编码和 Vorbis 音频编码的 Ogg 文件；MPEG 4 表示带有 H.264 视频编码和 AAC 音频编码的 MPEG 4 文件；WebM 表示带有 VP8 视频编码和 Vorbis 音频编码的 WebM 文件。

5.2　video/audio 元素概述

video 元素用于在 HTML5 中播放视频文件，audio 元素用于在 HTML5 中播放音频文件。这两个元素都有一个 src 和 controls 属性，其中 src 属性用于指定文件的地址，controls 属性提供一个用于播放、暂停、音量、播放进度条、播放时间和是否全屏的控件，开始和结束标签之间的文字用于当浏览器不支持时需要显示的内容。

在 HTML5 中播放音频的代码如下：

```
<audiosrc="song.ogg" controls="controls">
您的浏览器不支持video播放。
</audio>
```

在 HTML5 中播放视频的代码如下：

```
<video src="movie.mp4" controls="controls">
您的浏览器不支持video播放。
</video>
```

5.3　检测浏览器是否支持 HTML5 视频

目前，可供选择的浏览器有很多，而且不同浏览器的不同版本对 HTML5 视频的支持也不一样，如何才能知道使用的浏览器支持 HTML5 视频播放呢？下面分别介绍检测浏览器是否支持 HTML5 视频的方法。

新建一个 HTML5 文档，将下面这段代码复制到 HTML5 文档中，利用浏览器打开这个文档，单击检测按钮即可显示浏览器是否支持 HTML5 视频播放。

```
<!doctype html>
<html>
<head>
<meta charset="utf-8">
<script type="text/javascript">
function checkVideo(){
if(!!document.createElement('video').canPlayType) {
  var vidTest=document.createElement("video");
  oggTest=vidTest.canPlayType('video/ogg; codecs="theora, vorbis"');
  if (!oggTest)   {
    h264Test=vidTest.canPlayType('video/mp4; codecs="avc1.42E01E,
mp4a.40.2"');
    if (!h264Test)     {
```

```
            document.getElementById("checkVideoResult").innerHTML="您的浏览器不支持
HTML5 视频播放！"
            }
        else {
        if (h264Test=="probably") {
            document.getElementById("checkVideoResult").innerHTML="您的浏览器支持
HTML5 视频播放！";
            }
        else {
            document.getElementById("checkVideoResult").innerHTML="您的浏览器支持
部分 HTML5 视频播放！";
            }
        }
        }
    else {
        if (oggTest=="probably") {
            document.getElementById("checkVideoResult").innerHTML="您的浏览器支持
HTML5 视频播放！";
            }
        else {
            document.getElementById("checkVideoResult").innerHTML="您的浏览器支持部
分 HTML5 视频播放！";
            }
        }
    }
    else {
        document.getElementById("checkVideoResult").innerHTML="您的浏览器不支持
HTML5 视频播放！"
        }
    }
</script>
<title>5.3.1</title>
</head>
<body>
<div id="checkVideoResult" style="margin:10px 0 0 0; border:0; padding:0;">
<button onclick="checkVideo()" style="font-family:Arial, Helvetica,
sans-serif;">检测</button>
</body>
</html>
```

5.4　实例：在 HTML5 中显示视频/音频

下面我们通过一个简单的实例来认识一下 HTML5 中音/视频的使用方法。首先在 Web 页面加载一个视频文件，页面启动后开始循环播放该视频文件，当播放暂停时，在视频文件上方出现一个图片，继续播放视频文件时，该图片消失。有没有觉得这个效果似曾相识呢？本案例的代码如下：

```html
<!doctype html>
<html>
<head>
<meta charset="utf-8">
<title>5.4.1</title>
<script>
var video;
var img;
function init(){
    video=document.getElementById("MyVideo");
    video.style.position="absolute";
    video.style.width="400px";
    video.style.height="300px";
    video.style.left="50px";
    video.style.top="50px";
    img=document.getElementById("MyImg");
    img.style.position="absolute";
    img.style.width="340px";
    img.style.height="160px";
    img.style.left="80px";
    img.style.top="120px";
    img.style.zIndex=2;
    img.hidden=true;
}
function showImg(flag){
    img.hidden=flag;
}
</script>
</head>
<body onLoad="init()">
<video id="MyVideo" loop autoplay src="movie.mp4" controls
onPlay="showImg(true);" onPause="showImg(false);" ></video>
    <img id="MyImg" src="MyImage.png" />
</body>
</html>
```

打开该页面后，视频开始循环播放，当暂停播放时，在视频上方出现一个图片遮挡了视频播放区域，效果如下图所示。当再次播放时，图片隐藏。

5.5　video 元素与 audio 元素详解

video 元素和 audio 元素是 HTML5 中针对音视频新增的两个标签，通过对这两个标签的设置，可以控制页面上音视频的播放。本节将详细介绍 video 元素和 audio 元素的属性、方法和事件的使用。

5.5.1　video/audio 属性

video 元素和 audio 元素的属性有很多，使用的方法也大同小异，下面我们详细介绍这些属性的含义和使用方法。

1. src 属性

设置音/视频文件的 URL 地址。相关使用代码如下：

```
<video src="movie.mp4" ></video>
<audio src="song.ogg" ></ audio>
```

2. autoplay 属性

设置当页面加载时，是否自动播放音/视频文件。如果需要自动播放音/视频文件，就添加该属性，否则不添加该属性。相关使用代码如下：

```
<video src="movie.mp4" autoplay ></video>
<audio src="song.ogg" autoplay ></ audio>
```

3. preload 属性

设置当页面加载时，是否对音/视频文件进行预加载。preload 属性有三个可供选择的值：none

表示不进行预加载；metadata 表示仅加载元数据，即音/视频文件的大小、第一帧、播放列表和持续时间等；auto 表示预加载全部音/视频文件。相关使用代码如下：

```
<video src="movie.mp4" preload="metadata"></video>
<audiosrc="song.ogg" preload="metadata">
```

4. poster 属性

该属性是 video 元素属性，设置当视频不可用时，向用户展现一副图片。相关使用代码如下：

```
<video src="movie.mp4" poster="replace.jpg "></video>
```

5. loop 属性

设置是否循环播放音/视频文件。如果需要循环播放音/视频文件，就添加该属性，否则不添加该属性。相关使用代码如下：

```
<video src="movie.mp4" loop ></video>
<audio src="song.ogg" loop ></ audio>
```

6. controls 属性

设置是否添加浏览器自带的播放控制器，其中包括播放、暂停和声音等控件。如果需要显示播放控制器，就添加该属性，否则不添加该属性。相关使用代码如下：

```
<video src="movie.mp4" controls ></video>
<audio src="song.ogg" controls ></ audio>
```

如下图所示为谷歌浏览器自带的播放控制器。另外，开发人员还可以根据自己的需要，在脚本中自定义播放控制器。

7. width 属性和 height 属性

这两个属性是 video 元素属性，width 属性用于指定视频的宽度，height 属性用于指定视频的高度，单位均是像素。相关使用代码如下：

```
<video src="movie.mp4" width="400" height="300" ></video>
```

8. muted 属性

设置当页面加载时，播放器是否被静音。如果需要静音，就添加该属性，否则不添加该属性。相关使用代码如下：

```
<video src="movie.mp4" muted></video>
<audio src="song.mp3" muted ></audio>
```

5.5.2　video/audio 方法

在使用 video 元素和 audio 元素时，还可以在脚本中使用相应的方法对播放的音/视频文件进行控制，相关的方法主要有 4 种，下面分别进行介绍。

1. play 方法

除了播放器自身的播放功能外，用户还可以在脚本中使用 play 方法来控制音/视频的播放功能。相关使用代码如下：

```html
<!doctype html>
<html>
<head>
<meta charset="utf-8">
<title>5.5.1</title>
<script>
function play(){
    var video=document.getElementById("MyVideo");
    video.play();
}
</script>
</head>
<body>
<video id="MyVideo" src="movie.mp4" controls></video>
<button onClick="play()">play</button>
</body>
</html>
```

2. pause 方法

与 play 方法相对应的 pause 方法用于控制暂停播放音/视频功能，pause 方法也需要在脚本中设置才能使用。相关使用代码如下：

```html
<!doctype html>
<html>
<head>
<meta charset="utf-8">
<title>5.5.2</title>
<script>
function pause(){
    var video=document.getElementById("MyVideo");
    video.pause();
}
</script>
</head>
<body>
<video id="MyVideo" src="movie.mp4" controls></video>
<button onClick="pause()">pause</button>
</body>
</html>
```

3. load 方法

调用该方法可重新加载音/视频文件进行播放。相关使用代码如下:

```
<!doctype html>
<html>
<head>
<meta charset="utf-8">
<title>5.5.3</title>
<script>
function load(){
    var video=document.getElementById("MyVideo");
    video.load();
}
</script>
</head>
<body>
<video id="MyVideo" src="movie.mp4" controls></video>
<button onClick="load()">load</button>
</body>
</html>
```

4. canPlayType 方法

该方法用于测试浏览器是否支持指定的类型,并返回结果。如果返回空字符串,就表示浏览器不支持该播放类型;如果返回 maybe,就表示浏览器可能支持该播放类型;如果返回 probably,就表示浏览器确定支持该播放类型。关于 canPlayType 的使用代码详见"5.3   检测浏览器是否支持 HTML5 视频"中的示例代码。

5.5.3   video/audio 事件

在音/视频播放的整个过程中,会触发一系列的事件,捕获这些事件并加以利用,就可以实现更多的效果。在 HTML5 中,与 video 和 audio 元素相关的事件如下表所示。

事 件	描 述
loadstart	浏览器开始在网上寻找媒体数据
progress	浏览器正在获取媒体数据
suspend	浏览器暂停获取媒体数据,但是下载过程并没有正常结束
abort	浏览器在下载完全部媒体数据之前终止获取媒体数据,但并不是由错误引起的
error	获取媒体数据过程中出错
emptied	video 元素或 audio 元素所在网络突然变为未初始化状态(可能引起的原因有两个:载入媒体过程中突然发生一个致命错误;浏览器正在选择支持的播放格式时,又调用了 load 方法重新载入媒体)
stalled	浏览器尝试获取媒体数据失败

（续表）

事 件	描 述
play	即将开始播放，当执行了 play 方法时触发，或者数据下载后元素被设置为 autoplay 属性
pause	播放暂停，当执行了 pause 方法时触发
loadedmetadata	浏览器获取完毕媒体的时间长和字节数
loadeddata	浏览器已加载完毕当前播放为止的媒体数据，准备播放
waiting	播放过程由于得不到下一帧而暂停播放（如下一帧尚未加载完毕），但很快就能得到下一帧
playing	正在播放
canplay	浏览器能够播放媒体，但估计以当前播放速率不能直接将媒体播放完毕，播放期间需要缓冲
canplaythrough	浏览器能够播放媒体，而且以当前播放速率能够将媒体播放完毕，不再需要进行缓冲
seeking	seeking 属性变为 true，浏览器正在请求数据
seeked	seeking 属性变为 false，浏览器停止请求数据
timeupdate	当前播放位置被改变，可能是播放过程中的自然改变，也可能是被人为地改变，或者是由于播放不能连续而发生的跳变
ended	播放结束后停止播放
rantechange	defaultplaybackrate 属性（默认播放速率）或 playbackrate 属性（当前播放速率）被改变
durationchange	播放时长被改变
volumechange	volume 属性（音量）被改变或 muted 属性（静音状态）被改变

在 javascript 中捕捉事件的方式有两种，第一种是监听的方式，即使用 video 元素或 audio 元素的 addEventListener 方法对事件进行监听。相关代码如下：

```
var video=document.getElementById("MyVideo");
var img=document.getElementById("MyImg");
video.addEventListener("play",function(){
    img.hidden=true;
},false);
```

video 表示页面上的 video 元素或 audio 元素；play 表示监听的事件名称；在 function 中处理当音/视频播放时需要执行的其他操作；img.hidden=true 表示页面上的一个图片被隐藏；false 表示浏览器采用 bubbing 响应方式，如果为 true，就表示浏览器采用了 Capture 响应方式。

另一种捕捉事件的方式是在 javascript 脚本中获取事件句柄（事件名称前加 on 就是事件句柄），并对事件句柄赋值处理函数。相关代码如下：

```
var img=document.getElementById("MyImg");
function showImg(flag){
    img.hidden=flag;
}
<video id="MyVideo" src="movie.mp4" controls onPlay="showImg(true);"
onPause="showImg(false);" ></video>
<img id="MyImg" src="myimage.png" hidden="true"/>
```

测试题

（1）HTML5 中用于播放音/视频文件的元素是什么？

（2）如何控制页面加载时自动播放音/视频文件？

（3）HTML5 中如何控制音/视频的播放与暂停？

（4）当视频文件不可用时，如何展示一张图片？

5.6　本章小结

本章主要学习了 HTML5 中音频和视频的操作方法，通过本章的学习，读者应该熟练掌握在 HTML5 页面中播放音/视频的方法，以及控制音/视频文件的播放、暂停、循环、静音等的方法。

第6章

HTML5 canvas

　　<canvas></canvas>是 HTML5 出现的新标签，它有自己本身的属性、方法和事件，其中就有绘图的方法。这个 HTML 元素是为客户端矢量图形而设计的。它自己没有行为，但却把一个绘图 API 展现给客户端 JavaScript，从而使脚本能够把想绘制的东西都绘制到一块画布上。canvas 拥有多种绘制路径、矩形、圆形、字符以及添加图像的方法。这个技术的出现对游戏开发行业是革命性的，即使不是用于游戏开发，照样可以用 canvas 突破丰富视觉可视化的障碍，借用第三方工具（如 Flash）来实现复杂视觉效果的现状将成为历史。

6.1　canvas 基础入门

　　有关 canvas 的一切都是令人兴奋和神往的，刚开始接触 canvas 时，笔者与读者的心情一样，迫不及待地想要掌握 canvas 的秘诀。但没有好的基础，就没有将来熟练的应用。就让我们从最基本的图形绘制开始，一步步体验 canvas 的强大功能吧。

6.1.1　什么是 canvas

　　顾名思义，canvas 是一块"画布"，JavaScript 就如同画笔，可以在这块画布上描绘出无数的可能。画布的形状是矩形，可以把它理解为一个容器，里面装着 JavaScript 脚本，借助这些脚本能够绘制像各种路径、矩形、椭圆形、字符，甚至可以添加图像。其实，它也仅是一个容器而已，图形和图像的实现都得靠 JavaScript。

6.1.2　实例：在 HTML5 页面中添加 canvas 元素

　　小时候我们老师常说，"光说不练，是个笨蛋！"说得再多，不如动手做一做，本书的特色就是尽可能多地让大家动手实际操作，频繁地敲代码，让知识在敲敲打打的过程中自然而然地刻录在脑海里，而不是靠单纯地阅读和记忆。下面就打开 HTML 编辑器，敲入以下代码吧，这些代码将在 HTML5 页面中添加 canvas 元素。在此以 Dreamweaver CC 为例，首先需要新建一个 HTML5 文档。

```
<canvas id="myCanvas" width="300" height="200"></canvas>
```

上面的代码中，id="myCanvas"为 canvas 元素指定了一个 id，便于在将来的 JavaScript 代码中引用。我们知道 id 属性是 HTML 的全局属性，用于规定元素的唯一 ID。

在 Dreamweaver CC 中的完整代码和实时预览效果如下图所示，从中我们可以看到以上代码是被添加到了<body></body>标签之间。

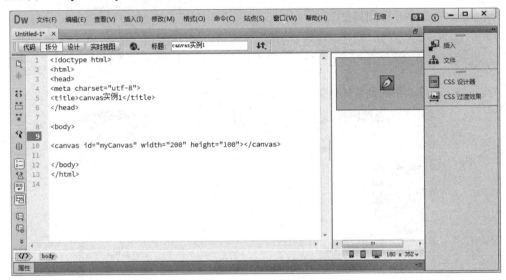

保存一下文件，然后在 Chrome 浏览器中看一看是什么效果。当然是什么也看不到的，因为 canvas 只有宽和高两个属性，下一小节我们在里面绘制一个矩形，就能直观地看到它的作用了。

小知识：canvas 的属性

<canvas>标签支持 HTML 中的全局属性和事件属性，height 和 width 是 HTML5 中的新属性，如下表所示。

属性	值	描述
height	像素	设置 canvas 的高度
width	像素	设置 canvas 的宽度

6.1.3　实例：绘制一个蓝色矩形

绘制蓝色矩形的代码如下：

```
<!doctype html>
<html>
```

```html
<head>
<meta charset="utf-8">
<title>6.1.1</title>
</head>
<body>
<canvas id="myCanvas">您的浏览器不支持 canvas 标签</canvas>
<script type="text/javascript">
var canvas=document.getElementById('myCanvas');
var ctx=canvas.getContext('2d');
ctx.fillStyle='#000099';
ctx.fillRect(0,0,80,100);
</script>
</body>
</html>
```

在 Chrome 浏览器中的预览效果如下图所示。

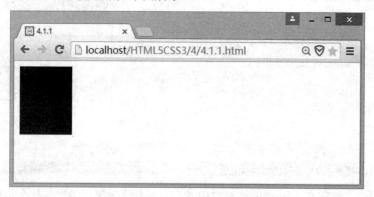

6.2 绘制基本线条

使用 JavaScript 这支笔可以在 canvas 画布中绘制各种图形，它之所以有这么强大的功能，是因为 canvas 的 CanvasRenderingContext2D 对象为我们提供了丰富多彩的 API 工具，包括本节将要介绍的直线、二次曲线、贝塞尔曲线和圆弧曲线。下表是绘制这些基本线条将要用到的 API。

方 法	描 述
beginPath()	开始一个新的绘制路径
moveTo(int x,int y)	移动画笔到指定坐标点(x,y)，该点作为路径的起点
lineTo(int x,int y)	从当前端点到指定坐标点(x,y)添加一条直线
stroke()	沿着绘制路径的坐标点顺序绘制直线
closePath()	如果当前的绘制路径是打开的，则关系该绘制路径
quadraticCurveTo(cx,cy,x,y)	绘制二次曲线，坐标点(cx,cy)为控制点，坐标点(x,y)为终点
bezierCurveTo(cx1,cy1,cx2,cy2,end1,end2)	绘制贝塞尔曲线，坐标点(cx1,cy1)和(cx2,cy2)为控制点，坐标(end1,end2)为终点

（续表）

方 法	描 述
arc(x,y,r,sAngle,eAngle,counterclockwise)	绘制圆弧，坐标点(x,y)为圆的中心点，r 是圆的半径，sAngle 是起始角，eAngle 是结束角，counterclockwise 是可选参数，false 是顺时针，true 是逆时针

6.2.1 实例：绘制直线

我们在中学几何课上学过"两点一线"，canvas 在绘制直线时也需要一个起点和一个终点。绘制直线的代码如下：

```
<!doctype html>
<html>
<head>
<meta charset="utf-8">
<title>6.2.1</title>
</head>
<body>
<canvas id="myCanvas">您的浏览器不支持 canvas 标签</canvas>
<script type="text/javascript">
    var canvas = document.getElementById("myCanvas");    //获取 Canvas 对象
    var ctx = canvas.getContext("2d");         //获取上下文对象
    ctx.beginPath();                           //开始一个新的绘制路径
    ctx.moveTo(10, 10);                        //定义直线的起点坐标为(10,10)
    ctx.lineTo(200, 10);                       //定义直线的终点坐标为(200,10)
    ctx.stroke();                              //沿着坐标点顺序的路径绘制直线
    ctx.closePath();                           //关闭当前的绘制路径
</script>
</body>
</html>
```

在 Chrome 浏览器中的预览效果如下图所示。

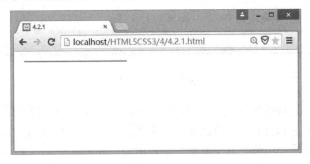

6.2.2 实例：绘制二次曲线

二次曲线（quadratic curve）也称圆锥曲线或圆锥截线，是直圆锥面的两腔被一平面所截而得的曲线。二次曲线由一个起点、一个终点和一个控制点决定，当控制点经过圆锥顶点时，曲线变成一个点、直线或相交直线，当控制点不经过圆锥顶点时，曲线可能是圆、椭圆、双曲线或抛物线。使用 canvas 的 quadraticCurveTo 函数绘制二次曲线的代码如下：

```html
<!doctype html>
<html>
<head>
<meta charset="utf-8">
<title>6.2.2.html</title>
</head>
<body>
<canvas id="myCanvas">您的浏览器不支持 canvas 标签</canvas>
<script type="text/javascript">
var canvas=document.getElementById('myCanvas');
if(canvas && canvas.getContext){              //判断 Canvas 对象是否为空
    var ctx = canvas.getContext("2d");        //获取 Canvas 对象上下文
    ctx.beginPath();                          //开始一个新的绘制路径
    ctx.moveTo(100,50);                       //定义直线的起点坐标为(100,50)
    ctx.quadraticCurveTo(100,15,300,30);      //设置二次曲线坐标
    ctx.stroke();                             //绘制路径
}
</script>
</body>
</html>
```

在 Chrome 浏览器中的预览效果如下图所示。

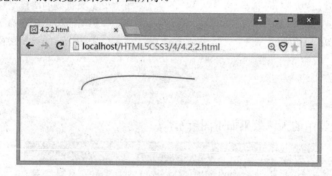

关于closePath

细心的读者会发现，在绘制直线时，我们最后使用 closePath 函数关闭了当前的绘制路径，但是在绘制二次曲线的时候却没有用。这里需要提醒大家，closePath 函数用于创建从当前点到开始点的路径，如果这里使用此函数，就会绘制一个封闭的二次曲线。

问：在获取 Canvas 对象时为什么要判断它是否为空？
答：因为有些浏览器对 Canvas 的支持不是很好，为了避免网页运行时出现错误，所以需要提前判断。

6.2.3　实例：绘制贝塞尔曲线

贝塞尔曲线是计算机图形中非常重要的参数曲线，广泛应用于计算机图形中为平滑曲线建立模型。贝赛尔曲线的每一个顶点都有两个控制点（起点和终点），用于控制在该顶点两侧的曲线弧度。使用 canvas 的 bezierCurveTo 函数可以非常方便地绘制贝塞尔曲线。绘制贝塞尔曲线的代码如下：

```
<!doctype html>
<html>
<head>
<meta charset="utf-8">
<title>6.2.3.html</title>
</head>
<body>
<canvas id="myCanvas">您的浏览器不支持 canvas 标签</canvas>
<script type="text/javascript">
var canvas=document.getElementById('myCanvas');
if(canvas && canvas.getContext){                    //判断 Canvas 对象是否为空
    var ctx = canvas.getContext("2d");              //获取 Canvas 对象上下文
    ctx.beginPath();                                //开始一个新的绘制路径
    ctx.moveTo(50,200);                             //定义直线的起点坐标为(50,200)
    ctx.bezierCurveTo(50,100,200,100,200,150);      //设置贝塞尔曲线坐标
    ctx.stroke();                                   //绘制路径
}
</script>
</body>
</html>
```

在 Chrome 浏览器中的预览效果如下图所示。

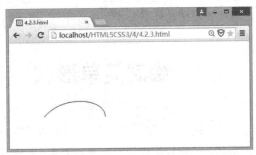

6.2.4　实例：绘制圆弧

使用 canvas 的 arc 方法绘制圆弧的代码如下：

```
<!doctype html>
<html>
<head>
<meta charset="utf-8">
<title>6.2.4.html</title>
```

```
</head>
<body>
<canvas id="myCanvas">您的浏览器不支持 canvas 标签</canvas>
<script type="text/javascript">
var canvas=document.getElementById('myCanvas');

if(canvas && canvas.getContext){              //判断 Canvas 对象是否为空
    var ctx = canvas.getContext("2d");        //获取 Canvas 对象上下文
    ctx.beginPath();                          //开始一个新的绘制路径
    ctx.arc(100,75,50,0,2*Math.PI*0.75);      //设置圆弧坐标
    ctx.stroke();                             //绘制路径
}
</script>
</body>
</html>
```

在 Chrome 浏览器中的预览效果如下图所示。

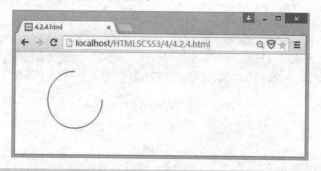

关于 arc

canvas 中并没有提供直接绘制圆弧的方法，本例中使用绘制四分之三圆的方法绘制圆弧，也算是一种变通，关于圆的绘制会在下一节中详细介绍。

6.3 绘制简单形状

HTML5 中的 canvas 功能非常强大，不但可以绘制一些基本的线条，也可以绘制如圆形、三角形、矩形、圆角矩形等二维形状，还可以根据用户的实际需求，绘制自定义二维图形，要完成这些功能，就需要用到 CanvasRenderingContext2D 对象提供的其他 API。

6.3.1 实例：绘制圆形

在上一节内容中我们学习了如何使用 arc 函数绘制圆弧，细心的读者会发现在指定圆弧结束角时，我们使用了"2*Math.PI*0.75"参数。Math.PI 是计算机中表示数学 π 的意思，我们用 2π 乘以 0.75 就是绘制四分之三个圆，这样就完成了一个圆弧的绘制。如果把 0.75 去掉，就能绘制一个圆形。绘制圆形的代码如下：

```
<!doctype html>
<html>
<head>
<meta charset="utf-8">
<title>6.3.1.html</title>
</head>
<body>
<canvas id="myCanvas">您的浏览器不支持 canvas 标签</canvas>
<script type="text/javascript">
var canvas=document.getElementById('myCanvas');
if(canvas && canvas.getContext){            //判断 Canvas 对象是否为空
    var ctx = canvas.getContext("2d");      //获取 Canvas 对象上下文
    ctx.beginPath();                        //开始一个新的绘制路径
    ctx.arc(100,75,50,0,2*Math.PI);         //设置圆坐标
    ctx.stroke();                           //绘制路径
}
</script>
</body>
</html>
```

在 Chrome 浏览器中的预览效果如下图所示。

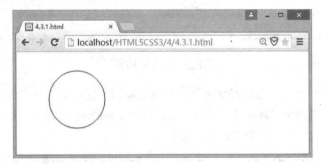

6.3.2　实例：绘制三角形

前面我们学习了如何绘制一条直线，如果我们绘制三条直线，并设置三条直线的起点和终点相互连接，这样就能绘制出一个三角形。绘制三角形的代码如下：

```
<!doctype html>
<html>
<head>
<meta charset="utf-8">
<title>6.3.2.html</title>
</head>
<body>
<canvas id="myCanvas">您的浏览器不支持 canvas 标签</canvas>
<script type="text/javascript">
var canvas=document.getElementById('myCanvas');
if(canvas && canvas.getContext){                //判断 Canvas 对象是否为空
```

```
    var ctx = canvas.getContext("2d");            //获取 Canvas 对象上下文
    ctx.beginPath();                              //开始一个新的绘制路径
    ctx.moveTo(0,10);                             //设置三角形的起点
    ctx.lineTo(200,20);                           //设置三角形的第二个点
    ctx.lineTo(280,100);                          //设置三角形的第三个点
    ctx.closePath();                              //将三角形第三个点与起点连接
    ctx.stroke();                                 //绘制路径
}
</script>
</body>
</html>
```

在 Chrome 浏览器中的预览效果如下图所示。

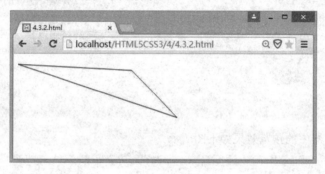

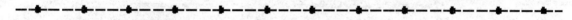

实践：绘制多边形

通过本例的学习，相信大家已经掌握了三角形的绘制方法。如果在完成三角形第三个点的绘制后，我们继续绘制第四个点甚至第五个点，然后调用 closePath 函数闭合绘制的图形，这样会得到一个什么样的图形呢？有兴趣的读者可以动手试一试。

6.3.3 实例：绘制圆角矩形

前面我们绘制的图形都是 canvas 的 CanvasRenderingContext2D 能够直接提供的图形对象，如果需要绘制如圆角矩形这样特殊一点的图形，应该如何绘制呢？这里就需要用到其他几个 API 对象，通过一些特殊的处理，绘制出符合我们要求的图形。本例中将用到 arcTo 函数绘制圆角矩形，该函数的详细描述如下。

方　　法	描　　述
arcTo (x1,y1,x2,y2,r)	绘制介于两个切线之间的圆弧，坐标点(x1,y1)为圆弧起点坐标，坐标点(x2,y2)为圆弧终点坐标，r 为圆弧的半径。

arcTo 函数为我们提供了两条切线之间圆弧的绘制方法，圆角矩形是由 4 个这样的圆弧和 4 条直线组成，所以只要能精确控制圆弧和直线的每个点，就能准确地绘制出一个圆角矩形。绘制圆角矩形的代码如下：

```
<!doctype html>
<html>
<head>
<meta charset="utf-8">
<title>6.3.3.html</title>
</head>
<body>
<canvas id="myCanvas">您的浏览器不支持 canvas 标签</canvas>
<script type="text/javascript">
var canvas=document.getElementById('myCanvas');
if(canvas && canvas.getContext){          //判断 Canvas 对象是否为空
    var ctx = canvas.getContext("2d");    //获取 Canvas 对象上下文
    ctx.beginPath();
    ctx.moveTo(10,10);                    //在左上方开始
    ctx.arcTo(100,10,100,20,10);          //绘制右上方圆角
    ctx.arcTo(100,110,90,110,10);         //绘制右下方圆角
    ctx.arcTo(0,110,0,100,10);            //绘制左下方圆角
    ctx.arcTo(0,10,10,10,10);             //绘制左上方圆角
    ctx.stroke();
    }
</script>
</body>
</html>
```

在 Chrome 浏览器中的预览效果如下图所示。

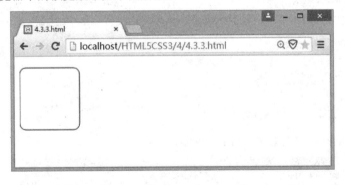

思考：自定义函数

在本例中，我们使用了 4 个 arcTo 函数完成圆角矩形的绘制，但是每个 arcTo 函数都需要指定具体的参数值，而这些参数值之间又存在一定的关系，所以，如果能将这些关系提炼成一个自定义函数，那么以后在绘制圆角矩形时，就会非常方便。这里给一个提示，自定义函数的参数可以设置为(x, y, w, h, r)，x 和 y 指定起始坐标点(x,y)，w 代表矩形的宽度，h 代表矩形的高度，r 代表圆角的半径，有兴趣的读者可以试一下。

6.3.4 实例：绘制自定义图形

虽然 canvas 提供了很多基本图形的绘制，但是在实际应用中，经常需要绘制一些复杂的图形，而 canvas 却并未提供绘制这些图形的 API，此时就需要使用多种绘图方法来绘制这些图形。以下是绘制一个自定义图形的代码：

```html
<!doctype html>
<html>
<head>
<meta charset="utf-8">
<title>6.3.4.html</title>
</head>
<body>
<canvas id="myCanvas">您的浏览器不支持 canvas 标签</canvas>
<script type="text/javascript">
var canvas=document.getElementById('myCanvas');
if(canvas && canvas.getContext){                    //判断 Canvas 对象是否为空
    var ctx = canvas.getContext("2d");              //获取 Canvas 对象上下文
    ctx.beginPath();
    ctx.arc(75,75,50,0,Math.PI*2,true);             //绘制外圆
    ctx.moveTo(110,75);
    ctx.arc(75,75,35,0,Math.PI,false);              //绘制嘴
    ctx.moveTo(65,65);
    ctx.arc(60,65,5,0,Math.PI*2,true);              //绘制左眼
    ctx.moveTo(95,65);
    ctx.arc(90,65,5,0,Math.PI*2,true);              //绘制右眼
    ctx.stroke();
}
</script>
</body>
</html>
```

在 Chrome 浏览器中的预览效果如下图所示。

思考：自定义图形

日常生活中可以见到很多不规则的图形，你可以想到哪些？尝试一下，利用学过的 canvas 绘图知识，将你见到的不规则图形绘制出来。

6.4　绘制渐变

渐变在日常生活中随处可见，是一种很普遍的视觉形象。canvas 为实现渐变效果提供了很好的解决方案。在 HTML5 中主要有两种渐变方式：一种是沿着直线的渐变，称之为线性渐变；另一种是从一个点或沿着一个圆的半径向四周渐变，称之为径向渐变。

6.4.1　实例：绘制线性渐变

canvas 提供了用于创建线性渐变的函数 createLinearGradient(x0,y0,x1,y1)。坐标点(x0,y0)指定线性渐变的起点，坐标点(x1,y1)指定线性渐变的终点，如果这两个坐标点在一条水平线上，那么将会创建水平线性渐变；如果这两个坐标点在一条垂直线上，那么将创建垂直线性渐变；如果这两个坐标点连线是一条倾斜的直线，那么将创建倾斜线性渐变。例如要创建宽度为 300 像素的水平线性渐变，可以使用以下的代码：

```
var gradient=createLinearGradient(0,0,300,0);
```

有了一个渐变对象之后，我们就需要定义渐变的颜色了。在 canvas 中使用 addColorStop(stop,color)函数来定义渐变的颜色，参数 stop 表示开始渐变位置占渐变区域大小的百分比，为 0~1 之间的任意值，参数 color 为颜色样式。在实际应用中，至少要添加两种以上的颜色才能达到渐变效果。例如要创建从红色到蓝色的渐变，可以使用以下代码：

```
ctx.addColorStop(0,"#f00");
ctx.addColorStop(1,"#00f");
```

接下来我们需要设置 canvas 内容的 fillStyle 为当前的渐变对象，并且绘制这个图形，比如一个矩形或一条直线。为了看到渐变效果，我们还需要以下代码：

```
ctx.fillStyle = gradient;          //设置 fillStyle 为当前的渐变对象
ctx.fillRect(0,0,400,300);         //绘制渐变图形
```

至此，一个线性渐变的图形就绘制完成了。完整的代码如下：

```
<!doctype html>
<html>
<head>
<meta charset="utf-8">
<title>6.4.1.html</title>
```

```
</head>
<body>
<canvas id="myCanvas">您的浏览器不支持 canvas 标签</canvas>
<script type="text/javascript">
var canvas = document.getElementById("myCanvas");
if(canvas && canvas.getContext){
    var ctx = canvas.getContext("2d");
    var grad = ctx.createLinearGradient(0, 0, 300, 0);
    grad.addColorStop(0, "#f00");
    grad.addColorStop(1, "#00f");
    ctx.fillStyle = grad;
    ctx.fillRect(0, 0, 300, 100);
}
</script>
</body>
</html>
```

在 Chrome 浏览器中的预览效果如下图所示。

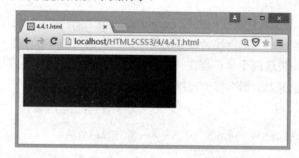

问：在设置颜色时，可以使用什么方式？

答：颜色模式分为 RGB 模式、CMYK 模式、HSB 模式、lab 模式、位图模式、灰度模式、索引模式、双色调模式和多通道模式等。常用的模式是 RGB 模式，如#FF0000。

6.4.2 实例：绘制径向渐变

径向渐变与线性渐变的实现方式基本类似，在 canvas 中使用 createRadiaGradient(x0,y0,r0,x1,y1,r1)函数沿两个圆之间的锥面绘制渐变。前三个参数代表一个圆心为（x0,y0）半径为 r0 的开始圆，后三个参数代表圆心为（x1,y1）半径为 r1 的结束圆。创建该对象后，仍然需要使用 addColorStop 函数定义渐变颜色，并设置径向渐变对象为 fillStyle 的当前渐变对象，最后绘制一个渐变图形，完成径向渐变的绘制。绘制径向渐变的代码如下：

```
<!doctype html>
<html>
<head>
<meta charset="utf-8">
<title>6.4.2.html</title>
</head>
<body>
```

```
<canvas id="myCanvas" width="400" height="300">您的浏览器不支持 canvas 标签
</canvas>
    <script type="text/javascript">
        var canvas = document.getElementById("myCanvas");
        var ctx = canvas.getContext("2d");
        var grad = ctx.createRadialGradient(200,200,50, 200,200,200);
        grad.addColorStop(0, "#f00");
        grad.addColorStop(1, "#00f");
        ctx.fillStyle = grad;
        ctx.fillRect(0, 0, 400, 400);
    </script>
    </body>
    </html>
```

在 Chrome 浏览器中的预览效果如下图所示。

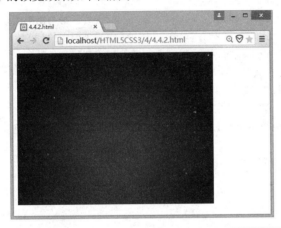

 canvas 的尺寸

在绘制径向渐变时，可能会因为 canvas 的宽度或高度设置不合适，导致径向渐变显示不完全，这时候就需要考虑调整 canvas 的尺寸，以便能完全显示径向渐变的效果。

提 示

6.5　图形组合

在设计图形时，经常需要将多个图形叠加在一起，并且为了使显示效果更加逼真，还需要为组合的图形添加阴影和透明效果。在 HTML5 中，canvas 同样能够轻松实现这些功能。

6.5.1　实例：绘制阴影

在绘制阴影效果时，需要使用 canvas 的多个属性配合完成，如设置阴影的模糊级数 shadowBlur，设置形状与阴影的水平距离 shadowOffsetX，设置形状与阴影的垂直距离 shadowOffsetY，设置阴影的颜色 shadowColor。当然，还需要绘制一个形状来显示该形状的阴影。绘制正方形阴影的代码如下：

```
<!doctype html>
<html>
<head>
<meta charset="utf-8">
<title>6.5.1.html</title>
</head>
<body>
<canvas id="myCanvas" width="700" height="300">您的浏览器不支持 canvas 标签
</canvas>
<script type="text/javascript">
    var c=document.getElementById("myCanvas");
    var ctx=c.getContext("2d");
    ctx.save();                          //保存上下文对象
    ctx.shadowBlur=10;                   //设置阴影的模糊级数
    ctx.shadowOffsetX=20;                //设置阴影与矩形的水平距离
    ctx.shadowOffsetY=20;                //设置阴影与矩形的垂直距离
    ctx.shadowColor="black";             //设置阴影的颜色
    ctx.fillStyle="blue";                //设置填充的颜色
    ctx.beginPath();                     //开始绘制图形
    ctx.fillRect(20,20,200,200);         //绘制一个矩形
    ctx.restore();                       //获取保存的上下文对象
    ctx.fillStyle="black";               //重新设置填充颜色
    ctx.beginPath();                     //开始一个新的绘制路径
    ctx.fillRect(300,20,200,200);        //绘制第二个矩形
</script>
</body>
</html>
```

在 Chrome 浏览器中的预览效果如下图所示。

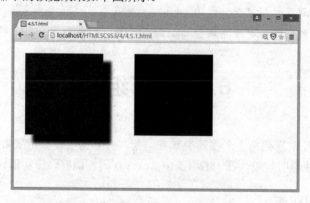

问：shadowOffsetX 和 shadowOffsetY 的值对阴影有什么效果？

答：shadowOffsetX 和 shadowOffsetY 表示阴影与对象的水平和垂直距离。如果值是正数，阴影就显示在对象的右边和下边；如果值是负数，阴影就显示在对象的左边和上边。

6.5.2　实例：透明效果

在 canvas 中绘制重叠图形时，主要通过设置 globalAlpha 属性来控制重叠图形的透明度，该值介于 0 和 1 之间，0 表示完全透明，1 表示完全不透明。本例绘制了三个矩形框，其中一个完全不透明，另外两个半透明，绘制此效果的代码如下：

```html
<!doctype html>
<html>
<head>
<meta charset="utf-8">
<title>4.5.2.html</title>
</head>
<body>
<canvas id="myCanvas" width="700" height="400">您的浏览器不支持 canvas 标签
</canvas>
<script type="text/javascript">
    var c=document.getElementById("myCanvas");
    var ctx=c.getContext("2d");
    ctx.fillStyle="red";                    //设置填充颜色
    ctx.fillRect(20,20,300,200);            //绘制不透明矩形框
    ctx.globalAlpha=0.2;                    //设置透明度
    ctx.fillStyle="blue";                   //设置填充颜色
    ctx.fillRect(100,100,300,200);          //绘制第二个矩形框
    ctx.fillStyle="green";                  //设置透明度
    ctx.fillRect(150,150,200,200);          //绘制第三个矩形框
</script>
</body>
</html>
```

在 Chrome 浏览器中的预览效果如下图所示。

6.6　使用图像

单调的网页需要图片的点缀，无论是 Logo 还是产品图像，都会给人耳目一新的感觉。在 HTML5 中，使用 canvas 就可以直接插入图像，甚至还可以对插入的图像进行平铺和裁剪等操作，本节就让来了解一下 canvas 在图像操作方面的使用方法。

6.6.1　实例：插入图像

在 HTML4 中可以使用 img 标签插入一个图像，而在 HTML5 中，可以使用 canvas 的 drawImage 函数直接在指定位置插入图像。插入图像的代码如下：

```
<!doctype html>
<html>
<head>
<meta charset="utf-8">
<title>6.6.1.html</title>
</head>
<body>
<canvas id="myCanvas" width="400" height="400">您的浏览器不支持 canvas 标签
</canvas>
<script type="text/javascript">
var c=document.getElementById("myCanvas");
var cxt=c.getContext("2d");
var img=new Image();                //创建一个图片数组
img.src="img01.png";                //设置图片路径
img.onload=function(){              //为图片加载一个 onload 事件
    cxt.drawImage(img,0,0);         //加载图片
};
</script>
</body>
</html>
```

在 Chrome 浏览器中的预览效果如下图所示。

onload 事件

onload 事件会在图像或页面加载完成后立即发生，本例中添加此事件主要是解决页面加载和刷新时不显示图像的问题。

提　示

6.6.2　实例：平铺图像

在绘制平铺图像时，需要用到 canvas 的 createPattern 函数。该函数有两个参数：第一个参数是需要平铺的图像；第二个参数是确定以哪种方式进行平铺，可用的选项包括 repeat（在水平和垂直方向重复）、repeat-x（在水平方向重复）、repeat-y（在垂直方向重复）和 no-repeat（不重复）。绘制水平和垂直方向重复的代码如下：

```
<!doctype html>
<html>
<head>
<meta charset="utf-8">
<title>6.6.2.html</title>
</head>
<body>
<canvas id="myCanvas" width="600" height="400">您的浏览器不支持 canvas 标签
</canvas>
<script type="text/javascript">
var image = new Image();
    var canvas = document.getElementById("myCanvas");
    var ctx = canvas.getContext("2d");
    image.src = "002.png";
    image.onload = function () {
        var ptrn = ctx.createPattern(image, "repeat");
        ctx.fillStyle = ptrn;
        ctx.fillRect(0, 0, 600, 600);
    };
</script>
</body>
</html>
```

在 Chrome 浏览器中的预览效果如下图所示。

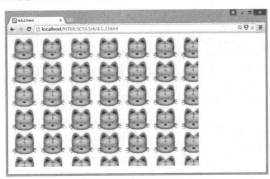

本例中，我们练习了垂直和水平重复的平铺模式，有兴趣的读者可以练习一下其他平铺模式。

问：哪种方式是平铺的默认方式？
答：repeat 是平铺的默认方式，即在水平和垂直方向上重复。

6.6.3 实例：裁剪图像

canvas 允许用户在绘制图像时对绘制的图形进行裁剪操作，此时需要用到绘制图像函数。该函数有多个重载方法，分别如下：

```
drawImage(img,x,y);
drawImage(img,x,y,width,height);
drawImage(img,sx,sy,swidth,sheight,x,y,width,height);
```

这三个函数的参数说明如下表所示。

参　数	描　述
img	规定要使用的图像、画布或视频
sx	可选。开始剪切的 x 坐标位置
sy	可选。开始剪切的 y 坐标位置
swidth	可选。被剪切图像的宽度
sheight	可选。被剪切图像的高度
x	在画布上放置图像的 x 坐标位置
y	在画布上放置图像的 y 坐标位置
width	可选。要使用的图像的宽度（伸展或缩小图像）
height	可选。要使用的图像的高度（伸展或缩小图像）

使用 canvas 裁剪图像的代码如下：

```
<!doctype html>
<html>
<head>
<meta charset="utf-8">
<title>6.6.3.html</title>
</head>
<body>
<canvas id="myCanvas" width="400" height="400">您的浏览器不支持canvas标签
</canvas>
<script type="text/javascript">
var c=document.getElementById("myCanvas");
var cxt=c.getContext("2d");
var img=new Image();
```

```
img.src="img01.png";
img.onload=function(){
    cxt.drawImage(img,100,100,100,100,0,0,100,100);
};
</script>
</body>
</html>
```

在 Chrome 浏览器中的预览效果如下图所示。

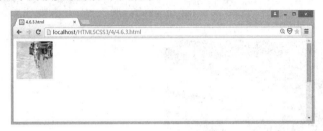

6.6.4 实例：像素级操作

图像都是由一个个像素点组成的，根据各像素点颜色分配的不同，呈现出不同的图像。canvas 提供了可以直接通过修改像素点颜色的方法，用于对图像进行各种操作。通过修改像素反转图像颜色的代码如下：

```
<!doctype html>
<html>
<head>
<meta charset="utf-8">
<title>6.6.4.html</title>
</head>
<body>
<canvas id="myCanvas" width="400" height="400">您的浏览器不支持 canvas 标签
</canvas>
<script type="text/javascript">
var c=document.getElementById("myCanvas");
var ctx=c.getContext("2d");
var img=new Image();
img.src="img01.png";
img.onload=function(){
    ctx.drawImage(img,0,0);
    var imgData=ctx.getImageData(0,0,c.width,c.height);
    // 反转颜色
    for (var i=0;i<imgData.data.length;i+=4)       {
        imgData.data[i]=255-imgData.data[i];
        imgData.data[i+1]=255-imgData.data[i+1];
        imgData.data[i+2]=255-imgData.data[i+2];
        imgData.data[i+3]=255;
```

```
      }
    ctx.putImageData(imgData,0,0);
};
</script>
</body>
</html>
```

在 Chrome 浏览器中的预览效果如下图所示。

提 示

服务器浏览

由于本例使用了 getImageData 函数获取图片数据，该函数在 Google Chrome 等浏览器中会涉及跨域问题，因此无法直接在浏览器中浏览，必须通过服务器来访问。笔者推荐安装 XAMPP 来浏览此功能效果。

6.7 绘制文字

文字是网页中必不可少的内容，可以在 HTML 中直接输入文字，也可以通过 canvas 设置文本的字体、大小和样式，在网页中呈现不同的文字效果。

6.7.1 实例：控制文本的字体、大小和样式

canvas 提供了设置文本字体、大小和样式的函数，这个函数就是 font，包括 5 个参数，依次代表文字的字体样式、字体变体、字体粗细、字体大小和字体系列。以下代码就是 font 函数的应用：

```
ctx.font="italic small-caps bold 12px arial";
```

有关 font 函数参数的详细描述请参照下表。

值	描　述
font-style	规定字体样式。可能的值： normal italic oblique
font-variant	规定字体变体。可能的值： normal small-caps
font-weight	规定字体粗细。可能的值： normal bold bolder lighter 100 200 300 400 500 600 700 800 900
font-size / line-height	规定字号和行高，以像素计
font-family	规定字体系列

设置了文本的字体、大小和样式后，通过 fillText 函数完成文字的绘制。通过 canvas 绘制文字的代码如下：

```
<!doctype html>
<html>
<head>
<meta charset="utf-8">
<title>6.7.1.html</title>
</head>
<body>
<canvas id="myCanvas" width="400" height="400">您的浏览器不支持 canvas 标签
</canvas>
<script type="text/javascript">
var c=document.getElementById("myCanvas");
var ctx=c.getContext("2d");
ctx.font="italic small-caps bold 50px Arial";
ctx.fillText("Hello! Canvas",10,50);
</script>
```

```
</body>
</html>
```

在 Chrome 浏览器中的预览效果如下图所示。

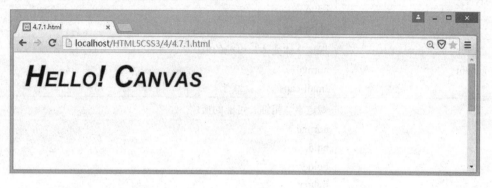

6.7.2　实例：控制文本的颜色

canvas 中有两种方法可用于改变文本的颜色：一种是通过 fillStyle 函数设置文本的填充颜色，另一种是通过 createLinearGradient 函数为文字填充渐变色。控制文本颜色的代码如下：

```
<!doctype html>
<html>
<head>
<meta charset="utf-8">
<title>6.7.2.html</title>
</head>
<body>
<canvas id="myCanvas" width="400" height="400">您的浏览器不支持 canvas 标签
</canvas>
<script type="text/javascript">
var c=document.getElementById("myCanvas");
var ctx=c.getContext("2d");
//创建单色字体
ctx.font="50px Georgia";
ctx.fillStyle="blue";
ctx.fillText("Hello Canvas!",10,50);
//创建渐变字体
ctx.font="50px Verdana";
var gradient=ctx.createLinearGradient(0,0,c.width,0);
gradient.addColorStop("0","magenta");
gradient.addColorStop("0.5","blue");
gradient.addColorStop("1.0","red");
ctx.fillStyle=gradient;
ctx.fillText("Hello Canvas!",10,90);
</script>
</body>
</html>
```

在 Chrome 浏览器中的预览效果如下图所示。

思考：设置文本颜色

通过线性渐变的方式可以设置文本的颜色，那么通过径向渐变的方式是否也可以设置文本的颜色呢？有兴趣的读者可以动手试一试。

6.7.3　实例：描绘文本的边缘

如果要描绘字体边缘的效果，就需要使用 strokeText 函数替代 fillText 函数，同时用 strokeStyle 属性替代 fillStyle 属性。描绘文本边缘的代码如下：

```html
<!doctype html>
<html>
<head>
<meta charset="utf-8">
<title>6.7.3.html</title>
</head>
<body>
<canvas id="myCanvas" width="400" height="400">您的浏览器不支持 canvas 标签
</canvas>
<script type="text/javascript">
var c=document.getElementById("myCanvas");
var ctx=c.getContext("2d");
ctx.font="50px Verdana";
// 创建渐变
var gradient=ctx.createLinearGradient(0,0,c.width,0);
gradient.addColorStop("0","magenta");
gradient.addColorStop("0.5","blue");
gradient.addColorStop("1.0","red");
// 用渐变填色
ctx.strokeStyle=gradient;
ctx.strokeText("Hello Canvas!",10,90);
</script>
</body>
</html>
```

在 Chrome 浏览器中的预览效果如下图所示。

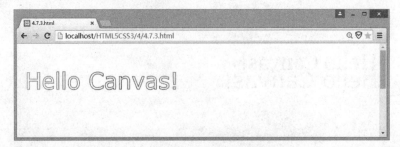

如果要同时填充字体和描绘字体边缘，就必须同时使用 fillText 和 strokeText 函数。而且记得要先执行 fillText，然后执行 strokeText。

6.7.4 实例：设置文本对齐方式

canvas 中文本的对齐功能使用 textAlign 属性进行控制，可供选择的项包括 start、end、left、center 和 right。对齐的位置是相对于一条虚拟的垂直线，这条线是由 fillText() 或 strokeText()定义的文本 x 位置。默认情况下，textAlign 属性被设置成 start。

文本被左对齐的情况包括：

（1）textAlign 属性被设为 left 时；

（2）textAlign 属性被设为 start，且文档方向是 ltr (left to right) 时；

（3）textAlign 属性被设为 end，且文档方向是 rtl (right to left) 时。

文本被右对齐的情况包括：

（1）textAlign 属性被设为 right 时；

（2）textAlign 属性被设为 start，且文档方向是 rtl (right to left) 时；

（3）textAlign 属性被设为 end，且文档方向是 ltr (left to right) 时。

设置文本对齐的代码如下：

```
<!doctype html>
<html>
<head>
<meta charset="utf-8">
<title>6.7.4.html</title>
</head>
<body>
<canvas id="myCanvas" width="400" height="400">您的浏览器不支持canvas标签
</canvas>
<script type="text/javascript">
    var c=document.getElementById("myCanvas");
    var ctx=c.getContext("2d");
    var x = c.width / 2;
    var y = c.height / 2;
    ctx.font = "30pt Calibri";
```

```
      ctx.textAlign = "center";
      ctx.fillStyle = "blue";
      ctx.fillText("Hello Canvas!", x, y);
</script>
</body>
</html>
```

在 Chrome 浏览器中的预览效果如下图所示。

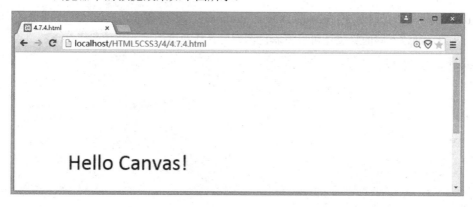

6.8　图像数据与 URL

　　网页中使用的各种图像数据在 canvas 中都有不一样的展现和存储方式，传统的图像存储是使用 img 标签将服务器的图片引用到页面，而在 canvas 中，图像被转换成 base 64 编码的字符串形式并存储在 URL 中，这对提升网站的加载速度有很大的帮助。

6.8.1　存储图像数据

　　如果希望某些图像数据与 HTML 或者 CSS 文件保存在一起，以便用户在浏览时能够通过缓存快速访问，就可以使用 HTML5 中特殊的图像存储方式，即使用 base 64 编码的字符串形式将图像存储在 URL 中。以下代码显示了如何使用这种方式存储图像数据。

```
<!doctype html>
<html>
<head>
<meta charset="utf-8">
<title>6.8.1.html</title>
</head>
<body>
<img src="data:image/png;base64,iVBORw0KGgoAAAANSUhEUgAAAA4AAAAKCAIAAAALu/
iQAAAABmJLR0QA/wD/AP+gvaeTAAAACXBIWXMAAA7EAAAOxAGVKw4bAAABJElEQVQYlT2Pva7CMAx
GHWOpgBgQDKy8/8bLIMRSxNLSSkUtSZvm5/MdIt3NHnzOsbndbszMzADatvXe7/f7w+Gw3W6JaFmW
dV3v93td1wLAGANAVc/ns6puNhmJqqKUkqoS0eVyaZpGiCjGWA6qqipprgREREUiiiMg5J6oKgIhEJ
ISQUiIiAABEhJm99wC895JzNsao6rIsxhhjTAkoc0ppXddxHEWEC8A5N01TQapqSVTVEMI8z03TAB
```
img src="data:image/png;base64,iVBORw0KGgoAAAANSUhEUgAAAA4AAAAKCAIAAAALu/
iQAAAABmJLR0QA/wD/AP+gvaeTAAAACXBIWXMAAA7EAAAOxAGVKw4bAAABJElEQVQYlT2Pva7CMAx
GHWOpgBgQDKy8/8bLIMRSxNLSSkUtSZvm5/MdIt3NHnzOsbndbszMzADatvXe7/f7w+Gw3W6JaFmW
dV3v93td1wLAGANAVc/ns6puNhmJqqKUkqoS0eVyaZpGiCjGWA6qqiprgREREUQiMg5J6oKgIhEJ
ISQUiIiAABEhJm99wC895JzNsao6rIsxhhjTAkoc0ppXddxHEWEC8A5N01TQapqSVTVEMI8z03TAB

```
AAzDxNUwihqipmLkkxxpyztfb7/XZdl3OWtm1Pp1MI4f93AEXqnBuG4f1+F5s8Ho/r9Rpj3O12AKy
11tphGD6fzzzPzrm+74/HY855k3Mex7Hv+xACgK7rXq/X8/ms6/r3+4lIUS3L8gfJjQsOtoY+mQAA
AABJRU5ErkJggg==">
```

```
</body>
</html>
```

6.8.2 将彩色转为灰度

在 6.6.4 实例中，我们通过 getImageData 和 putImageData 函数成功反转了一个图像的颜色，使用这两个函数，通过不同的算法还可以将彩色图像转换成灰度图像。相关代码如下：

```
<!doctype html>
<html>
<head>
<!doctype html>
<html>
<head>
<meta charset="utf-8">
<title>6.8.2.html</title>
</head>
<body>
<img id="canvasSource" src="img01.png" alt="Canvas Source" />
<canvas id="myCanvas" width="500" height="300">您的浏览器不支持 canvas 标签
</canvas>
<!-- Javascript Code -->
<script type="text/javascript">
    window.onload = function() {
    var canvas = document.getElementById("myCanvas");
    var context = canvas.getContext("2d");
    var image = document.getElementById("canvasSource");
    context.drawImage(image, 0, 0);
    var imgd = context.getImageData(0, 0, image.width, image.height);
    var pix = imgd.data;
    for (var i = 0, n = pix.length; i < n; i += 4) {
    var grayscale = pix[i] * .3 + pix[i+1] * .59 + pix[i+2] * .11;
    pix[i] = grayscale;        // 红色
    pix[i+1] = grayscale;      // 绿色
    pix[i+2] = grayscale;      // 蓝色
    // alpha
    }
    context.putImageData(imgd, 0, 0);
    };
</script>
</body>
</html>
```

在 Chrome 浏览器中的预览效果如下图所示。

服务器浏览
此效果需要在服务器上浏览。

提 示

6.8.3　图像数据 URL

如果要将图像数据以 URL 的形式保存，首先需要将这些图像文件转换成 base 64 编码的字符串。其实有很多工具都可以使用，这里提供一个在线转换工具，只要打开网址 http://dataurl.net/#dataurlmaker，然后选择要转换的图片，就会得到想要的结果，如下图所示。

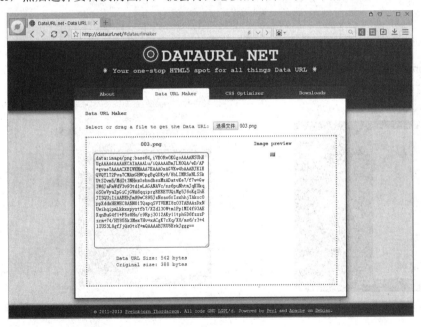

6.8.4　将绘制的图形保存为图像文件

使用 canvas 不但可以加载图像文件，还可以将绘制的图形保存为图像文件。保存 canvas 图像文件的代码如下：

```
<!doctype html>
<html>
```

```
<head>
<!doctype html>
<html>
<head>
<meta charset="utf-8">
<title>6.8.3.html</title>
</head>
<body>
<canvas id="myCanvas" width="400" height="400">您的浏览器不支持 canvas 标签
</canvas>
<script type="text/javascript">
    var canvas = document.getElementById("myCanvas");
        var context = canvas.getContext("2d");
        context.fillStyle = "rgb(0,0,225)";
        context.fillRect(0, 0, canvas.width, canvas.height);
        context.fillStyle = "rgb(255,255,0)";
        context.fillRect(10, 20, 200, 350);
        //把图像保存到新的窗口
        var w=window.open(canvas.toDataURL("image/jpeg"),"smallwin",
"width=400,height=350");
</script>
</body>
</html>
```

在 Chrome 浏览器中的预览效果如下图所示。

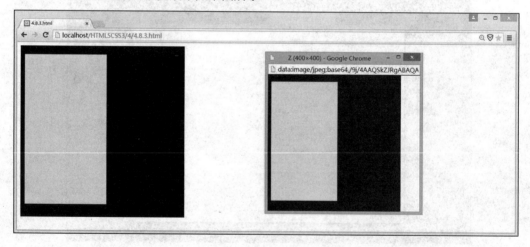

6.9　用 canvas 实现动画效果

了解 Flash 的读者都知道，动画是由一帧帧的图像组合而成的，如果要在 canvas 中实现动画效果，就需要在 canvas 中间隔一定时间绘制多幅连续运动的图像。

6.9.1　实例：清除 canvas 的内容

既然能够在 canvas 中绘制图形，那么是否也能够在 canvas 中清除内容呢？答案是肯定的。canvas 中提供的 clearRect(x,y,width,height)函数用于清除图像中指定矩形区域的内容。清除 canvas 内容的代码如下：

```
<!doctype html>
<html>
<head>
<meta charset="utf-8">
<title>6.9.1.html</title>
</head>
<body>
<canvas id="myCanvas" width="400" height="400">您的浏览器不支持canvas标签
</canvas>
<script type="text/javascript">
    var c=document.getElementById("myCanvas");
    var ctx=c.getContext("2d");
    ctx.fillStyle="blue";
    ctx.fillRect(0,0,400,200);
    ctx.clearRect(50,50,150,100);
</script>
</body>
</html>
```

在 Chrome 浏览器中的预览效果如下图所示。

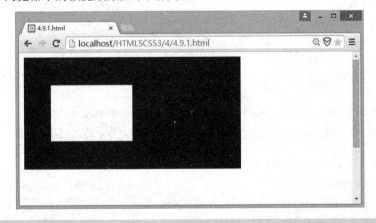

清除内容

除了系统提供的 clearRect 函数，我们还可以在 canvas 中绘制一个相同大小，填充色与背景色相同的图像，用于覆盖要清除的内容，这样也可以达到清除内容的目的。

6.9.2　实例：创建动画

掌握了以上知识后，让我们来动手练习创建一个简单的动画。具体步骤如下：

步骤01 指定坐标点（100,100）为圆心，绘制半径为 0 的圆。

步骤02 间隔 10 毫秒后，清除之前绘制的图形。

步骤03 再次以坐标点（100,100）为圆心，绘制半径为 1 的圆，以此类推，直到圆的半径等于 100。

步骤04 继续以坐标点（100,100）为圆心，绘制半径为 99 的圆，以此类推，直到圆的半径等于 0。

步骤05 再增加圆的半径，让动画往返运动。

创建动画的代码如下：

```
<!doctype html>
<html>
<head>
<meta charset="utf-8">
<title>6.9.2.html</title>
</head>
<body>
<canvas id="myCanvas" width="500" height="500">您的浏览器不支持 canvas 标签
</canvas>
    <script type="text/javascript">
        var canvas = document.getElementById('myCanvas');
        var ctx=canvas.getContext("2d");
        var dir=0;
        var width=500;
        var height=500;
        var per=1;                              //每次增加的半径值
function action(){
        ctx.clearRect(0,0,width,height);
        ctx.fillStyle="red";                    //设置颜色
        ctx.beginPath();                        //开始新的绘画
        ctx.arc(260,260,dir,0,Math.PI*2);       //绘制圆
        ctx.closePath();                        //结束画布
        ctx.fill();                             //结束渲染
        dir=dir+per;
            if(dir==0 || dir==height/2){        //判断圆的半径大小
        per=per*-1;                             //往相反的方向运动
            }
        }
        onload=setInterval(action,10);          //每隔 10 毫秒重新绘制一次图形
</script>
</body>
</html>
```

在 Chrome 浏览器中的预览效果如下图所示。

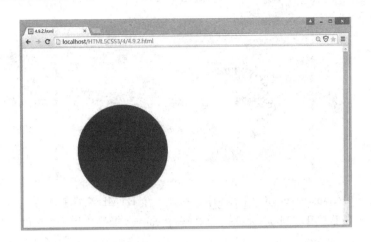

6.9.3　动画的开始与停止

我们在 HTML 中添加两个按钮，分别用于控制动画的开始与停止。添加的代码如下：

```
<button onclick="tt=setInterval(action,10);">开始</button>
<button onclick="clearInterval(tt);">停止</button>
```

这里的 setInterval 用于控制时间间隔，设置影响的函数为 action，设置时间间隔为 10 毫秒，并用变量 tt 接收返回值。停止按钮调用 clearInterval 函数，取消由 setInterval 设置的时间间隔。需要注意的是，因为现在我们通过按钮来控制动画的开始与停止，所以必须删除 6.9.2 代码中的以下代码：

```
onload=setInterval(action,10);
```

添加了开始和停止按钮后效果如下图所示。

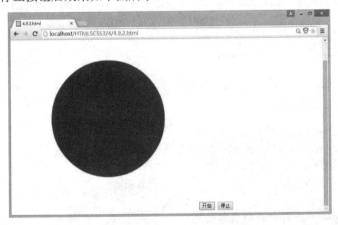

6.10　实战演练

这次实战演练我们将使用 canvas 的各种 API 绘制如下图所示的时钟。通过本次演练，巩固本章所学的各种 canvas 绘制图形的功能。

步骤 **01** 打开 Dreamweaver CC 应用程序，新建一个 HTML 文件并保存。

步骤 **02** 首先在 HTML 的 body 标签中添加一个 canvas 标签，用于绘制时钟。

```
<canvas id="myCanvas" width="600" height="300">您的浏览器不支持 canvas 标签
</canvas>
```

步骤 **03** 然后在 JavaScript 中通过 getElementById 函数得到 canvas 对象，并创建画笔。

```
var c = document.getElementById("myCanvas");
var cxt = c.getContext("2d");
```

步骤 **04** 定义三个变量：slen 表示秒针；mlen 表示分针；hlen 表示时针，并分别赋值。

```
var slen = 60; mlen = 50; hlen = 40;
```

步骤 **05** 开始绘制图形，设置填充色为蓝色，以坐标点（200,150）为圆心，半径为 100，起始弧度为 0，终止弧度为 360°，绘制一个圆形，最后关闭绘制路径。

```
cxt.beginPath();
cxt.strokeStyle = "#00f";
cxt.arc(200, 150, 100, 0, 2 * Math.PI, true);
cxt.stroke();
cxt.closePath();
```

步骤 **06** 重新开始绘制图形，将当前起始点移动到坐标点（200,150），并将当前坐标系逆时针旋转 90°，最后保存当前路径。

```
cxt.beginPath();
cxt.translate(200, 150);          //平移当前起始点坐标
cxt.rotate(-Math.PI / 2);         //逆时针旋转 90°
cxt.save();                       //保存当前路径
```

提 示　　rotate(angle)方法用于旋转当前绘图，参数 angle 表示旋转角度，以弧度计算。如果需要将角度转换成弧度，就使用 degrees*Math.PI/180 公式进行计算，degrees 表示角度。

步骤 **07** 接下来需要通过一个算法绘制时钟刻度和数字，并且在每 5 个刻度后将当前坐标系顺时针旋转 60°，最后关闭路径。

```
for (var i = 0; i < 60; i++) {
if (i % 5 == 0) {
```

```
    cxt.fillRect(80, 0, 20, 5);                              //绘制长刻度
        cxt.fillText("" + (i / 5 == 0 ? 12 : i / 5), 70, 0);    //绘制数字
    } else {
        cxt.fillRect(90, 0, 10, 2);                          //绘制短刻度
    }
    cxt.rotate(Math.PI / 30);                                //顺时针旋转 60°
}
cxt.closePath();                                             //关闭路径
```

步骤 08 定义三个变量：ls 代表当前时间的秒；lm 代表当前时间的分；lh 代表当前时间的小时，并为其赋初始值 0。

```
var ls = 0, lm = 0, lh = 0;
```

步骤 09 定义一个函数，该函数每秒执行一次，用于重新绘制时针、分针和秒针。

```
function Refresh() {
    cxt.restore();                          //恢复之前的状态
    cxt.save();                             //保存状态
    cxt.rotate(ls * Math.PI / 30);          //根据秒针旋转坐标
    cxt.clearRect(5, -1, slen+1, 2+2);      //清除秒针
    cxt.restore();                          //恢复之前的状态
    cxt.save();                             //保存状态
    cxt.rotate(lm * Math.PI / 30);          //根据分针旋转坐标
    cxt.clearRect(5, -1, mlen+1, 3+2);      //清除分针
    cxt.restore();                          //恢复之前的状态
    cxt.save();                             //保存状态
    cxt.rotate(lh * Math.PI / 6);           //根据时针旋转坐标
    cxt.clearRect(5, -3, hlen+1, 4+2);      //清除时针
    var time = new Date();                  //获取当前时间
    var s = ls=time.getSeconds();           //获取秒
    var m = lm=time.getMinutes();           //获取分
    var h = lh=time.getHours();             //获取小时
    cxt.restore();                          //恢复之前的状态
    cxt.save();                             //保存状态
    cxt.rotate(s * Math.PI / 30);           //根据秒旋转坐标
    cxt.fillRect(5, 0, slen, 2);            //绘制秒针
    cxt.restore();                          //恢复之前的状态
    cxt.save();                             //保存状态
    cxt.rotate(m * Math.PI / 30);           //根据分旋转坐标
    cxt.fillRect(5, 0, mlen, 3);            //绘制分针
    cxt.restore();                          //恢复之前的状态
    cxt.save();                             //保存状态
    cxt.rotate(h * Math.PI / 6);            //根据小时旋转坐标
    cxt.fillRect(5, -2, hlen, 4);           //绘制时针
    }
```

118 | HTML5+CSS3+JavaScript 前端开发基础

注 意

此函数中频繁使用了 cxt.restore()和 cxt.save()函数，这是因为每次对绘图对象的改变都会影响到它的状态，所以这里需要先取到上一次保存的状态，然后立即进行保存，最后执行其他操作，这样就可以保证每次取到的绘图对象都是一样的。

步骤⑩ 设置每秒正刷新一次。

```
var MyInterval = setInterval("Refresh();", 1000);
```

步骤⑪ 至此，就完成了使用 canvas 绘制时钟的所有操作。完整的代码如下：

```
<!doctype html>
<html>
<head>
<meta charset="utf-8">
<title>6.10.1</title>
</head>
<body>
    <canvas id="myCanvas" width="600" height="300">您的浏览器不支持 canvas 标签
</canvas>
    <script type="text/javascript">
        var c = document.getElementById("myCanvas");
        var cxt = c.getContext("2d");
        var slen = 60;
        var mlen = 50;
        var hlen = 40;
        cxt.strokeRect(0, 0, c.width, c.height);
        cxt.beginPath();
        cxt.strokeStyle = "#00f";
        cxt.fillStyle = "#00f";
        cxt.arc(200, 150, 5, 0, 2 * Math.PI, true);
        cxt.fill();
        cxt.closePath();
        cxt.beginPath();
        cxt.strokeStyle = "#00f";
        cxt.arc(200, 150, 100, 0, 2 * Math.PI, true);
        cxt.stroke();
        cxt.closePath();
        cxt.beginPath();
        cxt.translate(200, 150);
        cxt.rotate(-Math.PI / 2);
        cxt.save();
        for (var i = 0; i < 60; i++) {
            if (i % 5 == 0) {
                cxt.fillRect(80, 0, 20, 5);
                cxt.fillText("" + (i / 5 == 0 ? 12 : i / 5), 70, 0);
            } else {
```

```
            cxt.fillRect(90, 0, 10, 2);
        }
        cxt.rotate(Math.PI / 30);
    }
    cxt.closePath();
    var ls = 0, lm = 0, lh = 0;
function Refresh() {
    cxt.restore();
    cxt.save();
    cxt.rotate(ls * Math.PI / 30);
    cxt.clearRect(5, -1, slen+1, 2+2);
    cxt.restore(); cxt.save();
    cxt.rotate(lm * Math.PI / 30);
    cxt.clearRect(5, -1, mlen+1, 3+2);
    cxt.restore(); cxt.save();
    cxt.rotate(lh * Math.PI / 6);
    cxt.clearRect(5, -3, hlen+1, 4+2);
    var time = new Date();
        var s = ls=time.getSeconds();
        var m = lm=time.getMinutes();
        var h = lh=time.getHours();
        cxt.restore();
        cxt.save();
        cxt.rotate(s * Math.PI / 30);
        cxt.fillRect(5, 0, slen, 2);
        cxt.restore(); cxt.save();
        cxt.rotate(m * Math.PI / 30);
        cxt.fillRect(5, 0, mlen, 3);
        cxt.restore(); cxt.save();
        cxt.rotate(h * Math.PI / 6);
        cxt.fillRect(5, -2, hlen, 4);
    }
    var MyInterval = setInterval("Refresh();", 1000);
  </script>
<div id="div1" style=" background:#00f;"></div>
</body>
</html>
```

测试题

（1）HTML5 中的 canvas 元素用什么语言实现各种功能？

（2）使用 canvas 绘制一个半径为 300 的圆，结果只能显示圆的一部分，造成这种现象的原因是什么？

（3）在绘制线性渐变色填充时，如何添加渐变色？

（4）在 HTML5 网页中，可以使用几种方式显示一副图像？

（5）图形数据 URL 使用什么编码？

（6）清除 canvas 的内容有哪几种方法？

6.11　本章小结

canvas 作为 HTML5 中新增的一个元素，为绘制丰富多彩的 Web 页面提供了更多的可能。本章主要学习了如何使用 canvas 绘制基本图形、绘制渐变图形、绘制组合图形，以及对图像的各种操作，对文字的处理，图形数据与 URL 的使用，同时还学习了使用 canvas 动画效果。通过本章的学习，用户应该熟练掌握以上内容。对于 JavaScript 比较薄弱的读者，要想掌握好 canvas 的使用，还需要继续加强在 JavaScript 上的练习。

第7章

HTML5 SVG

在 HTML 文档中可以嵌入各种各样的图片资源，然而不同的图片在特定条件下显示的效果却大相径庭，比如在相同分辨率下，栅格图像和矢量图像显示效果就相差甚远。本章将要介绍的 SVG 就是一种矢量图像的绘制方法，不同于一般的矢量图形，它具有 XML 的属性，且只需要一个 SVG 元素就可以完成一幅图像的绘制。

7.1 SVG 简介

SVG（Scalable Vector Graphics）是一种用来绘制矢量图的 HTML5 标签，由万维网联盟制定，是一种基于可扩展标记语言，用于绘制二维可缩放矢量图形的标准。

7.1.1 什么是 SVG

SVG 是一种使用 XML 来描述二维图形的语言，允许三种类型的图形对象：矢量图形、图像和文本。SVG 是可伸缩的矢量图形，定义用于网格的基本矢量图形，它使用 XML 格式定义图形，图像在放大或缩小的情况下，其图形质量不会有损失。

7.1.2 SVG 有哪些优势

虽然 SVG 与其他图像格式一样都用于展示图形，但是 SVG 却有着更多的优势，具体表现在以下几个方面。

（1）SVG 可被多种工具读取和编辑，甚至是记事本。

（2）SVG 与 JPEG 和 GIF 图像相比，尺寸更小，可压缩性更强。

（3）SVG 是可伸缩的矢量图形。

（4）SVG 图像可以在任何分辨率下被高质量的打印。

（5）SVG 图像在放大或缩小的情况下，质量不会下降。

（6）SVG 可以与 Java 技术一起运行。

（7）SVG 是开放的标准。

（8）SVG 是一种 XML 文本。

7.2 HTML5 中的 SVG

SVG 有这么多得天独厚的优势，本节就通过一些具体的实例来介绍 HTML5 中 SVG 的使用方法。

7.2.1 实例：将 SVG 直接嵌入 HTML5 页面

我们先来看一个实例，该实例的效果是在 HTML5 页面中绘制图形。相关代码如下：

```
<!doctype html>
<html>
<head>
<meta charset="utf-8">
<title>7.2.1</title>
</head>
<body>
<svg xmlns="http://www.w3.org/2000/svg" version="1.1">
<circle cx="100" cy="50" r="40" stroke="black" stroke-width="2"
fill="red" />
</svg>
</body>
</html>
```

在这段代码中，SVG 代码以<svg>元素开始，包括开启标签<svg>和关闭标签</svg>。width 和 height 属性设置 SVG 图形的宽度和高度，xmlns 属性定义 SVG 的命名空间，version 属性定义使用的 SVG 版本。

<circle>标签用来创建一个圆。cx 和 cy 属性定义圆中心的 x 和 y 坐标，如果忽略这两个属性，那么圆点会被设置为 (0, 0)。r 属性定义圆的半径。stroke 和 stroke-width 属性控制如何显示形状的轮廓，这里我们把圆的轮廓设置为 2px，边框为黑色。fill 属性设置形状内的颜色，这里我们把填充颜色设置为红色。

 所有的开启标签必须有关闭标签。

提 示

效果如下图所示。

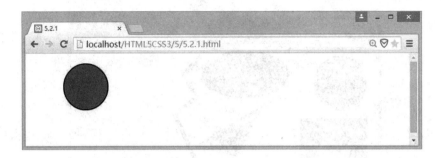

7.2.2 实例：绘制简单的形状

使用 SVG 可以绘制一些基本的图形，如直线、圆形、矩形、椭圆、多边形、曲线和文本等，本实例将在一个文档中绘制这些图形。相关代码如下：

```
<!doctype html>
<html>
<head>
<meta charset="utf-8">
<title>7.2.2</title>
</head>
<body>
<svg xmlns="http://www.w3.org/2000/svg" version="1.1" width="600"
height="400">
    <line x1="0" y1="0" x2="200" y2="0" style="stroke:blue;stroke-width:10"/>
    <circle cx="80" cy="80" r="60" stroke="blue" stroke-width="3" fill="red"/>
    <rect x="20" y="160" width="150" height="150"
style="fill:red;stroke:blue;stroke-width:5;"/>
    <ellipse cx="300" cy="60" rx="100" ry="50"
style="fill:red;stroke:blue;stroke-width:5"/>
    <polygon points="260,130 320,240 410,220"
style="fill:red;stroke:blue;stroke-width:5"/>
    <polyline points="400,20 440,60 410,110 460,150 410,260 430,320"
        style="fill:none;stroke:blue;stroke-width:10" />
<text x="20" y="360" fill="red">这些都是 SVG 图形</text>
</svg>
</body>
</html>
```

绘制的图形效果如下图所示。

- line 元素用于绘制直线，属性 x1 和 y1 分别定义起始点的 x 轴和 y 轴坐标，x2 和 y2 分别定义终点的 x 轴和 y 轴坐标。
- circle 元素用于绘制圆，属性 cx 和 cy 分别定义圆心的 x 和 y 坐标，属性 r 定义圆的半径。如果省略 cx 和 cy，圆心就会被设置为(0,0)。
- rect 元素用于绘制矩形，属性 x 和 y 用于定义矩形左上角点坐标，属性 width 和 height 分别定义矩形的宽度和高度，

- ellipse 元素用于绘制椭圆，属性 cx 和 cy 分别用于定义椭圆中心点的 x 轴和 y 轴坐标，属性 rx 定义水平轴半径，属性 ry 定义垂直轴半径。
- polygon 元素用于绘制多边形，属性 points 用于定义多边形每个角点的 x 轴和 y 轴坐标。
- polyline 元素用于绘制曲线，且曲线的每一个部分均由直线构成，属性 points 用于定义曲线中直线的起点和终点坐标。
- text 元素用于绘制文本，属性 x 和 y 定义文本的起始点坐标。

7.2.3 实例：复用内容

使用 SVG 绘制图形后，如果还想在其他地方使用该图形，最有效的方法不是复制粘贴，而是使用 defs 元素标记该图形，然后使用 use 元素即可实现复用的效果。相关代码如下：

```
<!doctype html>
<html>
<head>
<meta charset="utf-8">
<title>7.2.3</title>
</head>
<body>
<svg viewBox = "0 0 500 500" version = "1.1">
    <defs>
        <circle id = "s1" cx = "100" cy = "100" r = "50" fill = "red" stroke
= "blue" stroke-width = "3"/>
    </defs>
    <use x = "0" y = "0" xlink:href = "#s1"/>
    <use x = "50" y = "50" xlink:href = "#s1"/>
</svg>
</body>
</html>
```

在本例中，defs 元素标记了一个 circle 元素，并给 circle 元素设置了一个 id，在下面的 use 元素中，使用属性 x 和 y 设置复用 SVG 的坐标，该坐标值会被添加到原始坐标中，然后设置属性

xlink:href="#s1"的方式达到复用的效果。这里的 s1 就是 circle 元素的 id 属性。本例效果如下图所示。

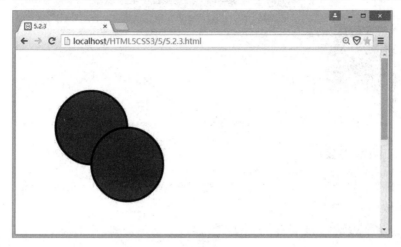

7.2.4　实例：图形阴影

图形阴影效果需要借助 SVG 的滤镜功能。相关代码如下：

```
<!doctype html>
<html>
<head>
<meta charset="utf-8">
<title>7.2.4</title>
</head>
<body>
<svg xmlns="http://www.w3.org/2000/svg" version="1.1">
  <defs>
    <filter id="f1" x="0" y="0" width="200%" height="200%">
      <feOffset result="offOut" in="SourceGraphic" dx="20" dy="20" />
      <feColorMatrix result="matrixOut" in="offOut" type="matrix"
              values="0.2 0 0 0 0 0 0.2 0 0 0 0 0 0.2 0 0 0 0 0 1 0" />
      <feGaussianBlur result="blurOut" in="matrixOut" stdDeviation="10" />
      <feBlend in="SourceGraphic" in2="blurOut" mode="normal" />
    </filter>
  </defs>
  <rect width="90" height="90" stroke="blue" stroke-width="5" fill="red"
filter="url(#f1)" />
  </svg>
  </body>
  </html>
```

在本例中，为\<filter\>元素设置 id 属性，用于确定滤镜的唯一名称，\<rect\>元素的 filter 属性用于将元素链接到 f1 滤镜。\<feGaussianBlur\>元素的 stdDeviation 属性用于设置模糊量，\<feOffset\>元素用于设置阴影的位移。\<feColorMatrix\>过滤器是用来转换偏移的图像使之更接近黑色的颜色。阴影效果如下图所示。

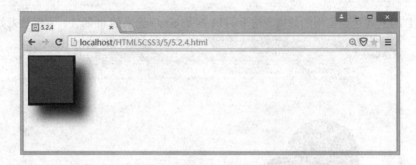

7.2.5 实例：图形渐变

SVG 图形渐变可以分为线性渐变和放射渐变。在 SVG 中使用<linearGradient >元素定义线性渐变。相关代码如下：

```
<!doctype html>
<html>
<head>
<meta charset="utf-8">
<title>7.2.5</title>
</head>
<body>
<svg xmlns="http://www.w3.org/2000/svg" version="1.1">
  <defs>
    <linearGradient id="grad1" x1="0%" y1="0%" x2="100%" y2="0%">
      <stop offset="0%" style="stop-color:red;stop-opacity:1" />
      <stop offset="100%" style="stop-color:blue;stop-opacity:1" />
    </linearGradient>
  </defs>
  <ellipse cx="200" cy="70" rx="85" ry="55" fill="url(#grad1)" />
</svg>
</body>
</html>
```

在本例中，为< linearGradient >标签设置 id 属性，用于确定渐变的唯一名称。属性 x1、y1、x2、y2 用于设置渐变的开始和结束坐标。<stop>元素用于设置渐变的颜色，可以有多个，offset 属性用于设置渐变的位置，以百分比表示。

线性渐变的效果如下图所示。

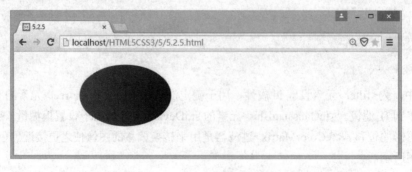

提示　根据渐变起始和结束坐标的不同，可以创建三种线性渐变效果。当 y 坐标相同，x 坐标不同时创建水平渐变；当 x 坐标相同，y 坐标不同时创建垂直渐变；当 x 坐标和 y 坐标都不相同时，创建对角渐变。

在 SVG 中，使用<radialGradient>元素定义放射渐变。相关代码如下：

```
<!doctype html>
<html>
<head>
<meta charset="utf-8">
<title>7.2.6</title>
</head>
<body>
<svg xmlns="http://www.w3.org/2000/svg" version="1.1">
  <defs>
    <radialGradient id="grad1" cx="20%" cy="30%" r="30%" fx="50%" fy="50%">
      <stop offset="0%" style="stop-color:red; stop-opacity:0" />
      <stop offset="100%" style="stop-color:blue;stop-opacity:1" />
    </radialGradient>
  </defs>
  <ellipse cx="200" cy="70" rx="85" ry="55" fill="url(#grad1)" />
</svg>
</body>
</html>
```

在本例中，为<radialGradient>元素设置 id 属性，确定渐变的唯一名称。属性 cx、cy 和 r 用于设置最外层圆的圆心和半径，属性 fx 和 fy 用于设置最内层的圆。放射渐变的效果如下图所示。

7.2.6　实例：绘制自由路径

使用 SVG 的<path>元素可以绘制更加复杂的图形。我们先来看一个实例：

```
<!doctype html>
<html>
<head>
<meta charset="utf-8">
<title>7.2.7</title>
</head>
```

```
<body>
<svg xmlns="http://www.w3.org/2000/svg" width="400" height="400"
version="1.1">
  <path id="svg_1"
d="m127,385l-1,-34l2,-31l5,-27l7,-19l9,-18l12,-18l15,-13l15,-9l17,-10l15,
-7l15,-7l11,-6l19,-4l16,-9l6,-15l2,-15l1,-15l1,-17l3,-18l9,-10l13,-6l13,11l1,
7l5,14l1,14l0,18l0,17l0,16l-7,18l-16,7l-13,4l-22,2l-12,0l-23,4l-13,12l-13,8l-
9,11l-5,11l-5,12l-1,15l-1,14l-1,10l0,15l8,12l15,5l20,8l9,0l11,0l14,0l22,4l20,
5l16,3l13,9l-2,16l-12,8l-14,4l-21,7l-21,2l-19,0l-30,-3l-25,0l-14,0l-12,0l-14,
2l-20,0l-25,-4z" stroke-width="5" stroke="#000000" fill="#FF0000"/>
</svg>
</body>
</html>
```

绘制的效果如下图所示。在本例中，<path>元素用于绘制自由路径，属性 d 用于设置路径数据。在 SVG 中，d 属性可以包含多个连续的指令，这些指令如下表所示。

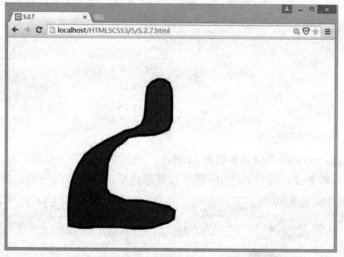

指 令	参 数	说 明
M	x y	将画笔移动到点(x,y)
L	x y	画笔从当前的点绘制线段到点(x,y)
H	x	画笔从当前的点绘制水平线段到点(x,y0)
V	y	画笔从当前的点绘制垂直直线到点(x0,y)
A	rx ry x-axis-rotation large –arc –flag sweep-flag x y	画笔从当前的点绘制一段圆弧到点(x,y)
C	x1 y1, x2 y2, x y	画笔从当前的点绘制一段三次贝塞尔曲线到点(x,y)
S	x2 y2 ,x y	特殊版本的三次贝塞尔曲线（省略第一个控制点）
Q	x1 y1,x y	绘制二次贝塞尔曲线到点(x,y)
T	x y	特殊版本的二次贝塞尔曲线（省略控制点）
Z	无	绘制闭合图形，如果 d 属性不指定 z 命了，则绘制线段，而不是封闭图形

因为路径数据的设置非常复杂，所以一般会使用 SVG 编辑器。在编辑器中绘制好图形，然后将路径数据复制过来。

7.3　画布与 SVG 的比较

虽然 canvas 和 SVG 都可以在浏览器中创建图形，但是它们却有着本质上的差别。

SVG 是基于 XML 的图形语言，在 DOM 解析中其每个元素都是可用的，这样就可以为 SVG 元素附加 JavaScript 事件处理器，实现更丰富的效果。在 SVG 中，每个被绘制的图形均被视为对象，如果 SVG 对象的属性发生变化，那么浏览器能够自动重现图形。

canvas 通过 JavaScript 来绘制二维图形，即通过对像素进行逐个渲染完成图形的绘制。如果图形已经被浏览器渲染完成，那么对它的任何改变都需要整个场景的重新绘制才能呈现。

下表列出了 canvas 与 SVG 的比较。

canvas	SVG
依赖分辨率	不依赖分辨率
不支持事件处理	支持事件处理器
弱的文本渲染能力	最适合带有大型渲染区域的应用程序（如谷歌地图）
能够以.png 或.jpg 格式保存结果图像	复杂度高会减慢渲染速度（任何过度使用 DOM 的应用都不快）
适合图像密集型的游戏，其中许多对象会被频繁重绘	不适合游戏应用

测试题

（1）SVG 使用什么格式定义图形？

（2）使用 SVG 可以绘制哪些基本图形？

（3）如何复用 SVG 图形？

（4）绘制 SVG 渐变图形时，如何设置渐变的颜色？

（5）canvas 与 SVG 都可以绘制图形，它们有什么区别？

7.4　本章小结

本章通过多个具体的案例，详细介绍了 HTML5 中 SVG 的使用方法。SVG 图形可以直接嵌入在 HTML5 页面中，也可以用记事本等多种工具进行编辑。SVG 除了绘制简单的基本图形外，还可以通过 SVG 编辑器绘制复杂的图形。在 HTML5 中，虽然 canvas 和 SVG 都可以用来绘制图形，但是它们却各有优势，在实际的应用中还需要区别对待。

第**8**章

Forms API

HTML 页面不仅可以向用户展示丰富多样的文字、图片、音/视频等内容，还能与用户进行交互体验，比如常见的用户信息注册，在这个过程中，所有收集数据的工作都需要 form 表单来完成。而在 HTML5 中，新增了很多 form 表单的类型和属性，为 HTML 页面收集数据提供了很多便利。

8.1　新增的 Input 输入类型

form 表单的数据有很多种类型，如文本、数字、邮件地址、日期等。针对不同的数据类型，HTML5 提供了多种 input 输入类型，本节将详细介绍这些输入类型的使用方法。

8.1.1　email 类型

在表单提交 email 地址时，无效的输入会生成很多无效数据，对后期的数据检索造成一定的影响。所以在表单提交之前，需要对输入的 email 地址的有效性进行验证。早期的实现方式都是通过正则表达式和 JavaScript 进行验证，而在 HTML5 中，使用 email 类型的 input 输入就可以实现对 email 地址的基本验证功能。使用 email 类型的代码如下：

```
<!doctype html>
<html>
<head>
<meta charset="utf-8">
<title>8.1.1</title>
</head>
<body>
<form action="#" method="get">
E-mail:<input type="email" name="myEmail"/><br />
```

```
<input type="submit" />
</form>
</body>
</html>
```

在这段代码中，form 表单的 action 属性设置为"#"，表示提交到当前页面，method 属性设置提交方式为 get，即在 url 地址栏中显示提交的数据。第一个 input 标签的 type 类型设置为 email，表示该输入框用于输入 email 地址，并为其设置 name 属性；第二个 input 标签的 type 类型设置为 submit，表示该输入框用于提交表单数据。这段代码在 Web 页面的显示效果如下图所示。

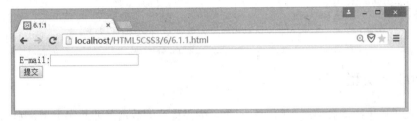

在单击提交按钮时，email 类型的 input 输入框会自动对输入的内容进行 email 有效性验证，如果输入的内容不包含@，或者@前面或后面没有其他内容，则验证不通过。email 验证失败的效果如下图所示。

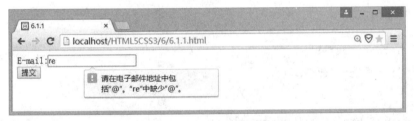

提　示

> email 类型的 input 输入框只用于验证基本的 email 规则，如果需要对 email 地址进行更多规则的验证，可以给 email 标签设置 id 属性，然后在 JavaScript 中通过 document.getElementById("id")获取 email 标签，再对其内容进行更多规则的验证。

8.1.2　url 类型

url 描述了互联网上每一个文件的地址，如 http://www.baidu.com，url 类型的输入框则是用来验证用户输入的内容是否符合 url 规则的控件。当用户输入的内容不符合 url 规则，在提交表单时，url 类型的 input 输入框就会给出错误提示。其示例代码如下：

```
<!doctype html>
<html>
<head>
<meta charset="utf-8">
<title>8.1.2</title>
</head>
<body>
<form action="#" method="get">
RUL:<input type="url" name="myurl"/><br />
```

```
<input type="submit" />
</form>
</body>
</html>
```

错误提示效果如下图所示。

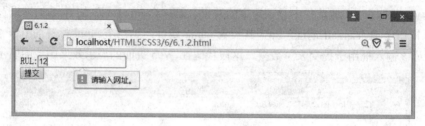

8.1.3 number 类型

数字也是表单中经常会使用到的一种类型，如果提交的数据并非数字类型，那么在后期的数据处理过程中有可能会出现数据转换错误的异常。而 number 类型的 input 输入框可以在提交数据时对数据内容进行数字有效性验证，保证了数据的安全有效。使用 number 类型的代码如下：

```
<!doctype html>
<html>
<head>
<meta charset="utf-8">
<title>8.1.3</title>
</head>
<body>
<form action="#" method="get">
Number:<input type="number" name="myNumber"/><br />
<input type="submit" />
</form>
</body>
</html>
```

如果输入的内容并非 number 类型，那么输入框会给出相应的错误提示，效果如下图所示。

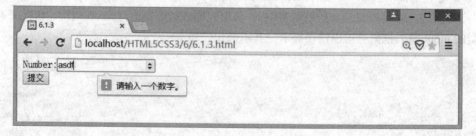

8.1.4 range 类型

range 类型是一种区域范围文本，通常称之为滑块，常见的案例有调节声音、调节 RGB 颜色值等。使用 range 类型的代码如下：

```
<!doctype html>
<html>
<head>
<meta charset="utf-8">
<title>8.1.4</title>
</head>
<body>
<form action="#" method="get">
<input type="range" min="0" max="100" step="1" value="0" name="myRange"/>
<br />
<input type="submit" />
</form>
</body>
</html>
```

在这段代码中，设置 input 元素的 type 属性为 range，最小值为 0，最大值为 100，步长为 1，缺省值为 0，代码在 Web 页面的效果如下图所示。

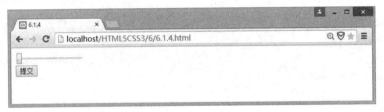

8.1.5　date pickers 类型

普通的文本输入框也可以用来输入日期和时间，但是提交后的数据需要进行二次处理才能使用。HTML5 提供的 date pickers 类型选择框在很大程度上简化了这一过程，用户可以直接选择日期、时间、月、周等选项。例如下面的代码：

```
<!doctype html>
<html>
<head>
<meta charset="utf-8">
<title>8.1.5</title>
</head>
<body>
<form action="#" method="get"><br />
Date:<input type="date" name="myDate"/><br />
month : <input type="month" name="myMonth"/><br />
week: <input type="week" name="myWeek"/><br />
time: <input type="time" name="myTime"/><br />
datetime: <input type="datetime" name="myDatetime"/><br />
datetime-local : <input type="datetime-local" name="myDatatimeLocal"/><br />
<input type="submit" />
</form>
```

```
</body>
</html>
```

这段代码在 Web 页面上的效果如下图所示。

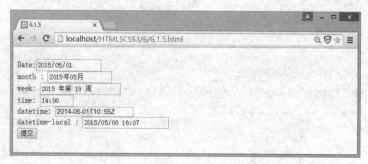

8.1.6　search 类型

search 类型的 input 输入框用于页面的搜索功能，可以是站内搜索，也可以是 google 搜索。使用 search 类型的代码如下：

```
<!doctype html>
<html>
<head>
<meta charset="utf-8">
<title>8.1.6</title>
</head>
<body>
<form action="#" method="get"><br />
Search:<input type="search" name="mySearch"/><br />
<input type="submit" />
</form>
</body>
</html>
```

这段代码在 Web 页面上的效果如下图所示。

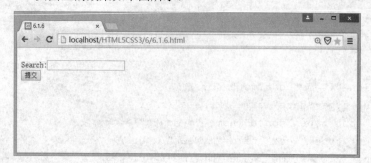

8.1.7　color 类型

color 类型用于打开一个颜色选择面板，可以在该面板中选择合适的颜色，提交表单时可以对选择的颜色值进行提交。使用 color 类型的代码如下：

```
<!doctype html>
<html>
<head>
<meta charset="utf-8">
<title>8.1.7</title>
</head>
<body>
<form action="#" method="get"><br />
Color:<input type="color" name="myColor" /><br />
<input type="submit" />
</form>
</body>
</html>
```

这段代码在 Web 页面上的效果如下图所示。

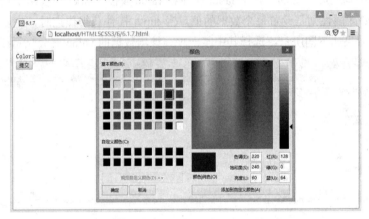

8.2　新增的表单元素

在 HTML5 中，除了以上介绍的新增 input 输入类型外，还新增了几个 form 表单元素，其中包括 datalist 元素、keygen 元素及 output 元素。下面我们就来看一下这些新增的表单元素是如何使用的。

8.2.1　datalist 元素

datalist 元素用于将一组值设置到输入控件上，当输入控件获得焦点时，控件会以列表的形式显示这组数据。例如我们要将一组 url 地址数据设置到一个 url 类型的输入控件上时，可以使用以下代码：

```
<!doctype html>
<html>
<head>
<meta charset="utf-8">
```

```
<title>8.2.1</title>
</head>
<body>
<input type="url" list="url_list" name="myUrl" />
<datalist id="url_list">
  <option label="Microsoft" value="http://www.microsoft.com" />
  <option label="Google" value="http://www.google.com" />
  <option label="百度" value="http://www.baidu.com" />
</datalist>
</body>
</html>
```

在这段代码中，我们为 url 类型的 input 控件设置了一个 list 属性值，并将该值赋予 datalist 元素的 id 属性，这样就将 datalist 与 input 元素联系在了一起。在 datalist 元素中，使用多个 option 元素显示数据，每个 option 元素都有一个 label 属性和 value 属性，label 属性用于设置每个数据要显示的名称，而 value 属性则是设置每个数据的值。当 input 控件获得焦点时，将以下拉列表的形式显示这些数据，效果如下图所示，选择其中某一项，该项数据的 value 就会显示在输入框中。

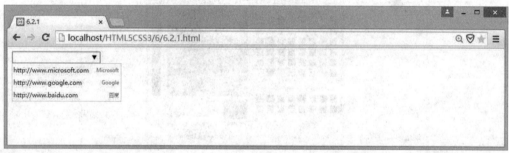

如果某一个 option 元素的 value 属性为空，那么下拉列表中将不显示该选项。

注 意

8.2.2 keygen 元素

使用 keygen 元素可以生成一个公钥和私钥，私钥会存放在用户本地，而公钥则会发送到服务器，服务器根据公钥生成一个客户端证书，然后返回到浏览器让用户区下载并保存到本地。这样，用户在需要验证的时候，就可以使用本地存储的私钥和证书，通过 TLS/SSL 安全传输协议到服务端进行验证。使用 keygen 元素的代码如下：

```
<!doctype html>
<html>
<head>
<meta charset="utf-8">
<title>8.2.2</title>
</head>
<body>
<form action="a.asp" method="get">
请输入: <input type="text" name="usr_name" />
```

```
加密: <keygen name="security" />
<input type="submit" />
</form>
</body>
</html>
```

8.2.3 output 元素

从字面的意思理解，output 元素用于输出内容，比较有意思的是，这些输出的内容并非直接来自输入，而是通过其他元素触发而来。当真正的输入控件获得输入内容后，可以对这些内容进行加工处理，然后由 output 元素输出显示。使用 output 元素的代码如下：

```
<!doctype html>
<html>
<head>
<meta charset="utf-8">
<title>8.2.3</title>
</head>
<body>
<form oninput="myOutput.value+=txt.value.length%4">
  <input type="text" id="txt" >
  <br />
  <output name="myOutput" for="txt"></output>
</form>
</body>
</html>
```

在这段代码中有一个文本框，用于输入内容，并设置该文本框的 id 属性为 txt。output 元素用于输出结果，设置其 name 属性为 myOutput，for 属性用于设置 output 元素的 id。在 form 表单中，设置 oninput 属性为 output 元素的输出值，这里设置的是连续输出输入文本长度对 4 的余数。这段代码在 Web 页面上的效果如下图所示。

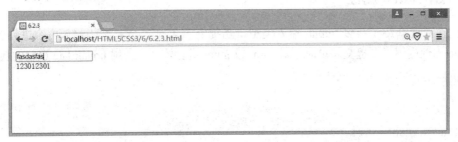

8.3 新增的 form 属性

HTML5 新增了两个 form 属性，分别为 autocomplete 和 novalidate。本节将详细介绍这两个属性的使用方法。

8.3.1 autocomplete 属性

autocomplete 属性用于控制自动完成功能的开启与关闭。该属性可设置表单或 input 元素，它有两个属性值，当设置为 on 时，启用该功能，当设置为 off 时，关闭该功能。启用该功能后，当用户在自动完成域开始输入时，浏览器就会在该域中显示填写的选项。用户每提交一次，就会增加一个可用选择的选项。使用 autocomplete 属性的代码如下：

```html
<!doctype html>
<html>
<head>
<meta charset="utf-8">
<title>8.3.1</title>
</head>
<body>
<form action="#" method="get" autocomplete="on">
  请输入: <input type="text" name="txt" /> <br />
  <input type="submit" />
</form>
</body>
</html>
```

这段代码在 Web 页面中的显示效果如下图所示。

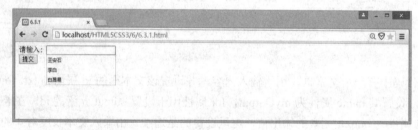

8.3.2 novalidate 属性

我们在前面介绍了很多 input 输入类型，当提交表单时，会对这些输入内容进行验证，而 novalidate 属性则用于在提交表单时不对 form 或 input 进行验证。使用 novalidate 属性的代码如下：

```html
<!doctype html>
<html>
<head>
<meta charset="utf-8">
<title>8.3.2</title>
</head>
<body>
<form action="#" method="get" novalidate>
  E-mail:
  <input type="email" name="myEmail" />
  <input type="submit" />
```

```
</form>
</body>
</html>
```

在这段代码中，设置了 form 表单的 novalidate 属性，虽然使用了 email 类型的 input 元素，但是无论在 Web 页面输入什么内容，提交操作都能顺利完成。

8.4 新增的 input 属性

HTML5 不仅新增了很多 input 输入类型，还新增了很多 input 属性，这些新增的属性为 input 元素提供了很多扩展和应用。本节我们就逐一介绍这些属性的使用方法。

8.4.1 autocomplete 属性

input 元素的 autocomplete 属性与 form 表单的 autocomplete 属性的功能相同，都是用于控制自动完成功能的开启与关闭，这里就不再赘述，可参见 8.3.1 节内容。

8.4.2 autofocus 属性

autofocus 属性用于自动获得焦点。在 HTML5 中为 input 元素设置该属性后，当页面加载时，input 元素会自动获得光标焦点。例如绝大多数人访问百度首页就是为了搜索，所以百度首页加载后，光标会自动落到搜索框中，这与 autofocus 的效果是一样的。使用 autofocus 属性的代码如下：

```
<input type="text" name="myTxt" autofocus />
```

8.4.3 form 属性

form 属性用于设置 input 元素属于哪个表单。在 HTML4 中，form 表单中的所有元素都必须在这个表单的开始标签和结束标签之间，而在 HTML5 中，如果要将 form 表单开始和结束标签之外的元素归属到该表单，只需要为该元素设置 form 属性即可。例如下面这段代码：

```
<form action="#" method="get" id="myForm">
  常住地址: <input type="text" name="ftxt" />
  <input type="submit" />
</form>
临时地址:<input type="text" name="ltxt" form="myForm" />
```

在设置 form 属性时，需要知道 form 表单的 id 属性值，并将 form 属性的值也设置成表单 id 的属性值。

8.4.4 form overrides 属性

form overrides 属性用于重写表单元素的某些属性，比如相同的 Web 页面，张三提交请求后数据到达 a 页面，而李四提交请求后数据则会达到 b 页面。在 HTML5 中，可以重写的表单属性有

formaction、formenctype、formmethod、formnovalidate 和 formtarget，分别用于重写表单的 action、enctype、method、novalidate 和 target 属性。例如下面这段代码：

```
<!doctype html>
<html>
<head>
<meta charset="utf-8">
<title>8.4.1</title>
</head>
<form action="a.jsp" method="get">
  用户名：<input type="text" name="fname" /><br />
  <input type="submit"  value="张三的提交按钮"/><br />
  <input type="submit" formaction="b.jsp" value="李四的提交按钮" />
</form>
</body>
</html>
```

第一个 input 元素会将输入的数据提交至 a.jsp 页面，而第二个 input 元素设置了 formaction 属性，重写了 action 属性，提交到 b.jsp 页面，当李四单击提交按钮后，数据就会提交到 b.jsp 页面。

表单重新属性仅适用于类型为 submit 和 image 的 input 元素。

8.4.5　height 和 width 属性

在 HTML5 中有一个 image 类型的 input 元素，height 属性和 width 属性就是为这个元素设计的，用于设置图片的高度和宽度。height 属性和 width 属性以像素为单位。使用代码如下：

```
<input type="image" src="imgtemp.gif" width="35" height="35" />
```

8.4.6　list 属性

list 属性用于设置输入域的 datalist 元素，我们在介绍 datalist 元素时曾使用过这个属性，为 list 属性设置 datalist 的 id 属性值，可以将 datalist 元素与 input 元素相关联，这样就可以将 datalist 以列表的形式展现给 input 元素。该属性的使用方法详见 8.2.1 节。

list 属性适用于以下类型的 input 元素：text、 search、 url、 telephone、 email、 date pickers、 number、 range 和 color。

8.4.7　min、max 和 step 属性

min、max 和 step 属性用于为包含数字或日期的 input 元素设置最小值、最大值和步长。这几个属性适用于 data pickers、number 和 range 类型的 input 元素。例如下面这段代码：

```
<input type="range" min="0" max="100" step="1" name="myRange"/>
```

设置 range 类型的 input 元素，最小值为 0，最大值为 100，步长为 1，这样每移动一次，range 就移动 1，最小移动到 0，最大移动到 100。

8.4.8　multiple 属性

multiple 属性用于设置 input 元素是否可以有多个值。该属性只适用于 email 和 file 类型的 input 元素。如果给 email 类型的 input 元素设置 multiple 属性，那么在输入框中可以输入多个 email 地址，多个 email 地址之间用逗号隔开。如果给 file 类型的 input 元素设置 multiple 属性，那么在打开的选择文件对话框中就可以选择多个文件。使用这两个属性的代码如下：

```
E-mail:<input type="email" name="myEmail" multiple/><br />
File:<input type="file" name="myFile" multiple /><br />
```

8.4.9　pattern 属性

pattern 属性用于设置验证 input 元素的方式为正则表达式。正则表达式由一系列字符和数字组成，用于匹配某个句法规则。该属性适用于 text、search、url、telephone、email 和 password 类型的 input 元素。例如我们需要一个 6~16 位长，以字母开头的用户名，就可以为 input 元素设置以下规则的正则表达式。

```
<input type="text" name="myName" pattern="[a-zA-Z]\w{5,15}$" />
```

8.4.10　placeholder 属性

placeholder 属性用于设置 input 元素在内容为空时的提示信息。例如在 Web 页面中有一个文本输入框，但是并不知道应该输入什么内容，这时就可以给该文本框设置 placeholder 属性，提示用户应该输入哪些有效信息。当文本框获得焦点，用户开始输入内容时，提示的内容就会消失。该属性可用于 text、search、url、telephone、email 和 password 类型的 input 元素。使用 Placeholder 属性的代码如下：

```
<input type="text" name="myAddress"  placeholder="请输入您的常住地址！" />
```

8.4.11　required 属性

required 属性用于设置 input 元素是否可以提交空数据。如果给 input 元素设置了该属性，那么在提交表单时浏览器会提示用户该字段必须填写内容，否则提交通过。required 属性可用于 text、search、url、telephone、email、passw、date pickers、number、checkbox、raido 和 file 类型的 input 元素。使用 required 属性的代码如下：

```
<input type="text" name="myName" required />
```

测试题

（1）在 HTML5 中，input 元素根据类型的不同可以有哪些用途？

（2）在使用 range 类型的 input 元素时，能否设置 step 为负数？

（3）datalist 元素与 input 元素通过哪个属性相关联？

（4）autocomplete 的属性值有哪些？

（5）如何在 Web 页面的文本框中设置输入提示信息？

8.5　本章小结

　　本章主要介绍了 HTML5 中新增的各种 input 元素和属性，以及新增的 form 表单元素和属性。通过本章的学习，应该熟练掌握 email、url、number、range、date pickers、search 和 color 等类型的 input 元素使用方法，并能灵活运用各种 input 属性满足 Web 页面设计需求，同时也要熟练掌握 datalist 元素、keygen 元素和 output 元素的使用方法，以及 autocomplete 属性和 novalidate 属性的使用方法。

## 第 9 章

File API

在 HTML5 之前对文件的操作都是通过 flash、silverlight 或第三方的 activeX 插件等技术，由于这些技术很难实现跨平台、跨浏览器和跨设备操作，因此 HTML5 中就提供了操作文件的 API，让这一切变得更简单、更标准。本章主要介绍 HTML5 中有关文件操作的 API。

9.1 Blob 对象

在 SqlServer 中，Blob 类型可以存放二进制数据，而在 HTML5 中，Blob 对象不仅可以存放二进制数据，还可以设置这个数据的 mine 类型，也就是说，HTML5 中的 Blob 对象是用于存储二进制文件对象的基础。

在低版本的浏览器中， Blob 对象需要 BlobBuilder 之类的方式来创建，或者使用 mozSlice、webkitSlice 方法来分割出新的 Blob 对象，而现在可以直接使用 Blob 构造器来创建 Blob 对象。创建方法如下：

```html
<!doctype html>
<html>
<head>
<meta charset="utf-8">
<title>9.1.1</title>
<script>
var data='<h3>blob 对象</h3>';
var blob=new Blob([data],{"type":"text/html"});
onload=function(){
  var iframe=document.createElement("iframe");
  iframe.src=URL.createObjectURL(blob);
  document.body.appendChild(iframe);
```

```
};
</script>
</head>
<body>
</body>
</html>
```

在这段代码中，Blob 对象的构造中有两个参数，第一个是参数是数组，用于组装 Blob 对象；第二个参数是其配置属性，本例中配置了其 type 属性为 text/html。当页面加载时，创建一个 iframe 对象，并使用该对象的 url 来访问它。这段代码的效果如下图所示。

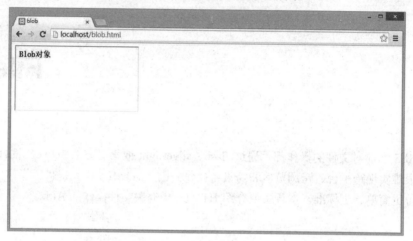

9.2　File 对象与 Filelist 对象

当为 input 元素的 type 类型设置为 file 对象时，Web 页面上会显示一个选择文件按钮和一个文本显示框，单击选择文件按钮可以选择一个文件，文本显示框中会显示选中的文件名称。如果为 input 元素设置 multiple 属性，就可以选择多个文件，文本显示框中会显示选中了几个文件，效果如下图所示。

在这个过程中，用户选中的每一个对象都是一个 file 对象，用户选中的多个对象的集合就是 filelist 对象。file 对象有两个属性：name 属性表示文件名，但不包含文件路径；lastModifiedDate 属性表示文件的最后修改日期。使用 file 对象和 filelist 对象实现上传功能界面的代码如下：

```html
<!doctype html>
<html>
<head>
<meta charset="utf-8">
<title>9.2.1 </title>
<script language="javascript">
function show()
{
    var file,filelist,mySpan;
    file=document.getElementById("file");
    filelist=file.files;
    mySpan=document.getElementById("mySpan");
    var names="";
    for(var i=0;i<filelist.length;i++)
    {
        names+=filelist[i].name+"<br />";
    }
    mySpan.innerHTML=names;
    }
</script>
</head>
<body>
<input type="file" id="file" multiple />
<input type="button"  onClick="show();" value="上传文件" />
<br />
<span id="mySpan"></span>
</body>
</html>
```

9.3　FileReader 对象

FileReader 对象用于读取文件中的数据，并将这些数据读入内存。根据文件的类型，可以选择不同的方法读取文件，并在异步读取文件的过程中触发多个事件。

9.3.1　FileReader 对象的方法

HTML5 中的 FileReader 对象一共有 4 个方法：readAsBinaryString 以二进制方式读取文件；readAsText 以文本方式读取文件；readAsDataURL 以 DataURL 方式读取文件；abort 方法并非用于读取文件，而是中断读取操作。FileReader 对象有一个 result 属性，用于存储读取文件的结果。

9.3.2　FileReader 对象的事件

FileReader 对象在异步读取文件时会触发很多事件，根据不同的事件处理不同的操作，可以使程序更加人性和健壮。例如当读取数据中断时触发 onabort 事件，当读取数据出错时触发 onerror 事件，当读取数据开始时触发 onloadstart 事件，当读取数据过程中触发 onprogress 事件，当数据读取成功时触发 onload 事件，当数据读取完成时触发 onloadend 事件。

9.3.3　实例：以二进制方式读取文件

本实例中，我们将以二进制方式读取一个文件，并在 Web 页面中显示读取到的内容。实例代码如下：

```html
<!doctype html>
<html>
<head>
<meta charset="utf-8">
<title>9.3.1</title>
<script language="javascript">
//以二进制方式读入文件
function fileBinary()
{
    var myDiv=document.getElementById("myDiv");
    //判断浏览器是否支持 FileReader
    if(typeof FileReader=="undefined")
    {
        myDiv.innerHTML="<h2>您的浏览器不支持 FileReader! </h2>";
        return false;
    }
    var file=document.getElementById("file").files[0];
    var reader=new FileReader();
    //以二进制方式读入文件
    reader.readAsBinaryString(file);
    reader.onload =function(e)
    {
        myDiv.innerHTML=this.result;
    }
}
</script>
</head>
<body>
<input type="file" id="file" />
<input type="button" onClick="fileBinary();" value="二进制读取文件" />
<div id="myDiv" name="myDiv"></div>
</body>
</html>
```

以二进制读取文件的效果如下图所示。

9.3.4　实例：以文本方式读取文件

本实例中，我们将以文本方式读取一个文件，并在 Web 页面中显示读取到的内容。实例代码如下：

```
<!doctype html>
<html>
<head>
<meta charset="utf-8">
<title>9.3.2</title>
<script language="javascript">
//以文本方式读取文件
function fileText()
{
    var myDiv=document.getElementById("myDiv");
    //判断浏览器是否支持FileReader
        if(typeof FileReader=="undefined")
        {
        myDiv.innerHTML="<h2>您的浏览器不支持FileReader! </h2>";
        return false;
        }
    var file=document.getElementById("file").files[0];
    var reader=new FileReader();
    //以文本方式读取文件
        reader.readAsText(file);
    reader.onload=function(e)
    {
        myDiv.innerHTML=this.result;
    }
}
</script>
```

```
</head>
<body>
<input type="file" id="file" />
<input type="button" onClick="fileText();" value="文本读取文件" />
<div id="myDiv" name="myDiv"></div>
</body>
</html>
```

以文本方式读取文件的效果如下图所示。

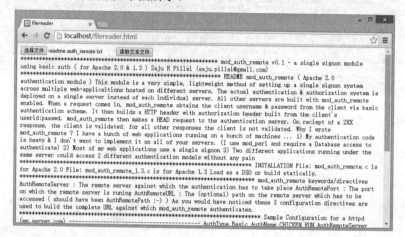

9.3.5　实例：以 DataURL 方式读取文件

本实例中，我们将以 DataURl 方式读取一个文件，并在 Web 页面中显示读取到的内容。实例
代码如下：

```
<!doctype html>
<html>
<head>
<meta charset="utf-8">
<title>9.3.3</title>
<script language="javascript">
//以 DataURL 方式读取文件
function fileDataURL()
{
    var myDiv=document.getElementById("myDiv");
    //判断浏览器是否支持 FileReader
      if(typeof FileReader=="undefined")
    {
        myDiv.innerHTML="<h2>您的浏览器不支持 FileReader! </h2>";
        return false;
    }
    var file=document.getElementById("file").files[0];
    //判断文件类型
      if(!/image\/\w+/.test(file.type))
```

```
{
    myDiv.innerHTML="<h2>请选择图像文件! </h2>";
    return false;
}
var reader=new FileReader();
//以 DataURL 方式读取文件
    reader.readAsDataURL(file);
    reader.onload=function(e)
{
    myDiv.innerHTML="<img src='"+this.result+"' />";
}
}
</script>
</head>
<body>
<input type="file" id="file" />
<input type="button" onClick="fileDataURL();" value="DataURL 读取文件" />
<div id="myDiv" name="myDiv"></div>
</body>
</html>
```

以 DataURL 方式读取文件的效果如下图所示。

9.4 FileSystem 对象

　　由于互联网技术的发展，越来越多的应用迁移到了 Web 端，用于只需要一个浏览器就可以实现更多的功能，而不需要安装其他应用或插件。但是出于安全考虑，浏览器自身的安全沙箱机制，会限制浏览器脚本去操作本地文件系统。FileSystem 对象的出现改变了这一状况，使用 FileSystemAPI，我们的 Web 应用程序就可以阅读、浏览、编辑和操作本地文件系统。

9.4.1　FileSystem 对象简介

目前只有 Google 的 Chrome 可以完整地支持 Filesystem API。FileSystem API 的主要功能有以下三个方面。

- 读取和处理文件：File/Blob、FileList、FileReader。
- 创建和写入：BlobBuilder、FileWriter。
- 目录和文件系统访问：DirectoryReader、FileEntry/DirectoryEntry、LocalFileSystem。

9.4.2　请求文件系统

基于安全原因，Web 应用通过浏览器的脚本去操作本地文件，首先需要获取操作许可，否则通过浏览器就可以随意修改本地文件的做法是非常可怕的。通过调用 window.requestFileSystem() 方法可以请求对沙盒文件系统的访问权限。

```
window.requestFileSystem = window.requestFileSystem ||
window.webkitRequestFileSystem;
window.requestFileSystem(type, size, successCallback, opt_errorCallback)
```

window.requestFileSystem()方法需要 4 个参数，各参数的含义如下。

- type：文件存储是否应该持久。如果设置为 window.TEMPORARY，当浏览器需要更多空间时可自行决定是否删除该文件；如果设置为 window.PERSISTENT，就需要获得用户或应用的明授权才可以删除。
- size：指定请求文件的大小，以字节为单位。
- successCallback：当文件系统请求成功后的回调函数，参数为 FileSystem 对象。
- errorCallback：当文件系统请求失败或错误时的回调函数，参数为 FileError 对象。

 当首次调用 window.requestFileSystem()对象时，系统会为应用创建一个沙箱文件，并为其指定一个名称。

【实例】创建一个大小为 5MB 的临时文件并显示文件名称。代码如下：

```
<!doctype html>
<html>
<head>
<meta charset="utf-8">
<title>9.4.1</title>
<script language="javascript">
window.requestFileSystem = window.requestFileSystem ||
window.webkitRequestFileSystem;
window.requestFileSystem(window.TEMPORARY, 5*1024*1024, onInitFs,
errorHandler);
function onInitFs(fs){
  alert("文件创建完成，文件名为:"+fs.name);
}
```

```
function errorHandler(err){
 var msg = 'An error occured: ';
 switch (err.code) {
   case FileError.NOT_FOUND_ERR:
     msg += 'File or directory not found';
     break;
   case FileError.NOT_READABLE_ERR:
     msg += 'File or directory not readable';
     break;
   case FileError.PATH_EXISTS_ERR:
     msg += 'File or directory already exists';
     break;
   case FileError.TYPE_MISMATCH_ERR:
     msg += 'Invalid filetype';
     break;
   default:
     msg += 'Unknown Error';
     break;
 };
 console.log(msg);
};
</script>
</head>
<body>
</body>
</html>
```

执行这段代码后，浏览器弹出框中会显示创建的文件名称，效果如下图所示。

 这段代码中的错误处理机制适用于本章其他案例异步调用引发的错误。

提 示

如果要请求创建一个永久存储的文件，就需要使用 window.webkitStorageInfo 的 API 请求存储，此时浏览器会征询用户意见，若用户同意存储，则请求文件成功，否则失败。

```
    window.webkitStorageInfo.requestQuota(PERSISTENT, 1024*1024,
function(grantedBytes) {
    window.requestFileSystem(PERSISTENT, grantedBytes, onInitFs,
errorHandler);
    }, errorHandler);
```

9.4.3　创建文件

请求文件系统成功后，系统会返回一个 FileSystem 对象，我们可以在回调函数 onInitFS 中调用方法 fs.root.getFile()为创建的文件命名。我们先来看一个回调函数：

```
    window.requestFileSystem(window.TEMPORARY, 1024*1024, onInitFs,
errorHandler);
    function onInitFs(fs) {
      fs.root.getFile('log.txt', {create: true, exclusive: true},
function(fileEntry) {
      console.log('文件创建成功！');
      console.log('fileEntry.isFile='+fileEntry.isFile);
      console.log('fileEntry.name='+fileEntry.name);
      console.log('fileEntry.fullPath='+fileEntry.fullPath);
      }, errorHandler);
    }
```

在这段代码中，fs.root.getFile()方法有三个参数，第一个参数指定文件的名称；第二个参数"create:true"表示当文件不存在时创建文件，若为 false，则仅获取并返回文件，"txclusive:true"表示当文件存在时引发错误；第三个参数是执行成功后的回调函数，同时返回 FileEntry 对象。FileEntry 对象包含标准文件系统中的属性和方法，详见下表。

属性/方法	功　能
isFile	是否为文件
isDirectory	是否为目录
name	文件名称
fullPath	文件路径
getMetadata(successCallback, opt_errorCallback)	获取文件数据
remove(successCallback, opt_errorCallback)	删除文件
moveTo(dirEntry, opt_newName, opt_successCallback, opt_errorCallback)	移动文件
copyTo(dirEntry, opt_newName, opt_successCallback, opt_errorCallback)	复制文件
getParent(successCallback, opt_errorCallback)	获取文件父级
toURL(opt_mimeType)	将文件转换成 URL
file(successCallback, opt_errorCallback)	读取文件
createWriter(successCallback, opt_errorCallback)	创建一个 FileWriter 对象用于写入文件

此回调函数执行后的效果如下图所示。

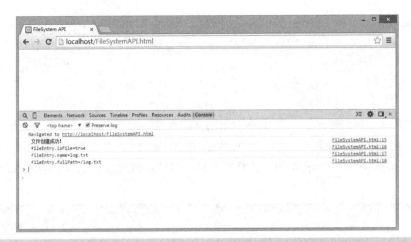

提 示

FileSystem 对象创建的文件和目录需要通过浏览器才能查看。打开浏览器，在地址栏中输入 "filesystem:http://localhost/temporary/" 即可查看创建的临时文件，如果将 "temporary" 换成 persistent，可查询永久存储文件，效果如下图所示。

9.4.4　写入文件

文件创建成功后，就可以开始写入文件了。FileEntry 对象的 createWriter()方法用于创建一个 FileWriter 对象，使用该对象的 write()方法即可将数据写入到文件中。相关代码如下：

```
function onInitFs(fs) {
  fs.root.getFile('log.txt', {create: true}, function(fileEntry) {
    console.log('文件创建成功！');
    fileEntry.createWriter(function(fileWriter) {
    fileWriter.onwriteend = function(e) {
      console.log('文件写入成功！');
    };
    fileWriter.onerror = function(e) {
      console.log('文件写入失败：' + e.toString());
    };
  var data='This is a test!';
```

```
        var bb = new Blob([data],{"type":"text/html"});
        fileWriter.write(bb);
    }, errorHandler);
  }, errorHandler);
}
```

在这段代码中，我们创建了一个 Blob 对象的文字对象，并将 Blob 对象传递给 write()方法，当写入成功后输出成功信息，当写入失败后输出失败信息。在浏览器地址栏中输入"filesystem:http://localhost/temporary/"并打开创建的文件，就可以看到我们写入的内容了，效果如下图所示。

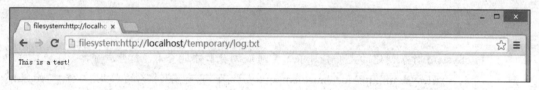

9.4.5　向文件中附加数据

既然可以创建文件，也可以给文件写入内容，那么能否给文件追加内容呢？答案是肯定的。首先需要设置 getFile()方法的 create 为 false，当文件存在时，仅返回文件即可，其次还需要设置 FileWriter 对象追加数据的位置，我们这里取文件数据长度。相关代码如下：

```
function onInitFs(fs) {
    fs.root.getFile('log.txt', {create: false}, function(fileEntry) {
    console.log('文件创建成功！');
      fileEntry.createWriter(function(fileWriter) {
        fileWriter.onwriteend = function(e) {
          console.log('文件写入成功！');
        };
        fileWriter.onerror = function(e) {
          console.log('文件写入失败：' + e.toString());
        };
        fileWriter.seek(fileWriter.length);
        var data='This is append content!';
        var bb = new Blob([data],{"type":"text/html"});
        fileWriter.write(bb);
      }, errorHandler);
    }, errorHandler);
}
```

执行这段代码后，可以在浏览器中打开追加数据的文件，效果如下图所示。

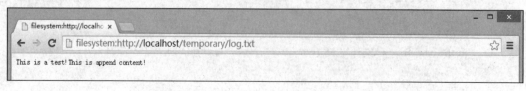

9.4.6　复制选中的文件

除了以上介绍的在文件中直接写入数据外，我们还可以通过 file 类型的 input 元素加载多个文件，并将这些文件复制为临时存储文件。相关代码如下：

```
<input type="file" id="myfile" onChange="copyFile()" multiple />
window.requestFileSystem = window.requestFileSystem ||
window.webkitRequestFileSystem;
function copyFile()
{
    var files = document.getElementById("myfile").files;
    window.requestFileSystem(window.TEMPORARY, 1024*1024, function(fs) {
        for (var i = 0, file; file = files[i]; ++i) {
            (function(f) {
                fs.root.getFile(file.name, {create: true, exclusive: true},
function(fileEntry) {
                fileEntry.createWriter(function(fileWriter) {
                    fileWriter.write(f);
                }, errorHandler);
            }, errorHandler);
        })(file);
    }
}, errorHandler);
}
```

在这段代码中，首先为 input 元素的 onChange 事件添加一个函数 copyFile，该函数的主要功能就是获取 input 元素选中的文件，由于这些文件都是 File 对象，而 File 对象又继承自 Blob 对象，因此通过循环遍历这些文件，在循环的过程中，通过 FileWriter 的 write 方法将其复制为临时存储的文件。

9.4.7　删除文件

我们知道 window.TEMPORARY 类型的文件可以根据浏览器的需要自行删除，而 window.PERSISTENT 类型的文件则需要手动删除。使用 FileEntry 对象的 remove 方法可直接删除指定的文件。注意，为了避免打开文件报错，需要设置 getFile()方法的 create 为 false，删除文件的代码如下：

```
function deleteFile(fs)
{
  fs.root.getFile('log.txt', {create: false}, function(fileEntry) {
    fileEntry.remove(function() {
      console.log('文件已删除.');
    }, errorHandler);
  }, errorHandler);
}
```

9.4.8　创建目录

我们平时都会将各种文件分门别类地放置在不同的目录下，使用 FileSystem 对象也可以实现对目录的各种操作。先来看下面一段代码：

```
window.requestFileSystem(window.TEMPORARY, 1024*1024, function(fs) {
    var directoryName='MyFiles';
    fs.root.getDirectory(directoryName, {create: true}, function(dirEntry) {
        console.log(directoryName+'目录创建成功！');
    }, errorHandler);
}, errorHandler);
```

在这段代码中，回调函数获取 FileSystem 对象 fs，再通过 fs.root.getDirectory 方法创建一个目录。该方法的第一个参数指定目录的名称，第二个参数 create 为 true，指定当目录不存在时创建该目录，如果目录存在也不会报错，第三个参数是一个回调函数，返回 DirEntry 对象，用于对目录的操作。

以上方法可以创建一个指定的目录，如果要创建该目录的子目录该怎么做呢？只需要设置 directoryName='MyFiles/Photo'，然后执行一次这段代码就可以了。但是，如果没有创建父级目录，而是直接创建子目录，那么 FileSystem API 是会报错的。

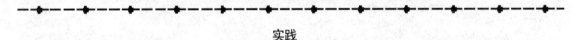

实践

对于目录层级比较多的时候，依次创建各级目录是一件非常烦琐的事情，我们可以将多级目录设置为一个字符串，使用 split 方法将其转换成数组，再将数组中的每一项作为参数传递给 directoryName，这样就可以直接创建多级目录了，有兴趣的读者可以亲自动手试一试。

9.4.9　读取目录内容

如果要读取目录的内容，就需要使用 DirectoryReader 对象，并循环调用该对象的 readEntries() 方法，当该方法不返回结果时，目录的所有内容将全部返回。读取目录内容的代码如下：

```
window.requestFileSystem = window.requestFileSystem ||
window.webkitRequestFileSystem;
    window.requestFileSystem(window.TEMPORARY, 1024*1024, onInitFs,
errorHandler);
    function toArray(list) {
      return Array.prototype.slice.call(list || [], 0);
    }
    function listResults(entries) {
      entries.forEach(function(entry, i) {
       console.log(entry.name);
      });
    }
```

```
function onInitFs(fs) {
  var dirReader = fs.root.createReader();
  var entries = [];
  var readEntries = function() {
    dirReader.readEntries (function(results) {
     if (!results.length) {
       entries.forEach(function(entry, i) {
       console.log(entry.name);
     });
     } else {
       entries = entries.concat(toArray(results));
       readEntries();
     }
   }, errorHandler);
  };
  readEntries();
}
```

在这段代码中，onInitFs 主回调函数中创建了一个 DirectoryReader 对象 dirReader，通过该对象的 readEntries 方法读取目录内容。如果有返回值，就将返回值存储在 entries 数组中；如果没有返回值，就说明目录已读取完成，通过 forEach 函数循环遍历返回结果，并输出目录内容的名称。这段代码执行后的效果如下图所示。

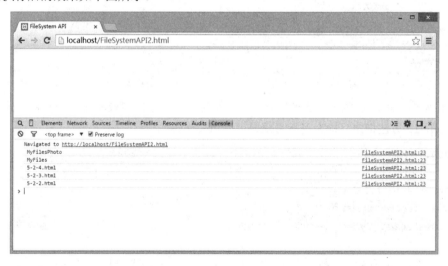

9.4.10 删除目录

删除目录操作与删除文件操作大同小异，删除目录时需要使用 DirectoryEntry 对象的 getDirectory 方法读取目录，然后通过 remove 方法删除目录。删除目录的代码如下：

```
window.requestFileSystem(window.TEMPORARY, 1024*1024, function(fs) {
  var directioryName="MyFiles";
  fs.root.getDirectory(directioryName, {}, function(dirEntry) {
    dirEntry.remove(function() {
```

```
        console.log(directioryName+'目录已删除！');
    }, errorHandler);
  }, errorHandler);
}, errorHandler);
```

 在指定删除目录的名称时，如果要删除的目录下还有子目录，则需要先删除子目录，
注 意 再逐级向上删除父目录。

9.4.11 复制文件或目录

在 FileSystem API 中可以使用 FileEntry 和 DirectoryEntry 的 copuTo()方法复制文件和文件夹，
该方法会自动以递归的方式复制文件夹。如果要将文件复制到指定的目录，首先需要通过 getFile
方法获取文件，再通过 getDirectory 方法获取目标目录，最后使用文件的 copyTo 方法指定目标为
获取的目录即可相关代码如下：

```
window.requestFileSystem(window.TEMPORARY, 1024*1024, onInitFs,
errorHandler);
function onInitFs(fs) {
    var fileName="log.txt";
    var directoryName="MyFiles";
    fs.root.getFile(fileName, {create: false}, function(fileEntry) {
        fs.root.getDirectory(directoryName, {}, function(dirEntry) {
            fileEntry.copyTo(dirEntry);
            console.log("文件"+fileName+"已经复制到目录"+directoryName+"!");
        },errorHandler);
    }, errorHandler);
}
```

同理，如果要将一个文件夹复制到另一个文件夹，需要依次获取源目录与目标目录，再通过
源目录的 copyTo 方法指定目标为目标目录即可。相关代码如下：

```
window.requestFileSystem(window.TEMPORARY, 1024*1024, onInitFs,
errorHandler);
function onInitFs(fs) {
    var directoryName="MyFiles";
    var directoryNameNew="MyFilesNew";

    fs.root.getDirectory(directoryName, {}, function(dirEntry) {
        fs.root.getDirectory(directoryNameNew, {create: true},
function(dirEntryNew) {
            dirEntry.copyTo(dirEntryNew);
            console.log("目录"+directoryName+"已经复制到目录"
+directoryNameNew+"!");
        },errorHandler);
    }, errorHandler);
}
```

9.4.12 移动文件或目录

在 FileSystem API 中可以使用 FileEntry 和 DirectoryEntry 的 moveTo()方法移动文件和文件夹，该方法会自动以递归的方式复制文件夹。moveTo 方法有两个参数：第一个参数是目标目录的父目录；第二个参数是文件或目录的名称。移动文件到指定目录的代码如下：

```
window.requestFileSystem(window.TEMPORARY, 1024*1024, onInitFs,
errorHandler);
function onInitFs(fs) {
    var fileName="logNew.txt";
    var directoryName="MyFiles";
    fs.root.getFile(fileName, {create: false}, function(fileEntry) {
        fs.root.getDirectory(directoryName, {}, function(dirEntry) {
            fileEntry.moveTo(dirEntry);
            console.log("文件"+fileName+"已经移动到目录"+directoryName+"!");
        },errorHandler);
    }, errorHandler);
}
```

如果第一个参数与源文件的目录相同，第二个参数与源文件的名称不同，此时执行 moveTo 方法就会重命名文件或目录。

9.4.13 filesystem:网址

在介绍 FileReader 对象的时候，我们以 DataURL 的方式读取图片文件，并将其展示在赋值给 img 元素的 src 属性（详见 9.3.5 节）。在 FileSystem API 中，我们可以使用全新的网址机制（filesystem:）为 src 或 href 属性赋值。首先使用 FileEntry 对象获取一个图片文件，然后调用 toURL()方法得到图片文件的 filesystem:网址，并将其赋值给 img 元素的 src 属性。相关代码如下：

```
window.requestFileSystem(window.TEMPORARY, 1024*1024, function(fs) {
    fs.root.getFile("MyImage.png", {create: false}, function(fileEntry) {
        var img = document.createElement('img');
        img.src = fileEntry.toURL(); // filesystem:http://example.com/
temporary/myfile.png
        document.body.appendChild(img);
    }, errorHandler);
},errorHandler);
```

另外，如果已经知道 filesystem:网址，还可以使用 resolveLocalFileSystemURL()方法获取到 FileEntry 对象，然后进行赋值、移动、重命名等其他操作。例如根据 filesystem:网址获取 FileEntry 对象后，再调用 copyTo 方法复制文件的代码如下：

```
window.resolveLocalFileSystemURL = window.resolveLocalFileSystemURL ||
window.webkitResolveLocalFileSystemURL;
var url = 'filesystem:http://localhost/temporary/MyImage.png';
var directoryName="MyFiles";
```

```
window.resolveLocalFileSystemURL(url, function(fileEntry) {
window.requestFileSystem(window.TEMPORARY, 1024*1024, function(fs) {
    fs.root.getDirectory(directoryName, {}, function(dirEntry) {
        fileEntry.copyTo(dirEntry);
    },errorHandler);
},errorHandler);
});
```

测试题

（1）在 HTML5 中，什么文件是存储二进制文件的基础？

（2）在 HTML5 中，File 对象与 Filelist 对象有什么区别？

（3）在 HTML5 中加载文件时，如何根据文件的修改日期显示文件？

（4）在 HTML5 中如何判断浏览器是否支持 FileReader 对象？

（5）使用 FileSystem API 创建文件时可以创建哪种类型的文件？

（6）如何使用 FileSystem API 复制文件夹中的多个文件？

9.5　本章小结

　　本章主要介绍了 HTML5 中 File API 的基本概念及读取文件操作的一些方式，包括 Blob 对象、File 对象、FileList 对象和 FileReader 对象，以及使用 FileReader 对象读取文件的方法和事件，同时还介绍了 FileSystem API 中关于文件和文件夹的创建、复制、删除、移动等操作。通过本章的学习，读者应该对 File API 有一个基本的认识，并掌握在 HTML5 中文件和文件夹的操作方法。

第 10 章

拖放 API 与桌面通知 API

HTML5 不仅为开发人员提供了很多便利，而且还在 Web 展现方面增强了很多功能。拖放 API 实现了用户与界面的友好交互，而桌面通知 API 则突破了传统通知只能在一个页面显示的束缚。本节将针对这两个 API 的使用方法进行详细介绍。

10.1　拖放 API（Drag and Drop API）

在 HTML5 语言中，直接提供了拖放 drag 和 drop 的 API，原本只能实现在浏览器内的拖放，现在还可以实现在不同的应用程序之间的拖放。拖放——抓取一个对象后将其拖到另一个位置，在 HTML5 语言中，任何元素都能够被拖放。基本上所有的新版本浏览器都支持拖放功能。

10.1.1　实现拖放的步骤

实现拖放的步骤主要有两个。

（1）将对象的属性设置为可拖放，即 draggable="true"。

（2）编写有关拖放事件的处理函数。

与拖放相关的事件如下表所示。

事　件	产生事件的元素	描　述
dragstart	被拖放的元素	开始拖放操作
drag	被拖放的元素	拖放过程中
dragenter	拖放过程中鼠标经过的元素	被拖放的元素开始进入本元素的范围内
dragover	拖放过程中鼠标经过的元素	被拖放的元素正在本元素范围内移动

（续表）

事　件	产生事件的元素	描　述
dragleave	拖放过程中鼠标经过的元素	被拖放的元素离开本元素的范围
drop	拖放的目标元素	有其他元素被拖放到了本元素中
dragend	拖放的目标元素	拖放操作结束

10.1.2　使用 DataTransfer 对象

dataTransfer 对象是事件对象的一个属性，用于从被拖拽元素向放置目标传递字符串格式的数据。因为它是事件对象的属性，所以只能在拖放事件的事件处理程序中访问 dataTransfer 对象。在事件处理程序中，可以使用这个对象的属性和方法来完善拖放功能。

1. dataTransfer 的属性

- dropEffect 属性：表示拖放操作的视觉效果。该效果必须在用 effectAllowed 属性指定的允许的视觉效果的范围内，允许指定的值为 none、copy、link、move。
- effectAllowed 属性：用来指定当元素被拖放时所允许的视觉效果，可以指定的值为 none、copy、copyLink、copyMove、link、linkMove、move、all、unintialize。
- type 属性：存入数据的种类，字符串的伪数组。

2. dataTransfer 的方法

- void clearData(DOMString format)方法：清除 DataTransfer 对象中存放的数据，如果省略参数，则清除全部数据。
- void setData(DOMString format, DOMString data)方法：向 DataTransfer 对象内存入数据。
- DOMString getData(DOMString format)方法：从 DataTransfer 对象中读取数据。
- void setDragImage(Element image, long x, long y)方法：用 img 元素来设置拖放图标（部分浏览器中可以用 canvas 等其他元素进行设置）。

setData()方法在拖放开始时向 dataTransfer 对象中存入数据，用 type 属性来指定数据 MIME 类型，在拖动结束时读取 dataTransfer 对象中的数据。clearData()方法可以用来清除 DataTransfer 对象中的数据。

10.1.3　设置拖放时的视觉效果

dropEffect 属性与 effectAllowed 属性结合起来可以设置拖放时的视觉效果。effectAllowed 属性表示当一个元素被拖动时所允许的视觉效果，一般在 ondragstart 事件中设置，允许设置的值为 none、copy、copyLink、copyMove、link、linkMove、move、all、unintialize。dropEffect 属性表示实际拖放时的视觉效果，一般在 ondragover 事件中设置，允许设置的值为 none、copy、link、move。dropEffect 属性所表示的实际视觉效果必须在 effectAllowed 属性所表示的允许的视觉效果范围内。规则如下：

- 如果 effectAllowed 属性设置为 none，则不允许拖放元素。
- 如果 dropEffect 属性设置为 none，则不允许被拖放到目标元素中。

- 如果 effectAllowed 属性设置为 all 或不设置，则 dropEffect 属性允许被设置为任何值，并且按指定的视觉效果进行显示。
- 如果 effectAllowed 属性设置为具体效果（不为 none、all），dropEffect 属性也设置了具体视觉效果，则两个具体效果值必须完全相等，否则不允许将被拖放元素拖放到目标元素中。

10.1.4　自定义拖放图标

除了上面所说的使用 effectAllowed 属性与 dropEffect 属性外，在 HTML5 中还允许自定义拖放图标——是指在利用鼠标拖动元素的过程中，位于鼠标指针下部的小图标。

DataTransfer 对象有一个 setDragImage() 方法，该方法有三个参数：第一个参数 image 设置为拖放图标的图标元素；第二个参数为拖放图标离鼠标指针的 x 轴方向的位移量；第三个参数是拖放图标离鼠标指针 y 轴方向的位移量。

```
var src = document.getElementById("img01");
    //开始拖放操作
        src.ondragstart = function (e) {
            //创建一个 img 元素，并设置其 src 和 width 属性
            var dragIcon = document.createElement('img');
            dragIcon.src = 'img/dragimg.png';
            dragIcon.width = 100;
            //获取 dataTransfer 对象，设置自定义拖放图标
            var dt = e.dataTransfer;
            dt.setDragImage(dragIcon, -10, -10);
        };
```

10.1.5　实例：选择图形

在本例中综合运用 HTML5 的拖放 API，将图形中的颜色拖放到对应的区域。实现的相关代码如下：

```
<!DOCTYPE HTML>
<html>
<head>
<meta charset="utf-8"/>
<style type="text/css">
#div1, #div2, #div3, #div4
{
    border: 3px dashed #ccc;
    float: left;
    margin: 10px;
    min-height: 100px;
    padding: 10px;
    width: 220px;
}
</style>
```

```
<script type="text/javascript">
//关闭默认处理
function allowDrop(e)
{
    e.preventDefault();
}
//拖放操作
function drag(e)
{
    //设置传递的对象
    e.dataTransfer.setData("Text",e.target.id);
    //设置自定义拖动图标
    var dragIcon = document.createElement('img');
    dragIcon.src = 'img/dragimg.png';
    var dt = e.dataTransfer;
    dt.setDragImage(dragIcon, -10, -10);
}

function drop(ev)
{
    ev.preventDefault();
    //获取传递过来的对象
    var data=ev.dataTransfer.getData("Text");
    //将新对象加入到该对象中
    ev.target.appendChild(document.getElementById(data));
}
</script>
</head>
<body>

<div id="div1" ondrop="drop(event)" ondragover="allowDrop(event)">
   <h2>请选择颜色</h2>
   <img src="img/bg_01.png" draggable="true" ondragstart="drag(event)"
id="drag1" />
   <img src="img/bg_02.png" draggable="true" ondragstart="drag(event)"
id="drag2" />
   <img src="img/bg_03.png" draggable="true" ondragstart="drag(event)"
id="drag3" />
   </div>
   <div id="div2" ondrop="drop(event)" ondragover="allowDrop(event)">
      <h2>红色</h2>
   </div>
   <div id="div3" ondrop="drop(event)" ondragover="allowDrop(event)">
      <h2>绿色</h2>
   </div>
```

```
<div id="div4" ondrop="drop(event)" ondragover="allowDrop(event)">
    <h2>蓝色</h2>
</div>
</html>
```

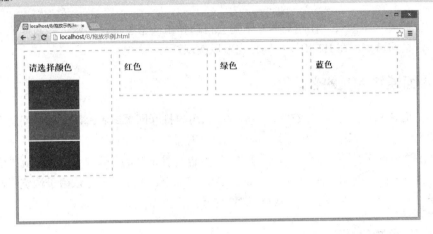

拖放前的效果

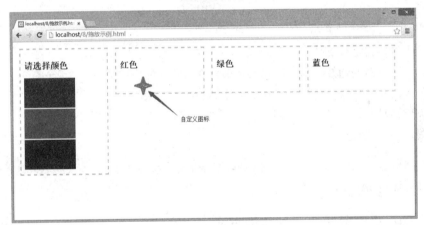

拖放过程中的效果

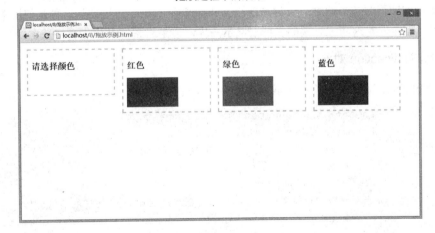

拖放后的效果

10.2 桌面通知 API（Notification API）

有时我们打开一个网页，在网页的右下角会自动弹出一个窗口，显示一些新闻或导航之类的信息，这就是桌面通知。在 HTML5 中同样也可以实现这样的功能。

10.2.1 桌面通知 API 的必要性

以往的桌面通知都是将消息放在一个 div 中，当用户打开网页或者每隔一段时间就会在网页的右下角自动弹出消息。使用这种方式实现的消息推送功能，只能局限在某一个网页上推送消息，如果用户离开了这个网页，即使有消息推送过来，用户也是看不到的，除非用户返回到推送消息的网页。而在 HTML5 中，使用 webkitNotification 或 Notification 生成的消息依附于浏览器，只要浏览器始终打开，无论用户正在浏览哪个网页，都能看到推送的消息。

10.2.2 桌面通知生成流程

在 HTML5 中生成一个桌面通知，可参照以下流程：

（1）检查浏览器是否支持 Notification。
（2）检查浏览器的通知权限，浏览器必须允许通知才能生成消息。
（3）如果浏览的权限不够，需要获取浏览器的通知权限。
（4）创建消息通知。
（5）展示消息通知。

提示 早期的 chrome 浏览器支持 webkitNotification 对象，但是目前的 chrome 浏览器不支持，仅支持 Notification 对象。

10.2.3 实例：桌面通知的两种实现方法

桌面通知的实现方式有两种：一种是使用 webkitNotification 对象；另一种是使用 Notification 对象。虽然各浏览器对这两个对象的支持情况不一样，但是真正标准化后会统一支持。

1. webkitNotification 对象

使用 webkitNotification 对象创建桌面消息的代码如下：

```
document.getElementById("nButton").onclick = function(){
        if(window.webkitNotifications){
            if(webkitNotifications.checkPermission==0){
            var icon_url = "http://www.baidu.com/";
            var title = "桌面消息";
            var body = "这是通过 webkitNotifications 对象发送的消息！";
            var WebkitNotification = webkitNotifications.createNotification
(icon_url, title, body);
            WebkitNotification.show();
```

```
        }else{
            document.getElementById("rbutton").onclick = function () {
                webkitNotifications.requestPermission();
            };
        }
    }else alert("您的浏览器不支持桌面通知特性，请下载谷歌浏览器试用该功能");
};
```

在这段代码中，首先通过 button 对象的 id 获取该对象，并为该对象的 onclick 事件添加函数，再通过 window.webkitNotifications 判断浏览器是否支持 notification，如果不支持，就直接通过 alert 弹出消息提示；如果支持，就通过 webkitNotifications.checkPermission 判断当前页面是否允许发送通知。checkPermission 方法将返回 0,1,2 三个值，0 代表 PERMISSION_ALLOWED，即"允许"；1 代表 PERMISSION_NOT_ALLOWED,即"不允许"；2 代表 PERMISSION_OENIED，即拒绝。如果权限不够，就需要通过另外一个 button 的 onclick 事件，使用 webkitNotifications.requestPermission()方法获取权限。调用该方法后，浏览器的信息栏会弹出一个是否允许桌面通知的提醒。该方法只能由用户主动触发事件，如 click 或 mouse over，也就是说不能在 document.ready 里面直接调用该方法。获取权限后，通过 webkitNotifications.createNotification 方法实例化一个 webkitNotifications 对象，最后通过 notification.show 方法在浏览器的右下角弹出一个通知窗口。如果需要关闭通知窗口，则可以调用 notification.cancel 方法。

2. Notification 对象

使用 Notification 对象创建桌面消息的代码如下：

```
document.getElementById("nButton").onclick = function () {
    if (window.Notification){
        if(Notification.permission=="granted"){
            var notification = new Notification("桌面消息",{body:"这是由
Notification 对象创建的桌面消息！"});
        }else {
            document.getElementById("rButton").onclick = function (){
                Notification.requestPermission();
            };
        };
    }else alert("你的浏览器不支持此特性，请下载谷歌浏览器试用该功能");
};
```

在这段代码中，通过 window.Notification 判断浏览器是否支持 notification，如果不支持，就给出提示消息；如果支持，就进一步通过 Notification.permission 获取用户是否希望启用通知。如果返回 default，则等同于 denied，意味着用户不想启用通知；如果返回 granted，则意味着用户同意启用通知。这里需要注意的是，permission 属性是只读的，不能手动进行修改。

如果用户没有启用通知，则可以通过 Notification.requestPermission 方法请求浏览器启用通知，此时浏览器信息栏会弹出一个是否允许桌面通知的提醒，如下图所示，单击"允许"按钮即可。

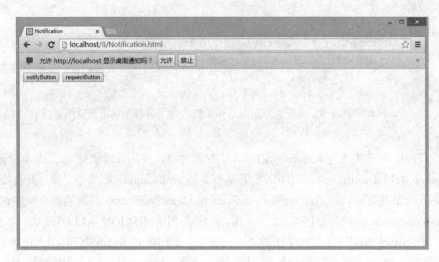

如果用户启用通知，就可以通过 Notification 实例化一个通知，实例化该对象时有两个参数，第一个参数是通知的标题，第二个参数是一组键值对，用于设置通知的内容等信息。Notification 对象没有 show 方法，在 Notification 实例化时，浏览器就已经自动处理 Notification 的显示过程了，桌面通知的效果如下图所示。利用鼠标单击桌面通知即可将其关闭，或者调用 Notification.close 方法也可以将其关闭。

测试题

（1）在 HTML5 中，要实现拖放效果，需要将对象的哪个属性设置为 true？

（2）在 HTML5 的拖放操作中使用什么对象传递数据？

（3）在 HTML5 中，能否为拖放操作自定义图标？如何实现？

（4）HTML5 中的桌面通知与传统的桌面通知相比有哪些优势？

（5）在 HTML5 中，如何判断浏览器是否支持 Notification？

（6）在 HTML5 中，实现桌面通知有哪两种方法？

10.3　本章小结

本章主要介绍了 HTML5 中拖放 API 和桌面通知 API 的使用方法。通过本章的学习，读者应该掌握使用拖放 API 实现拖放的步骤，以及自定义拖放图标的实现方法。对于桌面 API，读者应该了解使用 webkitNotification 对象创建桌面通知的方法，并熟练掌握使用 Notification 创建桌面通知的方法。

第**11**章

本地存储与离线应用

本地存储和离线应用是 HTML5 中的两个特性。本地存储实现了 Web 应用对数据本地化存储的功能，也为 Web 应用操作本地数据提供了一个标准。离线应用最大程度上满足了 Web 应用在离线状态下的正常操作，延伸了 Web 应用的功能。

11.1 认识 Web Storage

Web Storage 就是一种让 Web 页面能够以键值对的形式，在客户端 Web 浏览器中将数据存储在本地的方法。这个概念和 cookie 相似，但是 cookie 有 4KB 大小的限制，且在用户离开 Web 站点、关闭标签、退出浏览器时数据会丢失，而 Web Storage 则会将这些数据保存在本地。

11.1.1 客户端数据存储的历史与现状

对于客户端数据存储来说，桌面应用程序一直优于 Web 程序。桌面应用程序可以将程序运行状态和一些参数信息存储于注册表、ini 文件、嵌入式数据库或自定义的任何格式的文件中，而 Web 程序在客户端数据存储方面一直表现不佳。

cookie 发明之后，虽然 Web 程序可以在本地存储少量数据，但随着需求的不断增长，Web 程序需要更大的存储空间，并且不受页面刷新的影响，同时也不需要提交到服务器。于是，Microsoft 发明了 DHTML 行为（DHTML Behaviors），其中有一个行为叫作 userData（用户数据）。userData 允许每一个域名的页面保存 64KB 数据，包括有层次结构的基于 XML 的结构。随后 Adobe 公司在其系列产品 Flash 上不断改进本地存储的功能，Google 公司也开发出了针对本地存储的浏览器插件，并嵌入基于 SQLite 的嵌入式数据库。

在 HTML5 之前，如果要解决客户端数据存储的问题，要么选择特定的浏览器，要么安装第三方插件。而 HTML5 很好地解决了这一问题，提供了一套标准的 API，多种浏览器提供支持，不需要安装第三方插件，这就是 Web Storage。

11.1.2 Web Storage 概述

Web Storage 是 HTML5 引入的一个非常重要的功能，可以在客户端本地存储数据，而这种存储是在 Web 上的数据存储。具体来说，Web Storage 又分为以下两种。

1. sessionStorage

sessionStorage 是将数据保存在 session 对象中。session 是指用户浏览网站所花费的时间，session 对象中可以保存任何数据。但是浏览器一旦关闭，session 中保存的数据就会丢失。

2. localStorage

localStorage 是将数据保存在客户端本地，通常情况下都会保存在硬盘或存储介质中，这样即使关闭了浏览器，数据仍然存在，下次访问网站时还可以继续使用。

不难看出，sessionStorage 是一种临时存储数据的方法，而 localStorage 则可以将数据持久保存下来，这就是两者的区别。

无论是 sessionStorage 还是 localstorage，都可以使用相同的 API 操作数据，如下表所示。

方　法	描　述
setItem(key,value);	保存数据
getItem(key);	读取数据
removeItem(key);	删除单个数据
clear();	删除所有数据
key(index);	得到某个索引的 key

提示　这里的 key 和 value 必须是字符串，也就是说，Web Storage 的 API 只能操作字符串。

11.1.3 实例：一个 Web Storage 的简单应用

在本实例中，我们要实现一个简易 Web 日记本的功能，通过录入标题和日记内容，将信息保存在 localStorage 中，并将已经保存的信息以标题的形式显示在列表中，同时能够根据标题查找相应的日记。相关的代码如下：

```
<!DOCTYPE HTML>
<html>
<head>
<meta charset="utf-8"/>
<title>11.1.1</title>
<script language="javascript">
//保存数据
function save(){
    var title = document.getElementById("txtTitle").value;
    var content = document.getElementById("txtContent").value;
    localStorage.setItem(title,content);
```

```
            document.getElementById("txtTitle").value="";
            document.getElementById("txtContent").value="";
            loadAll();
    }
    //查找数据
    function search(){
            var title = document.getElementById("searchTitle").value;
        if(title==""){
            loadAll();
        }
        else{
            var content = localStorage.getItem(title);
            var searchContent = document.getElementById("searchContent");
            searchContent.innerHTML ="<h2>"+title+"</h2>"+ content;
        }
    }
    //加载数据
    function loadAll(){
        var list = document.getElementById("list");
        if(localStorage.length>0){
            var result = "<ul>";
            for(var i=0;i<localStorage.length;i++){
                var title = localStorage.key(i);
                result += "<li>"+title+"</li>";
            }
            result += "</ul>";
            list.innerHTML = result;
        }else{
            list.innerHTML = "还没有写日记，现在就开始写吧！";
        }
    }
</script>
</head>
<body>
<div>
  <hgroup style="margin-bottom:10px">
    <label>标题：</label>
    <input type="text" id="txtTitle" name="txtTitle"/>
  </hgroup>
  <hgroup style="margin-bottom:10px">
    <label>内容：</label>
    <textarea id="txtContent" rows="15" cols="50" ></textarea>
  </hgroup>
  <input type="button" onclick="save()" value="新　增"/>
  <hr/>
```

```
<label for="search">标题: </label>
<input type="text" id="searchTitle" name="searchTitle"/>
<input type="button" onclick="search()" value="查  找"/>
<p id="searchContent"><br/>
</p>
</div>
<br/>
<div id="list"> </div>
</body>
</html>
```

界面效果如下图所示。

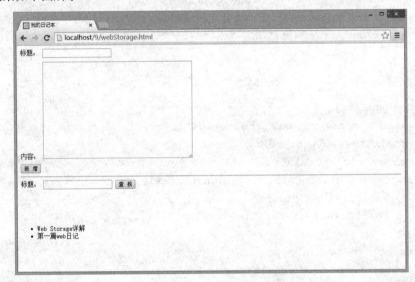

这个界面的元素非常简单,相关功能都是通过 javascript 实现的。在这段代码中,save 方法用于保存录入的标题和内容,保存完成后,清除标题框和内容框的信息,最后调用 loadAll 方法加载所有已经保存的信息,以标题列表的形式展现。在查询区域的标题栏中输入要查找的标题名称,单击查找按钮时调用 search 方法,按标题查找相关内容。

11.2　使用 Web Storage

通过以上的介绍,我们对 Web Storage 有了一个基本的认识。下面我们就来详细介绍 Web Storage 在使用过程中需要注意的一些问题。

11.2.1　检测浏览器的支持

虽然目前已经有很多浏览器都支持 Web Storage 功能,但是在实际使用过程中,我们仍然需要对浏览器的支持进行检测,避免某些浏览器不支持 Web Storage 而出现问题。检测浏览器是否支持 Web Storage 的代码非常简单,如下所示:

```
if(window.sessionStorage){
    console.log("您的浏览器支持 sessionStorage！");
}else{
    console.log("抱歉！您的浏览器不支持 sessionStorage！");
}
if(window.localstorage) {
    console.log("您的浏览器支持 localStorage！");
}else {
    console.log("抱歉！您的浏览器不支持 localStorage！");
}
```

11.2.2　存入与读取数据

无论是 sessionStorage 还是 localStorage，都使用相同的 API 方法对数据进行存入和读取。读入数据时使用 setItem(key,value)方法，读取数据时使用 getItem(key)方法。例如将 key 为"name"，value 为"张三"的数据保存到 localStorage 中，可以使用以下代码。

```
localStorage.setItem(name,"张三");
```

如果要将该值从 localstorage 中取出，就可以使用以下代码。

```
localStorage.getItem(name);
```

在 localStorage 中，所有的数据都是以键值对的形式存在，作为 key 的键是唯一的，不能重复，如果重复，后面保存的 value 值将会覆盖之前的值。所以，如果要修改某个 key 的 value 值，就可以用相同的 key，不同的 value 再次保存数据。sessionStorage 的用法相同。

另外，sessionStorage 和 localStorage 除了能保存字符串数据外，还可以保存 JSON 格式的数据。例如我们有一个数据同时包含多个字段的数据，如 name、age、email 等，此时就可以定义一个 JSON 格式的字符串，再通过 setItem 方法进行保存，但是需要对 value 值使用 JSON.stringify 方法进行转换。相关代码如下：

```
var userInfo ={
    name:"张三",
    age:"24",
    email:"sanz@163.com"
};
localStorage.setItem("userInfo",JSON.stringify(userInfo));
```

读取 JSON 格式的数据也有一些不同，我们使用 getItem 方法获取数据后，同样还需要使用 JSON.parse 方法进行转换获取一个新的对象。如果要获取对象中某个属性的值，可以使用以下代码：

```
var newUserInfo=JSON.parse(localStorage.getItem("userInfo"));
var name=newUserInfo.name;
var age=newUserInfo.age;
var email=newUserInfo.email;
```

11.2.3　清除数据

对于已经保存的 sessionStorage 和 localStorage 数据，我们可以通过浏览器进行删除，也可以通过调用 removeItem(key)或 clear()方法进行删除。

如下图所示，在 Chrome 浏览器中打开开发者工具选项，在 Resources 选项卡中单击左边的 localStorage 或 SessionStorage，就可以查看当前浏览器本地存储的数据，在需要删除的数据上单击鼠标右键，选择删除命令即可删除数据。

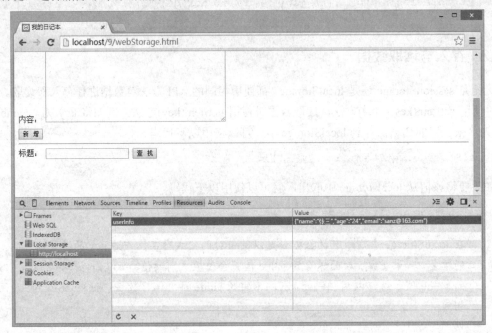

11.2.4　遍历操作

在 11.1.3 节的示例中，我们编写了一个 loadAll 方法，用于加载所有本地数据。在该方法中，我们使用 localStorage.length 属性获取当前浏览器本地数据的所有数目，然后通过 for 循环遍历这些数据，并使用 localStorage.key(i)方法获取每条数据的 key 值。

所以，要对 Web Storage 进行遍历，首先需要知道当前浏览器的 Web Storage 中有多少条数据，然后才能对其进行遍历操作。

不同的浏览器对于本地存储数据的位置不一样，所以当前浏览器存储的本地数据，不能通过其他浏览器读取。

11.2.5　storage 事件

HTML5 中还有一个 storage 事件，当 WebStorage 发生变化时触发，可以用来监视不同页面对 storage 的修改。使用方法如下：

```
window.onload=function(){
    if(window.addEventListener){
```

```
    window.addEventListener("storage",handle_storage,false);
    }else if(window.attachEvent){
    window.attachEvent("onstorage",handle_storage);
    }
}
function handle_storage(e){
    if(!e){e=window.event;}
    showStorage(e);
}
function showStorage(e){
    if(!e){return;}
    console.log("url="+e.url);
    console.log("newValue="+e.newValue);
    console.log("oldValue="+e.oldValue);
    console.log("key="+e.key);
}
```

在页面初始化时添加 storage 事件，事件 e 是一个 StorageEvent 对象，提供了很多属性，这里介绍几个比较实用的。

- key: 键值对的键。
- oldValue: 修改之前的值。
- newValue: 修改之后的值。
- url: 触发页面改动的 url 地址。

storage 事件不能取消，在 handle_storage 回调函数中，没有方法能够终止事件。

11.3 离线应用

互联网正越来越深刻地改变着我们的生活，Web 应用程序也在各个领域发挥着越来越重要的作用，如果没有互联网，那么所有的 Web 应用都将无法访问，这样会严重影响人们的生活。因此，在 HTML5 中新增了对离线应用的支持。

11.3.1 离线应用概述

离线应用是指在客户端与服务器失去连接时，仍然可以通过本地客户端进行操作。要让 Web 应用程序在离线状态下也能正常工作，就需要将 Web 应用程序的资源文件缓存在本地，当无法访问互联网时，还可以使用这些缓存文件运行 Web 程序。

11.3.2 离线资源缓存

在访问某一个网页时，浏览器缓存会将该网页所需要的所有资源缓存在本地，如 HTML 文件、CSS 文件和 JavaScript 脚本等，但这些缓存只服务于这一个网页，而且我们不知道具体都缓存了哪些资源。本地缓存可以很好地为整个 Web 应用程序服务，我们可以指定哪些文件需要缓存，哪些文件不需要缓存，如有需要，还可以对这些缓存资源进行更新。离线资源缓存就是用于指定应用程序在离线工作时需要缓存哪些资源文件，通过 cache manifest 文件指定需要缓存的资源。当浏览器首次在线访问站点时，浏览器会根据离线资源缓存指定的文件；当失去连接处于离线状态时，再次访问应用程序，浏览器会自动加载这些缓存文件，保证用户在离线状态下也可以使用 Web 应用程序。

11.3.3 Cache Mainfest 基本用法

在离线状态下，用户访问的网页将无法显示，如果给网页添加了 Cache Mainfest 文件，指定需要缓存的资源，这样就可以支持离线访问。Cache Mainfest 文件以 appcache 为后缀名，可以为某一个页面单独指定一个 Cache Mainfest 文件，也可以为整个站点指定一个 Cache Mainfest 文件。

在 Cache Mainfest 文件中，可以指定需要缓存的各种资源，如 HTML 文件、CSS 文件和 JavaScript 脚本等。有了 Cache Mainfest 文件，还需要在 HTML 元素的 mainfest 属性中指定对应的 Cache Mainfest 文件，这样当用户首次在线访问网页时，浏览器会根据 Cache Mainfest 文件的设置缓存相关的资源文件，而当用户离线访问时，这个 Web 应用也可以正常使用。以下是 Cache Mainfest 文件的示例代码：

```
CACHE MANIFEST
# VERSION 1.0
# 直接缓存的文件
CACHE:
action.html
topbox.css
topbox.js
images/topbox.png
# 需要在线缓存的文件
NETWORK:
online.html
# 替代方案
FALLBACK:
online.js    offline.js
CACHE:
images/midbox.png
```

注 意
　服务器必须支持 text/cache-manifest 这个 MIME 类型才能正确使用离线缓存，因为 HTML5 中规定 manifest 文件的 MIME 类型是 text/cache-manifest。如果使用的服务器是 Apache 服务器，则需要在设置中找到 mime.types 文件，然后在文件的最后添加下面这段代码。

```
text/cache-manifest manifest
```

如果使用的是 IIS 服务器，则需要进行以下设置：

（1）右键选择默认网站或需要添加类型的网站，弹出属性对话框。

（2）选择"HTTP 头"标签。

（3）在 MIME 映射下，单击文件类型按钮。

（4）在打开的 MIME 类型对话框中单击新建按钮。

（5）在关联扩展名文本框中输入"manifest"，在内容类型文本框中输入"text/cache-manifest"，然后单击确定按钮。

11.3.4　分析 Cache Mainfest 文件

在编写 Cache Mainfest 文件时，需要遵守 Cache Mainfest 文件的书写格式。以上面这段 Cache Mainfest 文件为例，相关的格式要求如下：

（1）首行必须是 CACHE MANIFEST。

（2）注释的内容另起一行，以#开头。

（3）建议添加 Cache Mainfest 文件的版本信息，如"# VERSION 1.0"。

（4）直接缓存资源归属于 CACHE 类型，每行列出一个需要缓存的资源文件名称，浏览器会自动将这些资源文件缓存在本地。

（5）在线缓存资源归属于 NETWORK 类型。这些资源文件在客户端与服务器建立连接时才能访问，如果没有在线缓存的资源，则可以使用通配符"*"。

（6）替代资源文件归属于 FALLBACK 类型，每行列出两个资源文件名称，第一个资源文件用于在线访问时使用，第二个资源文件用于离线访问时使用。

（7）CACHE、NETWORK 和 FALLBACK 类型都是可选类型，如果文件开头没有指定资源文件类型，浏览器默认将其视为 CACHE 类型进行解析，直到遇见第一个可以解析的类型为止。

（8）一个文件中可以出现多个 CACHE 类型。

11.3.5　在线状态监测

对于静态页面而言，通过离线资源缓存即可支持离线访问，但是对于可交互的动态网页而言，要实现离线应用功能，就需要知道当前浏览器是否在线。如果在线，用户提交的数据就可以直接保存在服务器上；如果离线，就可以将数据保存在本地，待在线后，再把数据同步到服务器上。

在 HTML5 中，可以通过 navigator.onLine 属性检测当前浏览器是否在线。如果返回 true，则表示浏览器在线；如果返回 false，则表示浏览器离线。当浏览器在线和离线状态进行转换时，navigator.onLine 属性的值也会发生相应的变化。

在开发离线应用时，不仅需要获取当前网络状态，还需要在网络状态发生变化时触发 online 或 offline 事件，通知用户当前网络状态的变化。online 和 offline 事件将触发在 body 元素上，并沿着 document.body、document 和 window 的顺序依次向上传递。

11.3.6　实例：创建离线应用

通过对以上内容的学习，我们已经掌握了 HTML5 离线应用的创建方法，下面将通过一个简单的案例来详细介绍创建离线应用时需要注意的各个方面。首先我们来看 Web 页面的 HTML 代码：

```
<!doctype html>
<html manifest="index.appcache">
```

```html
<head>
    <meta charset="utf-8">
    <title>11.3.1</title>
    <script language="javascript" src="index.js"></script>
</head>
<body>
<img id="myImage" width="300" height="180"  src="MyImage.png" />
<hr>
<input type="button" onClick="Show();" value="监测浏览器状态" /><h2 id="msg">
</h2>
<hr>
<h2>替代资源<img id="FallBackImg" width="20" height="20"
src="ImgOnLine.png"/></h2>
</body>
</html>
```

在这段代码中，我们首先给页面引入一个名为"index.appcache"的 Cache Mainfest 文件，然后引入一个名为"index.js"的 JavaScript 文件。页面主体的顶端是一张 id 名为"myImage"的图片，图片下面是一条分割线，分割线下面是一个按钮，通过单击该按钮，显示应用当前是否在线的提示信息，最下面是一条提示信息，用于显示替代资源效果。这个页面的初始效果如下图所示。

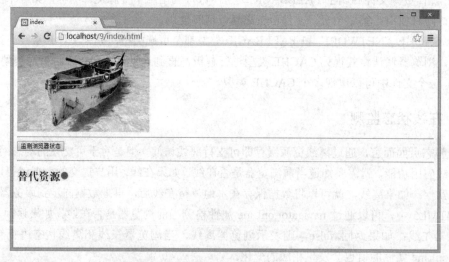

接下来，我们编写 index.appcache 文件的代码。

```
CACHE MANIFEST
# VERSION v1.0
CACHE:
MyImage.png
index.js
ImgOffLine.png


NETWORK:
*
```

```
FALLBACK:
ImgOnLine.png ImgOffLine.png
```

文件第一行是 Cache Mainfest 文件的标准写法；第二行是注释信息，用于描述该文件的版本；第三行用于标注 CACHE 类型资源，在该文件中，只缓存 MyImage.png、index.js 和 ImgOffLine.png 三个文件。接下来是 NETWORK 类型文件，这里用 "*" 通配所有文件。在 FALLBACK 类型文件中，我们用 ImgOffLine.png 替代 ImgOnLine.png 文件。

在 index.js 文件中，我们为按钮编写相应的脚本文件，代码如下：

```
function Show()
{
    var msg=document.getElementById("msg");
    if(navigator.onLine){
        msg.innerHTML="在线<img id='state' width='20' height='20'
src='ImgOnLine.png'/>";
    }else{
        msg.innerHTML="离线<img id='state' width='20' height='20'
src='ImgOffLine.png'/>";
    }
}
```

在这段脚本文件中，navigator.onLine 用于检测浏览器是否在线。如果在线，则为 img 文件指定一张绿色的在线图片；如果离线，则为 img 文件指定一张红色的离线图片。

至此，本案例所有的代码已经编写完成，接下来按照以下步骤进行测试。

（1）在线浏览。确保浏览器在线的情况下浏览页面，并单击按钮进行测试。按 F12 键打开开发者工具，选择 Resources 选项卡，然后依次展开左边的 Application Cache 节点，效果如下图所示。

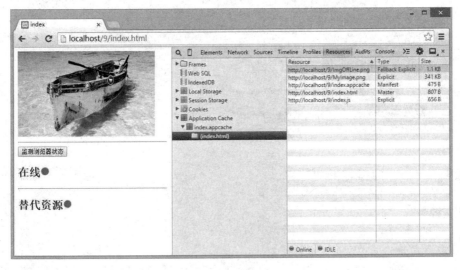

检测结果是浏览器在线并显示绿色图标，同时替代资源也显示绿色图标。在 Application Cache 节点中可以看到，浏览器已经根据 index.appcache 的设置缓存了各个文件，而且开发者工具窗口底端显示 online 在线。

（2）离线浏览。断开网络连接，按 F5 键刷新页面，单击测试按钮进行测试，效果如下图所示。

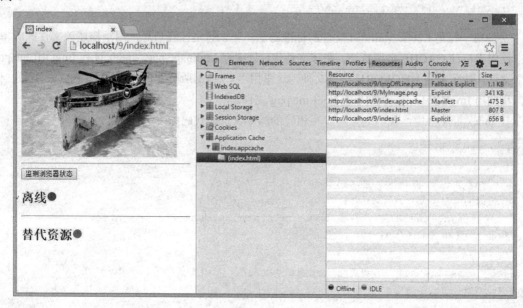

检测结果是浏览器离线并显示红色图标，说明 index.js 文件已经缓存成功。页面顶端的图片因为离线缓存也能够正常浏览，开发者工具窗口底端显示 offline 离线，说明浏览器已经处于离线状态，但是替代资源依然显示为绿色图标，这与我们期待的不符。

（3）移除资源文件。因为我们在一台计算机上进行测试，这台计算机既作为服务端又作为客户端，所以我们无法判断浏览器的替代资源是否有效，需要在本地目录下移除 ImgOnLine.png 文件，以确保本地确实不存在该文件，然后刷新页面，效果如下图所示。

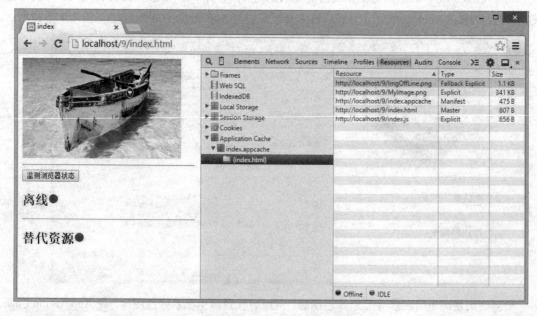

由此可知，在离线状态下，浏览器没有缓存 ImgOnLine.png 文件，所以使用替代资源 ImgOffLine.png 替代了该文件。

测试题

（1）Web Storage 分为哪两种？哪种可用于持久保存数据？

（2）如何检测浏览器是否支持 HTML5 的 Web Storage 功能？

（3）如何使用 Web Storage 存入和读取数据？

（4）在 HTML5 中 Cache Mainfest 文件的第一行必须是什么？

（5）HTML5 中规定 Cache Mainfest 文件的 MIME 类型是什么？

（6）HTML5 离线缓存应用中如何检测浏览器是否在线？

11.4　本章小结

本章主要介绍了 HTML5 中本地存储和离线应用。通过本章的学习，读者应该熟练掌握 Web Storage 存入和读取数据的方法，并能清除不需要的本地存储数据。在使用 HTML5 的离线应用时，必须对服务器的 MIME 类型进行设置，确保离线应用的功能。要熟练掌握 Cache Mainfest 文件的编写方法，以及离线应用在线监测的使用方法。

第12章

Communication API

HTML5 提供了在网页文档之间互相接收与发送信息的功能，是由 Communication API 提供。使用该功能，可以根据网页窗口对象的实例，实现跨文档消息通信。而 XML HttpRequest 的升级版实现了跨源 XML HttpRequest 和进度事件功能。本章将详细介绍这些功能的使用方法。

12.1　认识 Communication API

跨文本消息通信（Cross Document Messaging）和 XML HttpRequestLevel 2 是构成实时跨源通信的两个模块，也是本章将要介绍的 Communication API。通过 Communication API，无论是同域还是不同域，都可以创建安全通信的 Web 应用。

12.1.1　Communication API 简介

通信（Communication）API 是 HTML5 中用来实现正在运行的两个页面之间进行通信和信息共享的 API，在开发 Web 应用程序时，其主要功能就是实现应用程序进程之间的通信。例如 A 页面要将一段信息发送给 B 页面，待 B 页面接收到信息后，这个通信的过程就算完成了。在这个通信过程中，即使 A 页面和 B 页面处于不同的域，也可以完成通信。

12.1.2　Communication API 运行流程

正如上面的举例，Communication API 的运行流程就是一个完整的通信过程。首先，我们将发送消息的页面称为 Host Page，接收消息的页面称为 Client Page。其次，消息由 Host Page 发出，发送的方式有两种：第一种称为指定目标发送，即消息发送给确定的 Client Page 页面；第二种称为广播发送消息，即消息发送给所有的 Client Page 页面。Host Page 页面发送消息后，Client Page 页面可以接收相同协议的 Host Page 页面发送过来的消息，并且在 Client Page 页面中有一个权限验证的过程，用于验证消息来源是否可信。

> 通常情况下都会使用指定目标发送，而不使用广播发送。

12.1.3　Communication API 的基本用法

消息通信的传递过程主要分为三步：第一步是发送消息；第二步是权限验证；第三步是接收消息。

（1）发送消息：发送消息时，使用 window 对象的 postMessage 方法向其他窗口发送消息。该方法的定义如下：

```
hostwindow.postMessage(message,ClientPage);
```

该方法有两个参数：第一个参数 message 表示要发送的信息文本；第二个参数 ClientPage 表示接收消息窗口的 URL 地址，如 http://localhost/10/Client.html。如果 ClientPage 使用通配符"*"，则表示全部地址，不建议使用。hostwindow 是发送消息的窗口对象引用，可以通过 window.open 返回该对象，或者通过对 window.frames 数组指定序号或名字来返回单个 frame 所属的窗口对象。

（2）权限验证：通过对 window 对象的 message 事件进行监听，访问 message 事件的 origin 属性，可以获取消息的发送源。只有确认了发送源可信才能接收消息。这里需要注意的是，发送源只包括域名和端口。

（3）接收消息：通过访问 message 事件的 data 属性，可以获取消息的内容；通过访问 message 事件的 source 属性，可以获取消息发送源的窗口对象。

12.2　跨文档消息通信详解

由于 Web 页面的多样性，因此同一浏览器中可能会出现多个标签页或窗口，同一个网页中也可能会嵌套多个页面框架，这些页面之间的通信问题因为安全原因一直受到严格限制。跨文档消息通信的出现，可以让这些页面安全地实现消息通信。

12.2.1　源安全简介

HTML5 通过引入源的概念对域安全进行了阐明和改进。源是网络上用来建立信任关系的地址的子集。源由规则（scheme）、主机（host）、端口（port）组成，如由于 scheme（https、http）不同，因此源也不同。

跨源通信通过源来确定发送者，这就使得接收方可以忽略或者拒绝来自不可信源的消息。同时需要通过添加监听事件来接收消息，以避免被不可信应用程序的信息所干扰。但是在使用外来消息时，即便是可靠的数据源，也同样需要谨慎，以防止内容注入。

12.2.2　postMessage API 基本用法

在使用 postMessage API 时，需要遵循以下步骤。

（1）检查浏览器是否支持。虽然目前很多浏览器都支持 HTML5 的 Communication API，但是在使用 postMessage API 时仍需要检查浏览器是否支持。如果浏览器的 window.postMessage 类型未被定义，则可以判断该浏览器不支持 postMessage。

```
if(typeof window.postMessage === undefined){
    //浏览器不支持 postMessage
}
```

（2）发送消息。使用 window 窗口对象的 postMessage 方法可以给指定目标发送消息，也可以给所有页面广播消息，但不建议使用广播消息。postMessage 方法的第一个参数是要发送的消息文本信息，第二个参数是接收消息窗口的 URL 地址，这个 URL 地址的域和发送消息窗口的域可以不同。

（3）监听消息事件。通过 window 对象的 message 事件添加监听，访问 message 对象的 origin 属性获取消息发送源的域，如果该域可信，则通过 message 对象的 data 属性接收消息，否则忽略。

12.2.3　实例：使用 postMessage API 创建应用

本例将通过一个主页面和子页面之间的通信来演示跨文档消息传输的过程。首先，主页面中有一个 iframe 子页面，通过单击子页面中的按钮，将子页面中文本框输入的信息传送给主页面，主页面接收到信息后将其显示在页面中。为了演示跨域通信，我们将主页面端口设置为 8080，子页面端口设置为 8081。

先来看一下主页面中的代码。

```
<!doctype html>
<html>
<head>
<meta charset="utf-8">
<title>12.2.1</title>
<script language="javascript">
window.onload=function init()
    {
        if(typeof window.postMessage === undefined){
            alert("该浏览器不支持 postMessage");
            return;
        }
        window.addEventListener("message",function(ev){
            if(ev.origin!="http://localhost:8081"){
                return;
            }
            document.getElementById("receiveMsg").innerHTML="来自
"+ev.origin+"的消息："+ev.data;
        },false);
```

```
}
</script>
</head>
<body>
    <iframe width="400" src="http://localhost:8081/" ></iframe>
    <h2 id="receiveMsg"></h2>
</body>
</html>
```

在这段代码中，页面主体部分是一个 iframe，用于显示子页面；<h2>元素用于显示从子页面发送过来的信息。当主页面加载后，我们先来检测当前浏览器是否支持 postMessage，如果不支持，则弹出提示信息并返回；如果支持，则通过 window 对象的 message 事件添加监听。通过 message 事件的 origin 属性判断消息来源是否为子页面（http://localhost:8081），如果不是，则忽略消息；如果消息确实来源于子页面，那么将通过 message 事件的 data 属性获取消息，并显示在主页面的<h2>元素中。

接下来看一下子页面中的代码。

```
<!doctype html>
<html>
<head>
<meta charset="utf-8">
<title>12.2.2</title>
<script language="javascript">
function sendMessage()
{
    var msg=document.getElementById("sendInfo").value;
    top.postMessage(msg,"http://localhost:8080");
}
</script>
</head>
<body>
<input type="text" id="sendInfo" />
<input type="button" id="btnSend" value="send" onClick="sendMessage()" />
</body>
</html>
```

在这段代码中，文本框用于接收用户输入的信息，单击按钮后，通过当前窗口对象将用户输入的信息发送到主页面（http://localhost:8080）。

注 意　主页面和和子页面虽然都是本地 URL 地址，但是它们的端口号不一样，属于不同的域。

本实例演示的效果如下图所示。

12.3 XMLHttpRequest Level 2

XMLHttp 是一套可以在 Javascript、VbScript、Jscript 等脚本语言中通过 http 协议传送或者接收 XML 及其他数据的一套 API。简而言之，XMLHttpRequest 可以实现 Ajax 技术，在不刷新整个页面的情况下更新布局页面内容。XMLHttpRequest Level 2 是 XMLHttpRequest 的新版本，本节将主要介绍新版本的一些功能。

12.3.1 跨源 XMLHttpRequest

旧版本的 XMLHttpRequest 受到同域限制，只能向同一域名的服务器请求数据，而新版本的 XMLHttpRequest 对象，可以向不同域名的服务器发出 HTTP 请求。通过 CORS（Cross-origin resource sharing，跨域资源共享）实现了跨源 XMLHttpRequest。服务器端对于 CORS 的支持，主要是通过设置 Access-Control-Allow-Origin 来进行的。如果浏览器检测到相应的设置，就会允许跨域访问。在 Apache 服务器中，需要使用 mod_headers 模块激活 HTTP 头的设置，默认是激活的。用户只需要在 Apache 配置文件的<Directory> <Location> <Files>或<VirtualHost>配置里加入以下内容即可。

```
Header set Access-Control-Allow-Origin *
```

首先创建一个 XMLHttpRequest 的实例，然后向远程主机发送一个 HTTP 请求。代码如下：

```
var xhr = new XMLHttpRequest();
xhr.open("POST", "http://localhost:8081");
xhr.send();
```

在使用"跨域资源共享"之前，首先需要确认浏览器支持此功能，而且服务器端必须同意这种"跨域"。目前大部分浏览器和部分浏览器较高的版本都支持此功能。

12.3.2 HTTP 请求时限

虽然 Ajax 技术的用户体验效果非常好，但如果数据量比较大或网速比较慢，Ajax 操作就会耗费很长时间。在新版的 XMLHttpRequest 对象中，新增加了 timeout 属性，用于设置 HTTP 的请求时间，请求超过设置的时间后将自动停止。

```
xhr.timeout = 3000;
```

上面这段代码设置了超时时限为 3000 毫秒，若过了这个时限，则 HTTP 请求将自动停止。此时可以使用 timeout 事件指定回调函数，处理超时后的其他操作。代码如下。

```
xhr.ontimeout = function(event){
    alert("请求超时！");
  }
```

12.3.3　FormData 对象

FormData 是 XMLHttpRequest 新版本中添加的一个对象，我们可以通过 JavaScript 用一些键值对来模拟一系列表单控件，还可以使用 XMLHttpRequest 的 send()方法来异步提交表单。使用 FormData 对象的 append()方法可以向该对象中添加各种类型的数据。

```
创建一个 FormData 对象。
var fmData=new FormData();
添加字符串和整型数据，整型数据会以字符串形式保存。
fmData.append("username","Sean");
fmData.append("phonenum",13655554444);
添加 File 类型数据。
<input type="file" id="inputfile" multiple />
var file=document.getElementById("inputfile").files[0];
fmData.append("inputfile",file);
添加 Blob 类型数据。
var strBlob="this is a blob object.";
var oBlob=new Blob([strBlob],{type:"text/xml"});
fmData.append("webBlob",oBlob);
```

如果一个表单中的数据非常多，就可以使用这个表单直接初始化 FormData 对象，只需要将这个 form 元素作为参数传入 FormData 对象的构造函数即可。代码如下：

```
var myForm=document.getElementById("myForm");
var oReq=new XMLHttpRequest();
oReq.open("POST","http://localhost:8081");
oReq.send(new FormData(myForm));
```

另外，通过使用 HTTP 表单初始化 FormData 对象时，还可以继续使用 append()方法向其中添加新的键值对，然后通过 send()方法发出。

12.3.4　上传文件

如果 FormData 对象中包含 File 类型的文件，那么在发送时可以将这些文件上传。例如在 Form 表单中有一个文本输入框，代码如下：

```
<form enctype="multipart/form-data" method="post" name="fileinfo">
  <input type="file" name="file" required />
</form>
<div id="msg"></div>
```

通过 HTML 表单直接初始化一个 FormData 对象，这样 FromData 对象中就包含了文件数据。然后新建一个 XMLHttpRequest 对象，使用 open()方法打开发送地址，在 onload 事件指定回调函数，并通过 XMLHttpRequest 对象的 status 属性值监听文件是否上传结束。相关代码如下：

```
var msg=document.getElementById("msg");
var fData=new FormData(document.forms.item("fileinfo"));
var oReq=new XMLHttpRequest();
oReq.open("POST","http://localhost:8081",true);
oReq.onload=function(ev){
    if(oReq.status==200){
        msg.innerHTML="文件已上传";
    } else {
        msg.innerHTML="文件上传失败，错误："+oReq.status;
    }
};
oReq.send(fData);
```

注意　open()方法的第三个参数 true 表示异步执行。

12.3.5　接收二进制数据

旧版本的 XMLHttpRequest 对象只能从服务器获取文本数据，而新版本的 XMLHttpRequest 对象则可以从服务器获取二进制数据。关于接收二进制数据的方法有两种：一种是改写 MIMEType；另外一种是使用 responseType 属性。

1. 改写 MIMEType

这是一种早期的接收二进制数据的方法，通过改写 MIMEType 将服务器返回的二进制数据伪装成文本数据，并且告诉浏览器这是用户自定义的字符集。

xhr.overrideMimeType("text/plain;charset=x-user-defined");

完成必要的伪装之后，就可以使用 responseText 属性接收服务器返回的二进制数据。

```
var strBit=xhr.responseText;
```

因为此时浏览器已经将这些二进制数据视为文本数据，所以必须再逐个字节地还原成二进制数据，才能在页面上显示出来。这种做法目前已不再推荐使用，只需了解即可。

2. responseType 属性

XMLHttpRequest 新版本中增加了 responseType 属性，用于设置服务器返回数据的类型。如果服务器返回文本数据，那么这个属性的值将是"TEXT"，也是默认值。如果把 responseType 属性值设置为 blob，则表示服务器传回的是二进制对象。

```
var xhr=new XMLHttpRequest();
xhr.open("GET","http://localhost:8081/images/bg.png");
```

```
xhr.responseType="blob";
var blob=new Blob([xhr.response],{type:"image/png"});
```

这里需要注意的是，在接收 Blob 对象时，使用 xhr.response 而不是 xhr.responseType。

12.3.6　进度信息

新版本的 XMLHttpRequest 对象在传送数据时，有一个 progress 事件，用来返回进度信息。这个 progress 事件又分成上传和下载两种情况，下载的 progress 事件属于 XMLHttpRequest 对象，上传的 progress 事件属于 XMLHttpRequest.upload 对象。为 progress 事件指定回调函数，在回调函数中使用 event.lenthComptable 属性判断传输状态，使用 event.total 属性获取需要传输的总字节，使用 event.loaded 属性获取已经传输的字节。相关代码如下：

```
function updateProgress(ev){
    if(ev.lengthComputable){
        var percentCompete=ev.loaded/ev.total;
    }
}
xhr.onprogress=updateProgress;
xhr.upload.onprogress=updateProgress;
```

另外，还有其他 5 个事件与 progress 事件相关，可以分别为其指定回调函数做相应的处理。

（1）load 事件：传输成功完成。
（2）abort 事件：传输被用户取消。
（3）error 事件：传输中出现错误。
（4）loadstart 事件：传输开始。
（5）loadEnd 事件：传输结束，但不知道是否成功。

12.3.7　实例：创建 XMLHttpRequest 应用

在上传文件的过程中，根据文件上传进度显示进度百分比，实现实时更新 Ajax 效果。另外，本例上传文件的页面与接收文件的页面分别属于两个不同的域。具体实现步骤如下：

（1）使用 Apache 服务器，首先找到 Apache 安装目录下的 apache\conf\ httpd.conf 文件，在 Directory 节点中添加以下代码，指定可信任的域名。

```
Header set Access-Control-Allow-Origin *
```

（2）利用记事本打开 C:\Windows\System32\drivers\etc\hosts 文件，在该文件底部添加以下代码：

```
127.0.0.1 www.a.com
127.0.0.1 www.b.com
```

（3）利用记事本编辑 Apache 安装目录下的 apache\conf\httpd.conf，在顶部添加需要被监听的端口：8080 和 8081，保留默认监听的 80 端口。

```
Listen 80
Listen 8080
Listen 8081
```

（4）为 8080 端口和 8081 端口分别配置虚拟主机。同样编辑 apache\conf\httpd.conf 文件，在该文件底部添加以下代码。

```
<virtualhost *:8080>
    ServerName localhost
    DocumentRoot C:\xampp\htdocs\10\a
</virtualhost>
<virtualhost *:8081>
    ServerName localhost
    DocumentRoot C:\xampp\htdocs\10\b
</virtualhost>
```

（5）现在我们已经完成了同一服务器上两个不同域的配置，并指定所有域名可信。

（6）将上传页面设置到 8080 端口。上传页面 UploadFile.html 的编码如下：

```
<!doctype html>
<head>
<meta charset="utf-8">
    <title>12.3.1</title>
    <script type="text/javascript">
      function fileSelected() {
        var file = document.getElementById("fileToUpload").files[0];
        if (file) {
          var fileSize = 0;
          if (file.size > 1024 * 1024)
            fileSize = (Math.round(file.size * 100 / (1024 * 1024)) /
100).toString() + "MB";
          else
            fileSize = (Math.round(file.size * 100 / 1024) / 100).toString()
+ "KB";
          document.getElementById("fileName").innerHTML = "<h2>文件名称: " +
file.name+"</h2>";
          document.getElementById("fileSize").innerHTML = "<h2>文件大小: " +
fileSize+"</h2>";
        }
      }
      function uploadFile() {
        var fd = new FormData();
        fd.append("fileToUpload",
document.getElementById("fileToUpload").files[0]);
        var xhr = new XMLHttpRequest();
        xhr.timeout=3000;
        xhr.upload.addEventListener("progress", uploadProgress, false);
```

```
            xhr.addEventListener("load", uploadComplete, false);
            xhr.addEventListener("error", uploadFailed, false);
            xhr.ontimeout = function(event){
                document.getElementById("progressNumber").innerHTML ="<h2>上传
失败，请求超时！</h2>";
            }
            xhr.open("POST", "http://localhost:8081");
            xhr.send(fd);
        }
        function uploadProgress(evt) {
            if (evt.lengthComputable) {
                var percentComplete = Math.round(evt.loaded * 100 / evt.total);
                document.getElementById("progressNumber").innerHTML ="<h2>已完成: "
+ percentComplete.toString() + "%</h2>";
            }
            else {
                document.getElementById("progressNumber").innerHTML = "<h2>上传失败!
</h2>";
            }
        }
        function uploadComplete(evt) {
            if(evt.target.statusText=="OK"){
                document.getElementById("progressNumber").innerHTML+="<h2>上
传成功! </h2><h2>上传地址: </2>"+evt.target.responseURL;
            }else{
                document.getElementById("progressNumber").innerHTML="<h2>上传
失败!</h2>";
            }
        }
        function uploadFailed(evt) {
            document.getElementById("progressNumber").innerHTML="<h2>上传失败!
</h2>";
        }
    </script>
</head>
<body>
<form id="form1" enctype="multipart/form-data" >
<div class="row">
    <label for="fileToUpload">选择上传文件</label>
    <input type="file" name="fileToUpload" id="fileToUpload"
onchange="fileSelected();"/>
    </div>
<div id="fileName"></div>
<div id="fileSize"></div>
<div id="fileType"></div>
```

```
<div class="row">
<input type="button" onclick="uploadFile()" value="开始上传" />
    </div>
<div id="progressNumber"></div>
</form>
</body>
</html>
```

在这段代码中，HTML 页面上有两个按钮：一个用于选择文件；一个用于上传文件。在选择文件时，通过函数 fileSelected()获取文件的名称和大小，并显示在<h2>元素中。在单击"开始上传"按钮时，触发 uploadFile()函数，获取上传的文件，然后创建一个 XMLHttpRequest 对象，设置时限为 3000 毫秒，同时监听 progress、load 和 error 三个事件。在监听 progress 事件时执行 uploadProgress()函数，实时显示文件上传进度；在监听 load 事件时执行 uploadComplete()函数，显示文件上传结果和文件上传地址；在监听 error 事件时执行 uploadFailed()函数，显示文件上传错误提示。最后以 POST 方式将文件上传至页面 http://localhost:8081。

（7）将接收页面设置到 8081 端口，接收页面暂时不需要编写任何代码，页面名称默认为 index.html。

（8）在 Chrome 浏览器中打开文件上传页面 http://localhost:8080/UploadFile.html，选择一个要上传的文件，效果如下图所示。

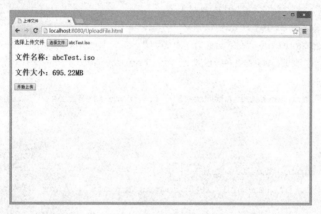

（9）单击"开始上传"按钮后，按钮下面出现上传进度，如下图所示。由于我们选择的文件比较大，没能在 3000 毫秒内完成上传，所以出现了超时，如下图所示。

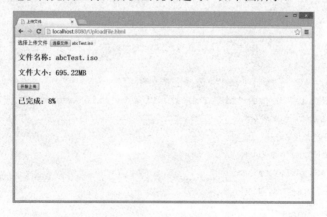

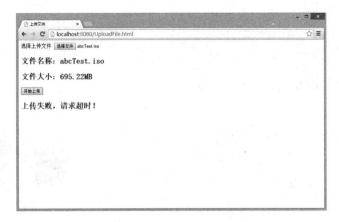

（10）重新选择一个较小的文件再次上传，这次上传成功了，同时显示上传地址，如下图所示。

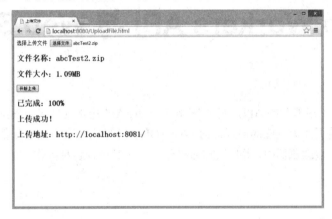

测试题

（1）HTML5 中，使用 postMessage API 需要遵循哪几个步骤？
（2）在跨文档消息通信中可以使用 message 对象的什么属性来获取发送源？
（3）XMLHttpRequest 如何设置请求超时？
（4）如何通过表单创建 FormData 对象？
（5）XMLHttpRequest 对象在传输数据时，通过什么事件获取进度信息？

12.4　本章小结

　　本章主要介绍了 HTML5 中 Communication API 的应用，其中包括跨文档消息通信和 XMLHttpRequest Level 2。通过本章的学习，读者应该熟练掌握跨文档消息的发送与接收方法，并能使用 XMLHttpRequest 传送消息。

第13章

Web Workers API 与 Web SQL API

HTML5 中增加了很多新的 API，其中 Web Workers API 用于处理多线程操作，可以提高程序运行效率，有效避免页面无响应的问题，而 Web SQL API 则用于在页面进行数据库操作，可以将部分数据存储在客户端浏览器中，并以数据库操作方式对其进行各种操作。本章将详细介绍这两个 API 的使用方法。

13.1 Web Workers

在 HTML4 与 JavaScript 创建的 Web 程序中，所有的任务处理都是在单线程中执行的，当遇到需要大计算量处理的任务时，就花费很长时间，而且 Web 页面没有响应，甚至出现浏览器崩溃的现象。而在 HTML5 中提供了一个 JavaScript 多线程解决方案，这样不仅可以保证 Web 页面能够正常响应，而且还可以充分发挥处理器多核的优势，这个方案就是 Web Workers。

13.1.1 Web Workers 简介

Web Workers 是 HTML5 中的工作线程，是运行在后台的 JavaScript，它能够独立于其他的脚本。当 Web Workers 运行时，不会影响页面的性能，用户依然可以在页面进行单击、选取等操作。在后台运行 Web Workers 不受任务复杂程度的影响，可以长时间运行，同时保证页面性能。由于 Web Workers 是多线程工作，所以当 Web 程序启动时调用 Web Workers，并不会影响 Web 页面的启动性能。

在调用 Web Workers 时，我们不希望影响到其他的脚本，需要将单独执行的 JavaScript 代码放到一个独立的 js 文件中，然后在页面中调用 Worker 构造函数来创建一个线程，参数是该文件的路径。创建 Worker 的代码如下：

```
var worker=new Worker("js/worker.js ");
```

因为 Worker 在执行时不能影响页面的性能，所以 Worker 执行的 JavaScript 代码中不能访问页面或窗口对象，否则会引发错误。但是我们可以通过发送和接收消息的方式在页面和 Worker 之间传递数据，使用 Worker 对象的 onmessage 事件获取在后台程序中接收的消息。接收消息的代码如下：

```
worker.onmessage=function(event)
{
    //处理接收到的消息
}
```

使用 Worker 对象的 postMessage 方法向后台线程发送消息。发送消息的代码如下：

```
worker.postMessage(message);
```

虽然 Worker 可以在后台长时间运行，但是如果运行过程中一直没有结果返回，页面长时间没有收到反馈消息也是不合适的，所以在适当的时候可以主动停止 Worker 运行。停止 Worker 运行的方法有两种，一种是在页面中调用 Worker 的 terminate()方法。相关代码如下：

```
if(event.data>1000)
{
    worker.terminate();
    return;
}
```

另一种是在 Worker 内部调用 close()方法。相关代码如下：

```
if(result<10000)
{
    self.postMessage(message);
    close();
}
```

13.1.2　实例：Web Workers 简单应用

在本例中，我们将使用 Web Workers 循环计算从 1 到给定数值的和，且当这个和大于上限值时停止计算，最终将每次的计算结果全部显示在页面上。先来看 HTML 中的代码。

```
<!doctype html>
<html>
<head>
<meta charset="utf-8">
<title>13.1.1</title>
<script language="javascript">
var worker=new Worker("worker.js");
worker.onmessage=function(event)
{
    document.getElementById("sum").innerHTML=event.data;
}
function calculate()
{
```

```
    var num=parseInt(document.getElementById("num").value,10);
    var maxNum=parseInt(document.getElementById("maxNum").value,10);
    worker.postMessage({num:num,maxNum:maxNum});
}
</script>
</head>
<body>
<h1>Web Workers 求和</h1>
请输入：<input type="text" id="num"/><br>
最大值：<input type="text" id="maxNum"  value="100"/><br>
<button onClick="calculate()">计算</button><hr />
<h3 id="sum"></h3>
</body>
</html>
```

在这段代码的 JavaScript 中，我们先创建了一个 worker 对象，然后通过 worker 对象的 onmessage 事件监听结果，并将结果显示在页面中。在 HTML 页面中有两个文本输入框：第一个用于输入一个整数；第二个用于输入计算结果的上限值，当用户单击"计算"按钮后，通过调用 calculate()方法将这两个值通过 worker 对象的 postMessage 方法传递到后台线程进行计算。在创建 worker 对象时我们使用了一个 JavaScript 文件 worker.js，下面是这个 js 文件中的代码。

```
onmessage=function(event)
{
    var num=event.data.num;
    var maxNum=event.data.maxNum;
    var result=[];
    var tem=0;
    for(var i=0;i<=num;i++)
    {
        tem+=i;
        if(tem<maxNum)
        {
            result.push(i+"=>"+tem+"<br />");
        }else
        {
            result.push(i+"=>结果大于"+maxNum);
            close();
            break;
        }
    }
    self.postMessage(result.join(' '));
}
```

在这段代码中，我们通过 event.data 对象分别获取到 worker 对象传递过来的两个参数。根据规则将每次计算的结果都与最大值进行比较，如果计算结果小于最大值，则将结果保存起来，否则在结果中添加"结果大于"信息提示，然后通过 close() 方法停止 worker 运行，最后将所有结果返回到主线程。本例代码运行效果如下图所示。

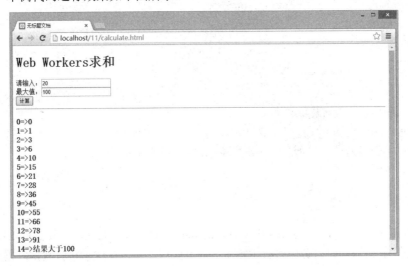

13.1.3　Web Workers 嵌套

如果后台线程要处理的工作比较多，我们还可以给后台线程嵌套子线程，让子线程分担一部分主线程的工作，待子线程完成后，再将结果返回到主线程，主线程与页面再进行交互。

下面我们来看一个单层嵌套的例子。在本例中，我们将在给定的数值内寻找所有质数，然后计算这些质数的和。我们将在后台线程中处理寻找质数的工作，在子线程中处理计算质数和的工作。非常糟糕的是目前 Chrome 浏览器还不支持线程嵌套，而浏览器 IE11 却可以运行线程嵌套程序。

先来看一下 HTML 页面的代码。

```html
<!doctype html>
<html>
<head>
<meta charset="utf-8">
<title>13.1.2</title>
<script language="javascript">
var worker=new Worker("Fworker.js");
worker.onmessage=function(event)
{
    var intArray=JSON.parse(event.data);
    var tem="所有质数：";
    for(var i=0;i<intArray.length-1;i++)
    {
        tem+=intArray[i]+",";
    }
    tem=tem.substr(0,tem.length-1);
    tem+="<br>质数总和："+intArray[intArray.length-1];
    document.getElementById("sum").innerHTML=tem;
}
```

```
function calculate()
{
    var num=parseInt(document.getElementById("num").value,10);
    worker.postMessage(num);
}
</script>
</head>
<body>
<h1>Web Workers 求质数和</h1>
请输入：<input type="text" id="num" value="10"/><br>
<button onClick="calculate()">计算</button><hr />
<h3 id="sum"></h3>
</body>
</html>
```

在这段代码中，我们主要关注 worker 对象的 onmessage 事件处理，最终会将处理的结果以数组的形式返回，并在返回时对数组进行 JOSN 字符串处理，所以在这里接收数据时需要使用 JSON 的反序列化处理。数组的末位存放的是质数和，其他位存放的是寻找出来的所有质数，最后将这些质数和计算结果全部显示在页面上。在创建 worker 对象时，使用了 JavaScript 文件 Fworker.js，该文件中的代码如下：

```
onmessage=function(event)
{
    var num=event.data;
    var intArray=[];
    for(var i=2;i<=num;i++)
    {
        for(var j=2;j<=i/2;j++)
        {
            if(i%j==0)
            {
                break;
            }
        }
        if(j>i/2)
        {
            intArray.push(i);
        }
    }
    var worker=new Worker("Cworker.js");
    worker.postMessage(JSON.stringify(intArray));
    worker.onmessage=function(event)
    {
        postMessage(event.data);
    }
}
```

在这段代码中，首先接收页面传递的参数，然后寻找所有的质数，并将寻找到的质数存放在一个数组中。接着根据 JavaScript 文件 Cworker.js 创建一个 worker 对象，使用 worker.postMessage 方法通过 JSON 字符串处理将数组发送到子线程，同时监听子线程返回的数据，将子线程返回的数据通过 postMessage 传递给页面。Cworker.js 文件中的代码如下：

```
onmessage=function(event)
{
    var intArray = JSON.parse(event.data);
    var sum=0;
    for(var i=0;i<intArray.length;i++)
    {
        sum+=parseInt(intArray[i]);
    }
    intArray.push(sum);
    self.postMessage(JSON.stringify(intArray));
    close();
}
```

在这段代码中，首先通过 JSON 反序列化将主线程传递过来的参数反序列化为数组，然后循环遍历数组中的每一个质数并计算总和，最后将计算结果保存在数组中，通过调用 self.postMessage 方法将数组 JSON 字符串序列化后发送到主线程，然后停止子线程。本例在 IE 浏览器中的执行效果如下图所示。

13.2　Web SQL

对于 Web 应用程序而言，数据的持久化存储一直都是一个问题，早期大家都在使用 Cookie，但是由于受存储大小和安全风险等因素的影响，只能存储少量数据。在第 9 章中我们介绍了 HTML5 中使用 Web Storage 实现数据的持久化存储，但是如果数据量比较大，依然是件很麻烦的事情，本节将向大家介绍 HTML5 中本地数据库的存储方式，通过 Web SQL API 来操作客户端的数据库。

13.2.1 Web SQL 基本使用

如果以前接触过数据库操作，那么对于 Web SQL 的使用将不会陌生，因为其存储方式与我们接触的 SqlServer 和 Oracle 都比较像。使用 Web SQL 可以执行创建打开数据库、创建表、添加数据、更新数据、删除数据和删除表等操作，在介绍具体的增、删、改操作之前，我们先来认识一下 Web SQL 中的三个核心方法。

（1）openDatabase：使用该方法可以打开或创建数据库对象。如果当前没有数据库，则创建一个新的数据库；如果当前已经有数据库存在，则打开指定的数据库。

（2）transaction：使用该方法可以控制事务提交或回滚。在一个事务中包含的所有操作必须全部成功，该事务才能提交成功，否则所有已经完成的操作将全部回滚。

（3）executeSql：使用该方法可以执行 SQL 操作，包括查询数据、修改数据和删除数据。

13.2.2 数据库的基本应用

任何一个数据库的操作，无外乎创建数据库连接、打开数据库，然后对数据进行增、删、改操作，Web SQL 的基本应用也包含这些内容，以下将详细进行介绍。

1. 打开数据库

openDatabase 方法用于打开已有的数据库，如果数据库不存在，则创建新的数据库。使用该方法创建数据的语句如下：

```
var db = openDatabase("AccountingDB", "2.0", "mydb", 5*1024 * 1024,function
callBack());
if(!db)
{
    alert("创建数据库失败！");
}
else
{
    alert("创建数据库成功！");
}
```

该方法总共有 5 个参数：第一个参数是创建的数据库名称；第二个参数是数据库版本；第三个参数是数据的描述；第四个参数是数据库的大小，单位是字节；第五个参数是一个回调函数，可用于执行其他相关操作，也可以省略。

Web SQL 创建的是一个 sqllite 数据库，可以使用 SQLiteSpy 打开查看，存储在本地 C:\Users\Administrator\AppData\Local\Google\Chrome\User Data\Default\databases\http_localhost_261 目录下。

2. 创建数据表

在 Web SQL 中需要使用数据库的 transaction 方法执行数据库操作，该方法接收一个回调函数，而在执行具体的 sql 命令时，需要使用回调函数的结果执行 executeSql 方法。executeSql 方法接收 4 个参数：第一参数是 sql 语句字符串；第二参数是 sql 语句的参数；第三个参数是执行成功时的回调函数；第四个参数是执行失败时的回调函数。创建数据表的代码如下：

```
function createTUser(db)
{
    db.transaction(function(tx) {
    tx.executeSql("create table if not exists tUser (id UNIQUE, name TEXT)", [],
    function(tx, result){ alert("创建表 tUser 成功! ")},
    function(tx, error){ alert("创建表 tUser 失败:" + error.message);}
        );
    });
}
```

function(tx)是 transaction 方法的参数，我们将创建 tUser 表的 sql 语句作为 executeSql 方法的第一个参数，因为在创建数据表的 sql 语句中没有参数，所以 executeSql 方法的第二个参数是一个方括号，第三个参数是执行成功的回调函数，result 是执行的结果，第四个参数是执行失败后的回调函数，error 是错误信息。

3. 写入数据

写入数据的操作与创建数据表的操作类似，都是通过 transaction 和 executeSql 方法完成的，它们的区别主要在于 sql 语句不同，并且在写入数据的 sql 语句中需要传递两个参数，使用占位符问号代替，参数的值在 executeSql 方法的第二参数中。写入数据的代码如下：

```
function insertData(db)
{
    var sql="insert into tUser(id,name) values(?,?)";
    var data=["1","张三"];
    db.transaction(function(tx){
        tx.executeSql(sql,data,
        function(tx,result){alert("数据添加成功! ")},
        function(tx,error){alert("数据添加失败："+error.message)});
    });
}
```

在 Chrome 浏览器中，我们可以通过按 F12 键打开开发者工具，在 Resources 中直观地查看写入的数据，效果如下图所示。

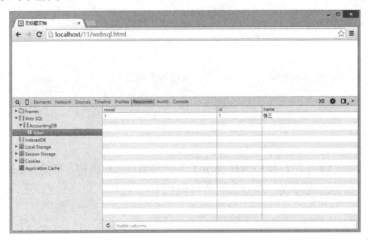

4. 修改数据

修改数据与写入数据类似，在 sql 语句中都有两个参数，但是具体的 sql 语句不同，给 sql 语句传递的参数也不同。修改数据的代码如下：

```
function updateData(db)
{
    var sql="update tUser set name=? where id=?";
    var data=["李四","1"];
    db.transaction(function(tx)
    {
        tx.executeSql(sql,data,
        function(tx,result){alert("数据修改成功！")},
        function(tx,error){alert("数据修改失败："+error.message)});
    });
}
```

5. 查询数据

查询数据同样需要使用 transaction 和 executeSql 方法。因为查询语句 sql 中没有参数，所以 executeSql 方法的第二个参数是一个空的方括号。需要注意的是，执行查询成功后，在返回的结果中保存了我们查询到的数据，这些数据以数据表的形式存在于 result 中，需要使用循环遍历的方式对其进行处理。查询数据的代码如下：

```
function queryData(db)
{
    var sql="select * from tUser";
    var data=[];
    db.transaction(function(tx)
    {
        tx.executeSql(sql,data,
        function(tx,result)
        {
            for(var i=0;i<result.rows.length;i++)
            {
                console.log(result.rows.item(i));
            }
        },
        function(tx,error){alert("数据查询失败："+error.message)});
    });
}
```

6. 删除数据

在执行删除数据的操作时，我们同样使用了不带参数的 sql 语句，但是 executeSql 方法的第二个参数必须有，否则会出现错误。删除数据的代码如下：

```
function deleteData(db)
{
    var sql="delete from tUser";
    var data=[];
    db.transaction(function(tx)
    {
        tx.executeSql(sql,data,
        function(tx,result){alert("数据删除成功！")},
        function(tx,error){alert("数据删除失败："+error.message)});
    });
}
```

7. 删除数据表

删除数据表的操作与删除数据的操作类似，区别在于它们执行了不同的 sql 语句。删除数据表的代码如下：

```
function deleteTable(db)
{
    var sql="drop table tUser";
    var data=[];
    db.transaction(function(tx)
    {
        tx.executeSql(sql,data,
        function(tx,result){alert("数据表删除成功！")},
        function(tx,error){alert("数据表删除失败："+error.message)});
    });
}
```

13.2.3　实例：创建数据库并创建数据表

本例我们将创建一个名为"AccountingDB"的数据库，版本为 2.0，备注为"mydb"，大小为 5MB，然后在数据库中创建一个名为"AccountingTable"的数据表。数据表的结构如下表所示。

字　段	备　注
id	主键
date	日期
income	收入
spending	支出
note	备注

创建数据库和数据表的代码如下：

```
var db = openDatabase("AccountingDB", "2.0", "mydb", 5*1024 * 1024);
if(!db)
{
    console.log("创建数据库失败！");
}
```

```
    else
    {
        createAccountingTable(db);
    }
    function createAccountingTable(db)
    {
        db.transaction(function(tx) {
        tx.executeSql("create table if not exists AccountingTable (id UNIQUE,
date,income,spending,note)", [],
        function(tx, result){ console.log("创建数据表 AccountingTable 成功！") },
        function(tx, error){ console.log("创建数据表 AccountingTable 失败：" +
error.message);}
            );
        });
    }
```

执行这段代码后，我们可以在 Chrome 浏览器的开发者模式中看到新建的数据库和数据表，如下图所示。

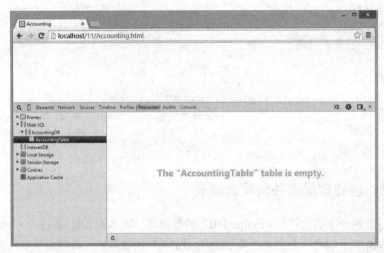

13.2.4　实例：插入数据与获取数据

本例将在创建的数据表 AccountingTable 中插入一些数据，然后通过查询获取这些数据，并将其在浏览器后台输出。首先来看插入数据的实现代码：

```
    function insertData(db)
    {
        var sql=
        "insert into AccountingTable(id,date,income,spending,note)
values(?,?,?,?,?)";
        var data1=["1","2015-2-3","2000","120","终于还钱了！买肉打牙祭！"];
        var data2=["2","2015-2-3","0","300","又添一件新衣服！"];
        var data3=["3","2015-2-4","0","500","为了幸福和她吃顿好的！"];
        db.transaction(function(tx) {
```

```
    tx.executeSql(sql, data1,
        function(tx, result){ console.log("写入数据成功! "); },
        function(tx, error){ console.log("写入数据失败: "+error.message);
        });
    tx.executeSql(sql, data2,
        function(tx, result){ console.log("写入数据成功! "); },
        function(tx, error){ console.log("写入数据失败: "+error.message);
        });
    tx.executeSql(sql, data3,
        function(tx, result){ console.log("写入数据成功! "); },
        function(tx, error){ console.log("写入数据失败: "+error.message);
        });
    });
}
```

我们用这个函数替换创建数据表成功后回调函数的输出，然后执行这段代码，可以在 Chrome
浏览器中看到如下图所示的效果。

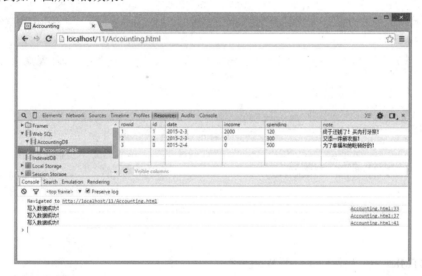

然后来看查询数据的实现代码：

```
function queryData(db)
{
    var sql="select * from AccountingTable";
    var data=[];
    db.transaction(function(tx)
    {
        tx.executeSql(sql,data,
            function(tx,result)
            {
                var text="[序号]　[日期]　[收入]　[支出]　[备注]\n";
                for(var i=0;i<result.rows.length;i++)
                {
```

```
                text+="["+result.rows.item(i).id+"]
                       ["+result.rows.item(i).date+"]
                       ["+result.rows.item(i).income+"]
                       ["+result.rows.item(i).spending+"]
                       ["+result.rows.item(i).note+"]\n";
            }
        console.log(text);
        }
        function(tx,error){alert("数据查询失败："+error.message)});
    });

}
```

执行这段代码后，在 Chrome 浏览器中可以看到输出的查询数据，如下图所示。

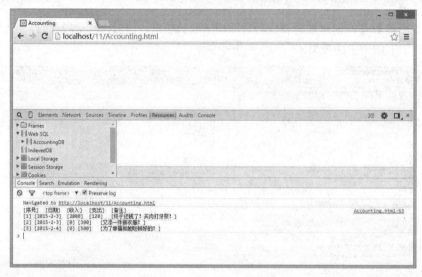

测试题

（1）HTML5 中，如何创建一个 Worker？
（2）在使用 Worker 时如何获取和向后台程序发送数据？
（3）正在运行的 Worker 能停止吗？如何停止？
（4）Web SQL 中三个核心方法是什么？
（5）Web SQL 中实现增、删、改、查操作的基本流程是什么？

13.3　本章小结

本章主要介绍了 HTML5 中 Web Workers API 和 Web SQL API 的应用。通过使用 Web Worker API 可以实现多线程应用，有效提高程序运行效率，保证页面响应效果。Web SQL API 实现了浏览器中数据库的操作，有效减少了页面与服务器交互的频率，提高了页面存储能力。

第14章

WebSocket API

在 HTML5 中引入了 WebSocket API 技术，该技术可以满足 Web 端与服务端信息的实时通信。它是一种全新的协议，可以在浏览器和服务器之间建立一个基于 TCP 连接的双向通道，保持 Web 端与服务端信息的同步。本章将详细介绍有关 WebSocket API 的使用。

14.1　WebSocket 概述

使用 Socket 通信可以在两个应用程序之间通过"套接字"向网络发出或接收请求，以保证客户端和服务端数据的一致性，而 WebSocket 则是应用于 Web 端和服务端的新技术，使用该技术，后台可以随时向前端推送消息，以保证前后台状态一致。

传统的 Web 通信都是由 Web 端向服务端发送请求，服务端接收请求后进行处理，再将处理结果返回给 Web 端，Web 端接收到服务端返回的消息后，将消息显示在 Web 页面上，这种通信适合于对时效性要求不高的应用。

如果信息变化比较频繁，要保证信息的时效性，就需要 Web 端以轮询的方式或 Comet 的方式模拟实时效果，这种方式虽然能解决时效性的问题，但是服务端和客户端编码都比较复杂，而且效率不高。

在 HTML5 中新增加了 WebSocket API，Web 端与服务端只需要一个握手的动作，就可以实现双工通信。Web 端与服务端建立连接后，Web 端可以在任意时刻向服务端请求消息，服务端也可以在任何时刻将消息推送到 Web 端，直到连接被关闭为止。不仅如此，WebSocket 还允许跨域通信。

14.2　WebSocket 服务器

使用 WebSocket 接口构建 Web 应用之前，首先需要一个实现了 WebSocket 规范的服务器。服务端的编程需要处理以下任务：

（1）运行 HTTP 服务器。

（2）能够根据不同的 URL 请求做出不同的处理，也就是路由程序。

（3）当请求被服务器接收并由路由程序传递后，需要对最终的请求进行处理。

目前已经出现了一些比较成熟的 WebSocket 服务端，如 Kaazing WebSocket Gateway、mod_pywebsocket、Nett、NodeJs 等。下面我们就以 NodeJs 为例，详细介绍如何构建服务器。

首先需要到 NodeJs 官网下载适合自己操作系统的 NodeJs 版本，下载地址为 https://nodejs.org/download/，下载完成后直接安装即可。如果使用的是 windows 操作系统，那么还需要下载其他两个工具：python 2.7 和 Microsoft Visual C++，用于支持 NodeJs。

安装以上工具后，就可以在命令程序中输入 cmd，切换到 NodeJs 安装目录下，安装 NodeJs 模块。安装命令如下：

```
npm install nodejs-websocket
```

等待安装完成后，我们可以编写一个比较简单的服务端程序，用于启动 HTTP 服务。具体代码如下：

```
var http = require("http");
http.createServer(function(request, response) {
  response.writeHead(200, {"Content-Type": "text/plain;charset=UTF-8"});
  response.write("服务已启动。");
  response.end();
}).listen(8088);
```

保存这段代码到 NodeJs 安装目录下，并命名为 server.js。返回到命令执行窗口，输入以下命令启动服务：

```
node server.js
```

启动服务之后，在浏览器中输入 localhost:8088，即可显示信息"服务已启动"。这样一个比较简单的 WebSocket 服务器就搭建好了。

14.3　使用 WebSocket API

WebSocket API 的使用比较简单，因为当前各个浏览器对 HTML5 支持的程度不同，所以在使用 WebSocket API 之前需要先检查浏览器的支持情况，其次需要建立 Web 端与服务端的链接，只有建立了链接，Web 端与服务端才能实现通信。

14.3.1　浏览器支持情况检测

目前大部分浏览器都支持 WebSocket API，浏览器都提供了 WebSocket 类型，在 Firefox 浏览器中为 MozWebSocket。检测浏览器是否支持的代码如下：

```
window.WebSocket = window.WebSocket || window.MozWebSocket;
if (!window.WebSocket){
    alert("该浏览器不支持 WebSocket! ");
    return;
}
```

14.3.2　WebSocket API 客户端的基本用法

建立 WebSocket 通信链接之前，首先要创建一个 WebSocket 对象，通过该对象的构造函数传递一个 URL 参数，这样即可创建一个链接。具体代码如下：

```
var ws = new WebSocket("ws://127.0.0.1:8088");
```

因为 WebSocket 是一个新的协议，不同于 HTTP 协议，所以用于创建链接的 URL 字符串需要以"ws"或"wss"（加密通信）作为开头。创建链接后，Web 端会与服务端进行一次握手，此时要求服务端正常运行，否则链接创建失败。

通信链接建立后，就可以进行 Web 段与服务端的双向通信了。使用 WebSocket 对象的 send 方法可以将文本数据发送到服务端。发送信息的代码如下：

```
webSocket.send("message");
```

除了文本数据外，其他任何 JavaScript 对象都可以通过 JSON 对象转换为文本数据，然后进行发送。

WebSocket 对象还可以通过监听相关事件，处理相应情况下的其他操作。通过获取 onopen 事件句柄来监听 socket 的打开事件，代码如下：

```
webSocket.onopen=function(){
    console.log("链接已建立");
}
```

通过获取 onmessage 事件句柄来接收服务端传过来的数据，代码如下：

```
webSocket.onmessage=function(msg){
    console.log("接收的消息: "+msg.data);
}
```

通过获取 onclose 事件句柄来监听 socket 的关闭事件，代码如下：

```
webSocket.onclose=function(){
    console.log("链接已关闭");
}
```

通过获取 onerror 事件句柄来监听 socket 的错误事件，代码如下：

```
webSocket. onerror=function(msg){
    console.log("出现错误："+msg.data);
}
```

14.4　实例：创建 HTML5 WebSocket 应用程序

本节我们通过一个简单的 WebSocket 程序，介绍 WebSocket 的实际应用。在本例中，将实现一个 WebSocket 客户端程序，通过连接服务端建立通信连接，然后单击客户端程序上的响应按钮，将对应的信息发送到服务端，通过服务端的反馈，再将这些信息显示在客户端，最后关闭连接。

14.4.1　编写客户端 HTML 文件

客户端的 HTML 文件比较简单，仅仅是几个按钮和文本框。详细代码如下：

```html
<!doctype html>
<html>
<head>
<meta charset="utf-8">
<title>14.4.1</title>
<style>
    #btn { height:120px; width:120px; margin:5px}
</style>
</head>
<body>
<h1>Web Socket 客户端</h1>
 <button id="connection" type="button" onclick="connect();" disabled>连接</button>
    <button id="disConnection" type="button" onclick="disConnect();" disabled>断开</button>
 <br />
 <br />
<textarea id="content" multiple rows="20" cols="120" readonly></textarea>
 <br />
<button id="btn" type="button" onclick="send('A');">A</button>
<button id="btn" type="button" onclick="send('B');">B</button>
<button id="btn" type="button" onclick="send('C');">C</button>
<button id="btn" type="button" onclick="send('D');">D</button>
<button id="btn" type="button" onclick="send('E');">E</button>
</body>
</html>
```

14.4.2 添加服务端 WebSocket 代码

在进行 WebSocket 通信之前，首先要启动服务端，这里给出了一个简单的服务端代码，其主要功能就是将接收到的信息发送出去。具体代码如下：

```
var ws = require("nodejs-websocket");
console.log("开始建立连接...")
var server = ws.createServer(function(conn){
    conn.on("text", function (str) {
        console.log(str);
        conn.sendText(str);
    })
    conn.on("close", function () {
        console.log("关闭连接");
    });
    conn.on("error", function () {
        console.log("异常关闭");
    });
}).listen(8088)
console.log("WebSocket 建立完毕");
```

14.4.3 添加 WebSocket 客户端代码

客户端的 WebSocket 代码，在客户端加载时先判断浏览器是否支持 HTML5 WebSocket 并给出提示信息，Writemsg(msg)方法用于向客户端显示信息，然后根据不同的浏览器创建不同的 WebSocket 对象。

在进行 WebSocket 通信之前，首先要连接服务器，当单击"连接"按钮时，通过 connect()方法连接服务端并给出具体的提示信息。当我们每次单击按钮时，send(btn)方法会将按钮上对应的字母发送到服务端，服务端再将这些信息发送到客户端。在 onmessage 事件中，接收服务端发送的消息并将其显示在客户端页面上，最后单击"断开"按钮调用 disConnect()方法断开连接。具体代码如下：

```
var ws;
window.onload=function(){
    if (!window.WebSocket && !window.MozWebSocket){
        writemsg("您的浏览器不支持 WebSocket,请尝试其他浏览器！");
        document.getElementById("connection").disabled=true;
        document.getElementById("disConnection").disabled=false;
        return;
    }else{
        writemsg("您的浏览器支持 WebSocket,可以连接到服务器！");
        document.getElementById("connection").disabled=false;
        document.getElementById("disConnection").disabled=true;
    }
```

```javascript
}
function writemsg(msg){
    document.getElementById("content").innerHTML+=msg+"&#13;&#10;";
}
function connect(){
    var url="ws://127.0.0.1:8088";
    ws=new WebSocket(url);
        try {
        if (window.WebSocket) {
            ws = new WebSocket(url);
        }
        else if(window.MozWebSocket) {
            ws = new MozWebSocket(url);
        }
    } catch (ex) {
        writemsg("连接错误: "+ex.data);
        return;
    }
    writemsg("正在连接服务器......");
    document.getElementById("connection").disabled=true;
    document.getElementById("disConnection").disabled=false;
    ws.onopen = function(){
        writemsg("欢迎加入游戏。");
    };
    ws.onmessage = function(msg){
        writemsg(msg.data);
    };
    ws.onclose = function(){
        document.getElementById("connection").disabled=false;
        document.getElementById("disConnection").disabled=true;
        writemsg("您已退出。");
        ws.send("您退出了。");
    };
    ws.onerror = function(msg){
        document.getElementById("connection").disabled=false;
        document.getElementById("disConnection").disabled=true;
        writemsg("出错了: "+msg.data);
    };
}
function send(btn){
    console.log(btn);
    var msg ="您单击了: "+ btn;
    ws.send(msg);
}
function disConnect(){
```

```
    ws.close();
    document.getElementById("connection").disabled=false;
    document.getElementById("disConnection").disabled=true;
}
```

14.4.4　最终效果

我们将服务端 WebSocket 代码命名为 server.js，通过命令 node server.js 启动服务端，然后运行客户端代码，单击"连接"按钮，然后依次单击各个按钮，最后单击"断开"按钮，效果如下图所示。

测试题

（1）如何检测浏览器是否支持 WebSocket API？
（2）WebSocket 的 URL 与 HTTP 的 URL 有什么不同？
（3）WebSocket 通过什么事件监听服务端传来的数据？
（4）WebSocket 客户端如何向服务端发送消息？
（5）WebSocket 服务端如何创建 WebSocket 对象？

14.5　本章小结

本章主要介绍了 HTML5 中 WebSocket API 的使用方法，通过本章的学习，读者应该熟练掌握 WebSocket 客户端的创建方法，能够在 WebSocket 各个监听事件中处理不同的业务逻辑，并且能创建简单的服务端，通过对服务端接收信息的处理，完成服务端消息发送功能。

第 **15** 章

地理位置 API

在人们的日常生活中，地理位置定位已经不是一个新鲜的名词，随之衍生的一系列产品和应用正在潜移默化地改变着我们的生活。本章将介绍基于 HTML5 的地理位置 API 的使用方法。

15.1 地理位置的定位原理

地理位置定位的方式有很多，基于不同的设备会有不同的实现方式与展现形式，但是其定位的原理都是相通的，本节将详细介绍地理位置的定位原理。

15.1.1 地理位置定位的方式及流程

大多数人对于定位的第一反应应该是全球定位系统（Global Positioning System，GPS），它是由美国军方建设的一个全球定位系统，除了 GPS 以外，还可以通过 IP 地址、Wifi 和移动通信网络等方式进行地理位置定位。

虽然地理位置定位的方式不同，但是地理位置的获取流程都是一样的，它们都遵循以下流程：

（1）开启设备或打开应用。
（2）请求地理位置。
（3）根据定位方式的不同，查询相关地理信息。
（4）将查询到的信息发送到一个信任的位置服务器，服务器返回具体的地理位置。

15.1.2 HTML5 中如何实现地理位置定位

要在 HTML5 中实现地理位置定位，也需要遵循以上流程。由于 HTML5 基于浏览器运行，所以具体流程稍有变化。

（1）打开浏览器，访问地理位置定位应用。

（2）应用向浏览器请求地理位置，浏览器弹出询问，询问用户是否共享地理位置。

（3）如果用户允许，浏览器从设备查询相关信息。

（4）浏览器将相关信息发送到一个信任的位置服务器，服务器返回具体的地理位置。

（5）浏览器持续追踪用户的地理位置。

（6）与 Google Map 或 Baidu Map 交互呈现位置信息。

15.2　Geolocation API

15.2.1　检测浏览器的支持

由于目前各个浏览器对 HTML5 的支持程度不一样，所以在使用地理位置定位之前，仍需要对浏览器的支持情况进行检测。具体代码如下：

```
if(window.navigator.geolocation){
    alert("您的浏览器支持使用 HTML5 获取地理位置信息。")
}
else{
    alert("您的浏览器不支持使用 HTML5 获取地理位置信息。")
}
```

在 HTML5 中，为 window.navigator 对象新增了一个 geolocation 属性，通过判断该属性可以检测浏览器是否支持 HTML5 的地理位置定位功能。使用 Geolocation API 访问 geilocation 属性，该属性包含以下三个重要的方法。

（1）getCurrentPosition：获取当前位置。

（2）watchPosition：监视位置。

（3）clearPosition：清除监视。

15.2.2　getCurrentPosition()方法

getCurrentPosition()方法用于获取用户当前的地理位置信息。该方法定义如下：

```
void getCurrentPosition(onSuccess,onError,options);
```

getCurrentPosition()方法有三个参数：第一个 onSuccess 为获取当前地理位置信息成功时所执行的回调函数；第二个参数 onError 为获取当前地理位置信息失败时所执行的回调函数；第三个参数 options 是一些可选参数。

在 onSuccess 函数中将使用到一个 position 参数，该参数获取地理位置的详细信息。position 对象具有两个属性：一个是 timestamp，用于获取地理位置信息的时间戳；另一个是 coords，其中又包含了以下属性。

（1）latitude：当前地理位置的维度。

（2）longitude：当前地理位置的经度。

（3）altitude：当前地理位置的海拔高度（不能获取时为 null）。

（4）accuracy：获取到的维度或经度的精度（以米为单位）。

（5）altitudeAccuracy：获取到的海拔高度的精度（以米为单位）。

（6）heading：设备前进的方向，用面朝正北方向的顺时针旋转角度来表示（不能获取时为 null）。

（7）speed：设备前进的速度（以米/秒为单位，不能获取时为 null）。

例如，可以使用以下代码在获取地理位置信息成功时输出当前地理位置的经度和维度。

```
if (navigator.geolocation){
    navigator.geolocation.getCurrentPosition(showPosition);
}else{
    console.log("您的浏览器不支持获取地理位置。");
}
function showPosition(position){
    console.log("纬度: "+position.coords.latitude);
    console.log("经度: "+position.coords.longitude);
}
```

由于地理位置信息涉及用户隐私，所以当执行 getCurrentPosition()方法时，浏览器会询问用户是否同意共享其位置信息，如下图所示。

如果用户同意，则继续执行其他操作，否则将引发错误，此时执行 onError 函数。另外，当获取地理位置信息超时或由于其他原因造成获取地理位置信息失败时，都会执行 onError 函数。OnError 函数将使用一个 error 对象作为参数，该对象具有 code 和 message 两个属性。code 属性为 1 表示用户拒绝了位置服务，code 属性为 2 表示获取不到位置信息，code 属性为 3 表示获取信息超时。而 message 属性是一个字符串，用于描述错误信息，更直观地反映了错误的原因。以下代码显示了获取地理位置信息失败时的错误处理。

```
function showError(error){
    switch(error.code)
    {
    case error.PERMISSION_DENIED:
      console.log("用户拒绝对获取地理位置的请求。");
      break;
    case error.POSITION_UNAVAILABLE:
      console.log("位置信息是不可用的。");
      break;
    case error.TIMEOUT:
      console.log("请求用户地理位置超时。");
      break;
    case error.UNKNOWN_ERROR:
```

```
        console.log("未知错误。");
        break;
    }
}
```

options 参数是一些可选参数列表。这些可选参数包括：

（1）enableHighAccuracy：是否要求高精度的地理位置信息。

（2）timeout：获取地理位置信息的超时限制，单位为毫秒，如果在该时间段内没有获取地理位置信息，则返回错误信息。

（3）maximumAge：对地理位置信息的缓存时间，单位为毫秒，在这段时间内获取的地理位置信息均来自缓存。

下面通过一个完整的例子在浏览器控制台输出获取的所有地理位置信息。具体代码如下：

```
<!doctype html>
<html>
<head>
<meta charset="utf-8">
<title>15.2.1</title>
<script type="text/javascript" >
if (navigator.geolocation){
    navigator.geolocation.getCurrentPosition(showPosition,showError,{
        enableHighAccuracy:false,
        timeout:60*1000*3,
        maximumAge:5000
        });
}else{
    console.log("您的浏览器不支持获取地理位置。");
}
function showPosition(position){
    console.log("纬度："+position.coords.latitude);
    console.log("经度："+position.coords.longitude);
    console.log("海拔："+position.coords.altitude);
    console.log("经纬度精度："+position.coords.longitude);
    console.log("海拔经度："+position.coords.altitudeAccuracy);
    console.log("方位："+position.coords.heading);
    console.log("速度："+position.coords.speed);
    console.log("时间戳："+position.timestamp);
}
function showError(error){
switch(error.code)
    {
    case error.PERMISSION_DENIED:
      console.log("用户拒绝对获取地理位置的请求。");
      break;
```

```
        case error.POSITION_UNAVAILABLE:
          console.log("位置信息是不可用的。");
          break;
        case error.TIMEOUT:
          console.log("请求用户地理位置超时。");
          break;
        case error.UNKNOWN_ERROR:
          console.log("未知错误。");
          break;
      }
    }
    </script>
  </head>
  <body>
  </body>
</html>
```

运行这段代码后，在浏览器的控制台中可以看到获取的地理位置信息，如下图所示。

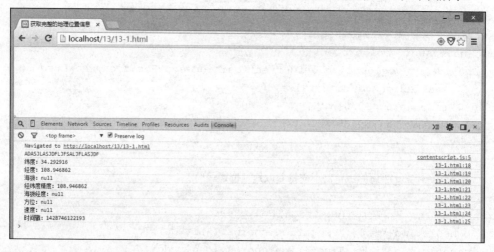

15.2.3 watchPosition()方法

getCurrentPosition()方法用于获取一次地理位置信息。如果要持续监视用户当前的地理位置信息，则需要使用 watchPosition()方法。该方法的定义如下：

```
int watchPosition (onSuccess,onError,options);
```

该方法的三个参数与 getCurrentPosition()方法的三个参数相同，而返回值却是一个数字，用于确定该方法的唯一标示。具体使用方法如下：

```
if (navigator.geolocation){
    watchId=navigator.geolocation.watchPosition(showPosition,showError);
}else{
    console.log("您的浏览器不支持获取地理位置。");
}
```

15.2.4　clearPosition()方法

clearPosition()方法用于停止监视当前用户的地理位置信息。该方法需要一个 int 型参数，即 watchPosition()方法的返回值。

15.3　实例：在地图中显示地理位置

以上介绍了如何获取用户当前的地理位置信息，但是获取的位置信息都是一些数字，如何让这些数字转换成具有实际意义的信息呢，这就需要使用到地图 API。目前可以使用的地图 API 有很多，如 Google Map API、Baidu Map API 等。本节将以 Google Map API 为例，介绍如何在地图中显示用户的地理位置。

在 HTML 页面中使用 Google 地图，首先需要引入 Google Map API 的脚本文件。相关代码如下：

```
<script type="text/javascript" src="http://maps.google.com/maps/api/
js?sensor=false" ></script>
```

引入脚本文件后，需要根据当前用户的经纬度坐标确定一个点。相关代码如下：

```
var coords = position.coords;
var latlng = new google.maps.LatLng(
    coords.latitude,          // 纬度
    coords.longitude          // 经度
);
```

我们将这个点作为地图的中心点，并设置地图放大倍数为 12，设置地图类型为 ROADMAP。相关代码如下：

```
var myOptions = {
    zoom: 12,                  // 地图放大倍数
    center: latlng,            // 地图中心设为指定坐标点
    mapTypeId: google.maps.MapTypeId.ROADMAP  // 地图类型
};
```

设置以上参数后，我们可以创建一个地图对象，并指定该对象显示在页面中 id 为"map"的 div 元素中。相关代码如下：

```
var myMap = new google.maps.Map(
    document.getElementById("map"),myOptions
);
```

接下来我们为地图创建一个标记，用于标记出用户当前的地理位置。相关代码如下：

```
var marker=new google.maps.Marker({
    position: latlng,
    map: myMap
});
```

除了地图标记外，还可以为标记设置标注窗口并添加注释文字。相关代码如下：

```
var infowindow=new google.maps.InfoWindow({
    content:"您在这里<br/>纬度: " + coords.latitude +
            "<br/>经度: "+coords.longitude
    });
```

最后需要将创建的标注窗口显示出来。相关代码如下：

```
infowindow.open(myMap,marker);
```

这样就完成了从地理位置信息到地图信息的转换。完整的示例代码如下：

```
<!doctype html>
<html>
<head>
<meta charset="utf-8">
<title>15.3.1</title>
<script type="text/javascript" src="http://maps.google.com/maps/api/
js?sensor=false" ></script>
<script type="text/javascript">
navigator.geolocation.getCurrentPosition(function(position){
    var coords = position.coords;
    var latlng = new google.maps.LatLng(
        coords.latitude,        // 纬度
        coords.longitude        // 经度
    );
    var myOptions = {
        zoom: 12,                                       // 地图放大倍数
        center: latlng,                                 // 地图中心设为指定坐标点
        mapTypeId: google.maps.MapTypeId.ROADMAP        // 地图类型
    };
    // 创建地图并输出到页面
    var myMap = new google.maps.Map(
        document.getElementById("map"),myOptions
    );
    // 创建标记
    var marker = new google.maps.Marker({
        position: latlng,           // 标注指定的经纬度坐标点
        map: myMap                  // 指定用于标注的地图
    });
    //创建标注窗口
    var infowindow = new google.maps.InfoWindow({
        content:"您在这里<br/>纬度: "+
            coords.latitude+
            "<br/>经度: "+coords.longitude
    });
    //打开标注窗口
```

```
    infowindow.open(myMap,marker);
});
</script>
</head>
<body>
<div id="map" style="width:800px; height:600px"></div>
</body>
</html>
```

运行这段代码后，在浏览器中将显示 Google 地图及当前用户所在位置，效果如下图所示。由于根据 IP 地址获取地理位置信息会有比较大的误差，所以在地图上显示的位置并非用户当前真正的地址，如果想获取更为精确的地址，就需要选择误差更小的 GPS 或移动网络方式获取地理位置。

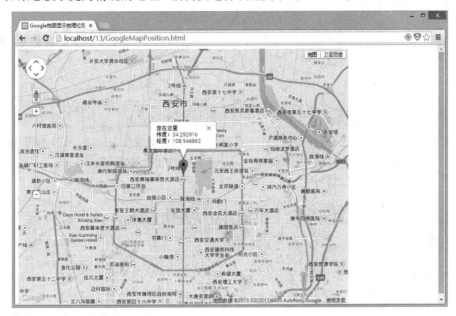

测试题

（1）地理位置定位的方式有哪些？

（2）HTML5 中如何实现地理位置定位？

（3）如何检测浏览器是否支持地理位置定位？

（4）getCurrentPosition 方法有几个参数？含义分别是什么？

（5）在地图中显示地理位置需要哪些操作？

15.4　本章小结

本章主要介绍了 HTML5 中地理位置 API 的使用方法，通过本章的学习，读者应该熟练掌握 Geolocation API 的使用方法，尤其是 getCurrentPosition、watchPosition 和 clearPosition 方法的使用，并能通过 Google Map API 在页面上创建地理位置信息。

第16章

History API

我们平时上网浏览网页时，浏览器都会将浏览的每一个页面地址保存在历史记录中，这样就可以通过浏览器的后退和前进按钮，在浏览过的网页之间进行切换。History API 用于对这些历史记录进行控制和管理，换言之，我们可以使用 History API 控制浏览器的显示。

16.1 History API 概述

History API 在 HTML5 之前就已经存在。History 是一个全局对象，可以使用 window.history 调用该对象。在 HTML4 中，History 的 length 属性用于获取浏览器的历史记录数，back()方法用于返回上一页，forward()方法用于前进下一页，go()方法用于前进或后退到指定页面，其参数是一个数字，如果是正数，则为前进，如果是负数，则为后退，如果不写或为 0，则刷新当前页。

在 HTML5 中，History API 又新增加了 pushState()和 replaceState()两个方法，分别用于增加历史记录和替换历史记录。另外还增加了 popstate 事件，用于处理对历史记录的更改。

16.2 为什么要用 History API

既然浏览器已经有了前进和后退的功能，那么为什么还要使用 History API 呢？让我们来观察这样一个场景，在一个视频播放的页面上，用户正在浏览有关视频的评论信息，由于评论很多，所以采用了分页处理。为提升用户体验，网站采用了 Ajax 技术，用户每次单击下一页按钮时，页面只刷新评论的内容，当用户浏览到第 4 页时，忽然想到第 3 页看过的一条评论信息，于是单击了浏览器的后退按钮，此时悲剧就发生了，整个页面都重新刷新了一次，看了一半的视频又开始重新播放。

为了避免发生类似的悲剧，HTML5 的 History API 提供了很好的解决方法。使用 pushState()

方法将所包括 Ajax 局部刷新时的浏览记录保存起来，或者使用 replaceState()方法替换当前浏览器中的历史记录，这样当单击浏览器的后退或前进按钮时，就可以实现无刷新的跳转。

16.3　如何使用 History API

目前各主流浏览器对 History API 的支持是非常不错的，为了用编程的方式确定浏览器是否支持这个 API，可以使用下面的代码进行检测。

```
if(window.history && history.pushState){
    console.log("您的浏览器支持 History API.");
}else{
    console.log("您的浏览器不支持 History API.");
}
```

如果浏览器不支持 History API，还可以在以下地址下载 history.js 代替。

https://github.com/browserstate/history.js/

HTML5 为 History API 提供了两个新方法和一个事件，新方法和事件的配合使用，就可以实现 Ajax 无刷新的后退和前进功能。新方法和事件的介绍如下。

（1）pushState(data,title,url)：向历史记录的顶部添加一条记录。data 为一个对象或 null，会在触发 window 的 popstate 事件（window.onpopstate）时，作为参数的 state 属性传递；title 为页面的标题，但目前所有浏览器都忽略这个参数；url 为页面的 URL，不写则为当前页面。

（2）replaceState(data,title,url)：更改当前页面的历史记录。参数与 pushState 参数相同。

（3）popstate 事件：当浏览历史记录时，无论是单击前进或后退按钮，还是使用 history.go 和 history.back 方法，或者使用 pushState 和 replaceState 方法，都会触发 popstate 事件。

16.4　实例：浏览历史记录

本例通过编程的方式实现浏览历史记录的功能，通过单击页面上的前进与后退按钮（注意不是浏览器的前进与后退按钮），实现浏览历史记录的跳转。另外，通过单击页面上的跳转按钮，跳转到指定的历史记录页面。我们先来看一下 HTML 页面代码。

```
<!doctype html>
<html>
<head>
<meta charset="utf-8">
<title>16.4.1</title>
<script language="javascript">
function goBack(){
    history.back();
```

```
}
function goForward(){
    history.forward();
}
function goIndex(){
    var index=document.getElementById("num").value;
    history.go(index);
}
</script>
</head>

<body>
<h1>第一页</h1>
<h2>
<a href="page1.html">page1</a>
<a href="page2.html">page2</a>
<a href="page3.html">page3</a>
</h2>
<input type="button" value="后退" onClick="goBack()"/>
<input type="button" value="前进" onClick="goForward()"/><br><br>
跳转<input type="number" id="num" /><input type="button" value="Go"
onClick="goIndex()"/>
</body>
</html>
```

本示例中总共有三个 HTML 页面，分别为 page1.html、page2.html 和 page3.html，这三个 HTML 页面中除了<h1>元素中的内容不同，其他的代码完全相同。运行这段代码后可以看到如下的 HTML 界面。

依次单击"page1""page2"和"page3"三个链接，这样浏览器就记录了我们的浏览记录。当前页面地址显示为第三页，单击后退按钮，此时调用 history.back()方法返回上一个浏览页面，也就是第二页，这与我们单击浏览器上的后退按钮是一样的效果。单击前进按钮，此时调用 history.forward()方法向前浏览一个页面，又回到了第三页，这与我们单击浏览器上的前进按钮是一样的效果。最后在数字框中输入-1，并单击 Go 按钮，又返回上一个浏览的页面（第二页），再输入 1，并单击 Go 按钮，又返回到第三页。

提 示

在调用 history.go()方法时，如果输入的参数为正数，则向前浏览；如果输入的参数为负数，则向后浏览；如果输入的参数为 0 或不输入参数或浏览记录小于输入参数的绝对值，则刷新当前页面。

16.5　实例：添加与修改历史记录

　　本节将通过具体的实例介绍 HTML5 中 History API 新增的 pushState()和 replaceState()方法，以及 popstate 事件。本例中，我们会看到一个链接列表和一个 div，当单击相应的链接时，div 中将显示对应的文字，地址栏中的地址也会跟着变化；当单击浏览器的后退或前进按钮时，div 中的文字和地址栏中的地址也要相应的变化。我们先来看一段代码：

```html
<!doctype html>
<html>
<head>
<meta charset="utf-8">
<title>16.5.1</title>
<style>
#list {
    float: left;
    list-style: none;
}
#content {
    margin-left: 80px;
    float: left;
    width: 260px;
    height: 100px;
    border: 5px solid #ccc;
    font-size: 24px;
}
</style>
<script language="javascript">
if(window.history && history.pushState){
    console.log("您的浏览器支持 History API.");
}else{
    console.log("您的浏览器不支持 History API.");
}
function show(obj){
    var content=document.getElementById("content");
    content.innerHTML="您选择的是："+obj.innerText;
}
</script>
</head>
<body>
<ul id="list">
    <li><a href="#1" onClick="show(this)">星期一</a></li>
    <li><a href="#2" onClick="show(this)">星期二</a></li>
    <li><a href="#3" onClick="show(this)">星期三</a></li>
```

```
    <li><a href="#4" onClick="show(this)">星期四</a></li>
    <li><a href="#5" onClick="show(this)">星期五</a></li>
</ul>
<div id="content"> </div>
</body>
</html>
```

运行这段代码后，依次单击左边的列表，在右边的 div 中将显示对应的文字，地址栏中的地址也会跟着变化。但是当单击浏览器的后退按钮时，只有地址栏中的地址变化了，div 中的文字却没有变化，效果如下图所示，这并不是我们想要的结果。

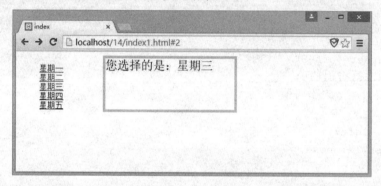

虽然浏览器记录了我们浏览过的地址，但是当我们后退或前进时，页面中的内容并没有刷新。要实现希望的结果，就需要用到 HTML5 中 History API 新增的方法和事件。我们对以上代码进行了改进，具体如下：

```
<!doctype html>
<html>
<head>
<meta charset="utf-8">
<title>16.5.2</title>
<style>
#list {
    float: left;
    list-style: none;
}
#content {
    margin-left: 80px;
    float: left;
    width: 260px;
    height: 100px;
    border: 5px solid #ccc;
    font-size: 24px;
}
</style>
<script language="javascript">
if(window.history && history.pushState){
```

```
        console.log("您的浏览器支持 History API.");
    }else{
        console.log("您的浏览器不支持 History API.");
    }
var historys=[];
function show(obj){
    var content=document.getElementById("content");
    content.innerHTML="您选择的是："+obj.innerText;
    var data={
        hash:obj.href,
        text:content.innerHTML
    };
    addHistory(data);
}
window.onpopstate = function(e){
    if(e.state){
        var content=document.getElementById("content");
        content.innerHTML=e.state.text;
    }
}
function addHistory(obj){
    if(historys.indexOf(obj.hash)==-1){
        historys.push(obj.hash);
        window.history.pushState(obj,"",obj.hash);
    }else{
        window.history.replaceState(obj,"",obj.hash);
    }
}
</script>
</head>
<body>
<ul id="list">
    <li><a href="#1" onClick="show(this)">星期一</a></li>
    <li><a href="#2" onClick="show(this)">星期二</a></li>
    <li><a href="#3" onClick="show(this)">星期三</a></li>
    <li><a href="#4" onClick="show(this)">星期四</a></li>
    <li><a href="#5" onClick="show(this)">星期五</a></li>
</ul>
<div id="content"> </div>
</body>
</html>
```

　　我们先声明一个全局的 historys 数组，用于存放访问过的历史地址，当单击链接时，获取链接对象的 href 属性，将其与 div 中的内容组成一个 data 对象，然后调用 addHistory()方法。在这个方法中，先判断 historys 数组中是否存在当前链接，如果不存在，就将当前链接添加到数组，同时调用 pushState()方法为浏览器添加一个历史记录；如果 historys 数组中不存在当前链接，就调用 replaceState()方法替换浏览器中的历史记录。最后为 onpopstate 事件添加函数，当该事件触发时，我们将对应的内容赋给 div，这样就实现了本例的所有功能。

测试题

（1）HTML5 中 History API 新增了哪些方法和事件？

（2）如何检测浏览器是否支持 History？

（3）history.go()方法的参数是正数还是负数？

（4）history.pushStat()方法有几个参数？

16.6 本章小结

本章主要介绍了 HTML5 中 History API 的使用方法，通过本章的学习，读者应该熟练掌握 history 对象的使用方法，能够通过编程的方式控制浏览器的后退、前进和跳转，能够实现浏览器地址和页面的 Ajax 刷新，以及掌握 History API 新增方法和事件的使用方法。

第17章

CSS 基础知识

CSS 与 HTML 的发展紧密结合，两者相辅相成，如果将 HTML 比喻成躯干，那么 CSS 就是华丽的外衣。CSS 从最初只包含颜色、背景、文字等相关属性，发展到可以使用样式表结构，再到现在的 CSS3，可以说有了突飞猛进的发展。从本章开始，我们将对 CSS 进行系统的介绍。

17.1 CSS 概述

在学习 CSS 之前，我们先对 CSS 进行大概的介绍，让大家了解什么是 CSS，CSS 的发展经历了哪些重要的版本，CSS 有什么特点，与浏览器是什么关系，最后为大家提供一些精美的 CSS 站点案例。

17.1.1 CSS 简介

CSS 是英文 Cascading Style Sheet 的缩写，也叫作"层叠样式表"。CSS 经历了多个版本的发展，最新版本是 CSS3，是由 Adobe Systems、Apple、Google、HP、IBM、Microsoft、Mozilla、Opera、Sun Microsystems 等许多 Web 界的巨头联合组成的名为"CSS Working Group"的组织共同协商策划的。目前 CSS3 还在完善很多细节，但是 HTML5 和 CSS3 已经成为 Web 发展的大趋势，越来越多的用户正在使用 HTML5 和 CSS3 开发属于它们的新页面。

17.1.2 CSS 历史

CSS 的发展主要经历以下了几个发展阶段。

（1）CSS 1：CSS 1 于 1996 年 12 月正式推出，在该版本中提供了有关文字、颜色、位置文本属性等基本信息。

（2）CSS 2：CSS 2 于 1998 年 5 月正式推出，该版本中可以使用样式表结构对网页效果进行统一编排，这样程序员开发时就可以不考虑显示和界面，只关注功能的实现，显示问题由样式表结构统一完成。

（3）CSS 2.1：CSS 2.1 于 2004 年 2 月正式推出，该版本在 CSS 2 的基础上稍微进行了改动，剔除了一些不被浏览器支持的属性。

（4）CSS3：CSS3 目前还没有正式推出，仍处于完善阶段。CSS3 是一个全新的版本，它将许多复杂的样式进行了模块划分，同时还加入了更多新的模块。

17.1.3　CSS 特点

如果网页设计者想设计出符合要求的网页，就需要借助 CSS 的功能，精确定位页面上的各个元素，让它们根据设计者的要求进行编排和展示。除此之外，CSS 还具有以下几个特点：

（1）统一替换样式。使用样式表可以为单个页面上的相同元素，或者整个站点上的相同页面设置统一的样式，这样有助于建立站点的风格，在更换页面或站点的风格时也非常方便。

（2）分离页面的表示层与结构层。HTML 元素是页面的结构，CSS 可以控制页面的效果，样式表分离了页面的结构层和表示层，这样程序员可以更专注页面结构，而页面效果则由美工来完成。

（3）减少了页面大小。早期的 HTML 与 CSS 都在一个页面上混合着，页面结构很不清晰，定位一个元素或修改一个样式都比较困难，样式表的分离减少了页面上很大一部分内容。

（4）加快了页面加载速度。我们在浏览网页时，网页上的内容都会经过浏览器进行解析，在这个过程中需要从服务端加载页面，分离样式表后，由于页面减小了，所以加载速度也提升了。

17.1.4　CSS 与浏览器的关系

浏览器用于对页面元素进行解析，对解析的结果进行渲染，最终呈现给用户，而 CSS 正是浏览器解析的一部分。不同厂家、不同版本的浏览器，对于同一个页面元素解析的结果可能存在差异，比如 Firefox 设置 padding 后，div 会增加 height 和 width，但 IE 不会，所以需要用!important 多设置一个 height 和 width。另外，台式电脑、笔记本电脑、平板电脑和智能手机的浏览器也有差别，相同的一个页面，在台式电脑和智能手机上显示的效果有很大差别。

CSS 是表现页面效果的一个标准，其随着互联网技术的发展在不断改进，而浏览器厂商也根据 CSS 发展的趋势，不断改进浏览器对 CSS 的兼容性。尤其在 CSS3 中，采用了分工协作的模块化结构，这让浏览器厂商根据不同的硬件，开发支持不同模块的浏览器，以便适应更好的展现效果。

17.1.5　CSS 站点欣赏

以下提供了几个精美的 CSS 网页设计供大家欣赏。

17.2　基本 CSS 选择器

选择器（selector）是 CSS 中很重要的概念，是 HTML 标记与样式的纽带，具有一套完整的规则。在 CSS 中，有各种不同类型的选择器可以选择，本节主要介绍三种基本的 CSS 选择器，即标记选择器、类别选择器和 ID 选择器。

17.2.1 标记选择器

Web 页面的框架由 HTML 元素的标记组成，CSS 标记选择器就是用来声明各个元素的标记使用哪种 CSS 样式，HTML 中的每一个标记都是一个标记选择器。例如以下的 CSS 声明了页面中所有 h1 标记的字体颜色为红色。

```
<style>
h1 {
    color: red;
}
</style>
```

其中 h1 表示 HTML 页面中的 h1 元素，也是标记选择器的名称，color 是标记的属性，red 是属性值。如果要为 h1 设置多种样式，可以在属性和值后面继续添加其他属性和值，中间以分号隔开。例如以下的 CSS 声明了页面中所有 h1 标记的字体颜色为红色，字体大小为 24px。

```
<style>
h1 {
    color: red;
    font-size:24px;
}
</style>
```

17.2.2 类别选择器

页面中一旦设置了标记选择器，那么页面中所有该标记的元素都将具有相同的样式。例如为 <p> 元素设置标记选择器样式如下：

```
<style>
p{
    color:red;
    font-size:18px;
}
</style>
```

这样页面中所有的 <p> 元素都显示为红色，字体大小均为 18px。如果此时页面中某一个 <p> 元素需要显示为蓝色，那么单纯使用标记选择器就无能无力了，可以使用类别（class）选择器。

类别选择器的声明与标记选择器的声明类似，区别在于类别选择器的名称可以自定义，且名称前必须有一个点号。例如声明一个类别选择器如下：

```
<style>
.blue{
    color:blue;
    font-size:30px;
}
</style>
```

　　类别选择器在使用时需要设置 HTML 元素的 class 属性，并指定属性值为类别选择器的名称，注意属性值不带点号。具体使用方法如下：

```
<p class="blue">这是类别选择器</p>
```

　　类别选择器的使用不局限于某一个元素标记，而是适用于所有具有 class 属性的元素标记。例如以上为<p>元素设置的类别选择器同样可以作用于<h1>元素，使用方法如下：

```
<h1 class="blue">这里也可以使用类别选择器</h1>
```

　　下面通过一个完整的示例来看一下类别选择器的使用方法。

```
<!doctype html>
<html>
<head>
<meta charset="utf-8">
<title>17.2.1</title>
<style>
.red{
    color:red;
    font-size:24px;
}
.blue{
    color:blue;
    font-size:30px;
}
</style>
</head>
<body>
<p class="red">红色字段</p>
<p class="blue">蓝色字段</p>
<h1 class="blue">H1 蓝色字段</h1>
</body>
</html>
```

　　运行这段代码后，效果如下图所示。

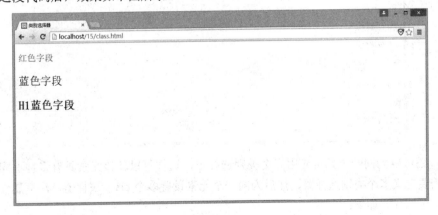

　　类别选择器可以为任何具有 class 属性的元素设置样式，当页面中包含多个相同元素，大部分元素使用相同样式，个别元素使用不同样式时，可以先使用标记选择器为所有元素设置样式，再使用类别选择器为个别元素设置不同样式。例如下面这段代码：

```
<!doctype html>
<html>
<head>
<meta charset="utf-8">
<title>17.2.2</title>
<style>
p{
    color:blue;
    font-size:24px;
}
.red{
    color:red;
    font-size:30px;
}
</style>
</head>
<body>
<p>默认段落样式</p>
<p>默认段落样式</p>
<p>默认段落样式</p>
<p class="red">特殊段落样式</p>
<p>默认段落样式</p>
<p>默认段落样式</p>
<p>默认段落样式</p>
</body>
</html>
```

运行这段代码后，效果如下图所示。

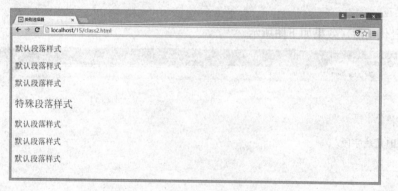

　　另外，还可以为同一个元素应用多个类别选择器，这样可以使该元素具有多种不同风格的样式。首先需要定义多个类别选择器，然后为同一个元素设置多个 class 属性值，注意属性值之间用空格分隔。示例代码如下：

```
<!doctype html>
<html>
<head>
<meta charset="utf-8">
<title>17.2.3</title>
<style>
.red{
    color:red;
    font-size:24px;
}
.blue{
    color:blue;
    font-size:30px;
}
</style>
</head>
<body>
<p class="red">使用第一种样式</p>
<p class="blue">使用第二种样式</p>
<p class="red blue">使用两种样式</p>
</body>
</html>
```

运行这段代码后，效果如下图所示。

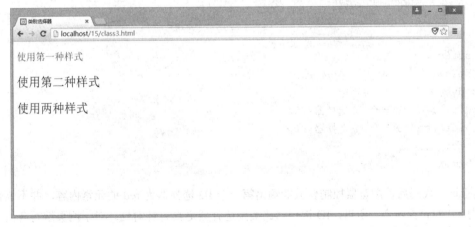

试一试：在使用两种样式时，如果将 class="red blue"换成 class="blue red"，运行效果会有什么变化？如果将 red 类别选择器和 blue 类别选择器调换位置，运行效果会有什么变化？有兴趣的读者可以尝试一下。

17.2.3　ID 选择器

与类别选择器一样，ID 选择器是通过 HTML 元素的 ID 属性来声明 CSS 样式。ID 选择的名称可以自定义，但名称必须添加前缀#。例如下面这段代码：

```
<style>
#red{
    color:red;
    font-size:24px;
}
</style>
```

在 Web 页面中，相同 ID 的 HTML 元素可以同时存在，浏览器在解析时并不会出现问题，但是如果页面中的 JavaScript 根据 document.getElementById("ID")定位元素时，就无法准确定位到元素。例如下面这段代码：

```
<!doctype html>
<html>
<head>
<meta charset="utf-8">
<title>17.2.4</title>
<style>
#red{
    color:red;
    font-size:24px;
}
</style>
<script language="javascript">
window.onload=function (){
    var aa=document.getElementById("red");
    console.log(aa.innerHTML);
}
</script>
</head>
<body>
<p id="red">第一个 ID 选择器</p>
<p id="red">第二个 ID 选择器</p>
</body>
</html>
```

运行这段代码后，浏览器控制台只能输出第一个 ID 选择器为 red 的元素内容，并不能输出所有 ID 为 red 的元素内容。所以，ID 选择器比类别选择器更具有针对性。对于网页编写者而言，要养成良好的编码规范，一个 ID 只能赋予一个 HTML 元素。

试一试：既然可以为同一个 HTML 元素使用多个类别选择器，那么能否为同一个 HTML 元素使用多个 ID 选择器呢？有兴趣的读者可以试一试。

17.2.4 实例：应用基本选择器

本例我们将使用基本选择器对一段文字的样式进行设置，显示后的效果如下图所示。

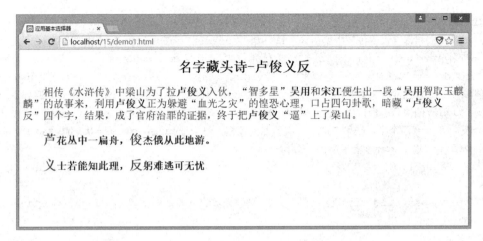

在这段文字中，标题显示为粗体，段落内容中的人名被着重显示，藏头诗中每句第一个字显示为红色，字体稍大，诗中其他文字的样式与段落中人名使用相同的样式。完整的示例代码如下：

```
<!doctype html>
<html>
<head>
<meta charset="utf-8">
<title>17.2.5</title>
<style>
p {
    font-size: 24px;
}
.bold_text{
    color:blue;
    font-weight:bold;
    font-size:24px;
}
span{
    color:red;
    font-size:30px;
}
#show_title{
    text-align:center;
}
#content{
    color:#212D25;
}
</style>
</head>
<body>
<div id="show_title">
    <h1>名字藏头诗-卢俊义反</h1>
</div>
```

```
<div id="content" >
    <p>    相传《水浒传》中梁山为了拉<span class="bold_text">卢俊义</span>入伙，
&ldquo;智多星&rdquo;<span class="bold_text">吴用</span>和<span
class="bold_text">宋江</span>便生出一段&ldquo;<span class="bold_text">吴用</span>
智取玉麒麟&rdquo;的故事来，利用<span class="bold_text">卢俊义</span>正为躲避&ldquo;
血光之灾&rdquo;的惶恐心理，口占四句卦歌，暗藏&ldquo;<span class="bold_text">卢俊义
</span>反&rdquo;四个字，结果，成了官府治罪的证据，终于把<span class="bold_text">卢俊义
</span>&ldquo;逼&rdquo;上了梁山。</p>
    <p class="bold_text">    <span>芦</span>花丛中一扁舟，<span>俊</span>杰俄从此
地游。</p>
    <p class="bold_text">    <span>义</span>士若能知此理，<span>反</span>躬难逃
可无忧</p>
</div>
</body>
</html>
```

本例分别使用了标记选择器、类别选择器和 ID 选择器完成了最终效果，有兴趣的读者可以参照本例进行练习。

17.3　复合选择器

复合选择器是针对基本选择器而言，由两个或多个基本选择器通过不同的方式连接而成。复合选择器可以分为"交集"选择器、"并集"选择器和后代选择器。

17.3.1　"交集"选择器

"交集"选择器是由两个选择器直接连接构成，其结果是选中各自元素范围的交集。其中第一个必须是标记选择器，第二个必须是类别选择器或 ID 选择器，这两个选择器之间不能有空格，必须连续书写。示例代码如下：

```
<!doctype html>
<html>
<head>
<meta charset="utf-8">
<title>17.3.1</title>
<style>
div{
    width:400px;
    height:100px;
    margin-left:50px;
    color:white;
    font-size:24px;
    font-weight:bold;
    text-align:center;
```

```
    line-height:100px;
    background:green;
}
.red{
    background:red;
}
.blue{
    background:blue;
}
div.green{
    color:black;
}
</style>
</head>
<body>
    <div class="red">红底白字</div>
    <div class="div green">绿底黑字</div>
    <div class="blue">蓝底白字</div>
</body>
</html>
```

运行这段代码后，效果如下图所示。

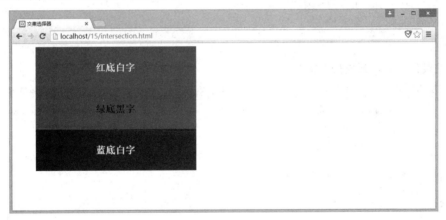

　　"交集"选择器第一个必须是标记选择器，有时也会是类选择器，即两个都是类选择器，这种情况在一些浏览器中是允许的，但有些浏览并不兼容，如果必须使用，需要对浏览器的兼容性进行充分测试。

17.3.2　"并集"选择器

　　"并集"选择器可以同时选中各个基本选择器所选择的范围。任何形式的选择器都可以组成"并集"选择器，多个选择器通过逗号连接。其格式如下：

```
<style>
h2,.red,#green{
    color:blue;
```

```
    font-size:24px;
}
</style>
```

由于"并集"选择器包含了各个基本选择器的所选范围，所以使用"并集"选择器与单独使用各个基本选择器的效果是一样的。完整的示例代码如下：

```
<!doctype html>
<html>
<head>
<meta charset="utf-8">
<title>17.3.2</title>
<style>
h2,li,.class,#id{
    color:blue;
    font-size:24px;
}
</style>
</head>
<body>
<h2>第一行数据</h2>
<p class="class">第二行数据</p>
<div id="id">第三行数据</div>
</body>
</html>
```

运行这段代码后，效果如下图所示。

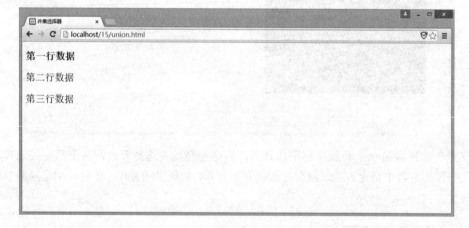

17.3.3 后代选择器

HTML 元素之间可以嵌套，而对于这些嵌套的元素，CSS 也有与其对应的后代选择器。后代选择器由多个标记选择器组成，但是又不同于"交集"选择器或"并集"选择器。后代选择器规定外层的标记写在前面，内层的标记写在后面，标记之间用空格分隔。如果标记之间存在嵌套关系，那么内层的标记就视为外层标记的后代。示例代码如下：

```
<!doctype html>
<html>
<head>
<meta charset="utf-8">
<title>17.3.3</title>
<style>
p span{
    color:red;
}
span{
    color:green;
}
</style>
</head>
<body>
<p>嵌套<span>标记</span>的颜色</p>
没有嵌套<span>标记</span>的颜色
</body>
</html>
```

运行这段代码后，效果如下图所示。

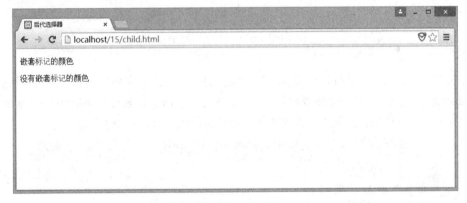

在这段代码中，<span>元素中的内容相同，但是第一个<span>元素与<p>元素嵌套，所以应用了后代选择器，字体显示为红色；而第二个<span>元素没有嵌套，所以应用了标记选择器，字体显示为绿色。

试一试：需要说明的是，因为 HTML 元素可以多级嵌套，所以对应的后代选择器就可以由多个标记选择器组成，这样的后代选择器对多级元素都会产生影响，读者不妨动手试一试。

17.3.4 实例：应用复合选择器

本例综合使用以上介绍的三种选择器，即在一个页面上呈现三种选择器的效果。相关代码如下：

```
<!doctype html>
<html>
```

```
<head>
<meta charset="utf-8">
<title>17.3.4</title>
<style>
div.bg{
    color:blue;
    font-size:30px;
}
div,#small{
    font-family:"华文行楷";
}
div span{
    font-size:24px;
}
</style>
</head>
<body>
<div class="div bg">
    交集选择器控制颜色
    <div class="div small">并集选择器控制字体<span>  后代选择器控制大小
</span></div>
    </div>
</body>
</html>
```

在这段代码中，最外层的\<div\>元素使用"交集"选择器，控制字体的颜色和全局字体的大小，内层的\<div\>元素使用"并集"选择器控制字体，最内层的\<span\>元素与外层的\<div\>元素嵌套，使用后代选择器，控制\<span\>元素内字体的大小。运行这段代码后，效果如下图所示。

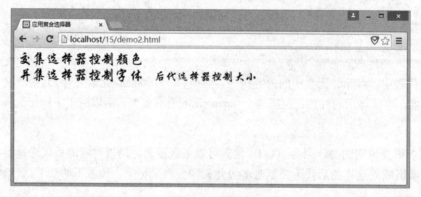

17.4　CSS 继承特性

CSS 的一个主要特征就是继承，依赖于祖先-后代的关系。继承是一种机制，允许样式不仅可以应用于某个特定的元素，还可以应用于其后代。

17.4.1　什么是继承

为什么孩子与父母长得比较像，就是因为孩子继承了父母的基因。CSS 样式同样具有继承特性，相互嵌套的 HTML 元素形成了父子关系，父元素具有的 CSS 样式，子元素也具有同样的 CSS 样式。例如我们给<body>元素设置背景色为灰色，那么整个页面中所有元素的背景色都将是灰色。

当然，孩子虽然可以与父母长得很像，但它们始终不是一个模子里刻出来的，孩子依然有他自己的特点。同样的，虽然 CSS 样式具有继承特性，但是子元素还可以设置其自己的样式。例如<body>元素设置背景色为灰色，子元素<p>还可以设置背景色为蓝色，这样子元素就有了自己的CSS 样式。

17.4.2　CSS 属性继承

虽然 CSS 具有继承特性，但并不是所有的 CSS 属性都可以继承。文本相关属性是继承的，如 font-family、font-size、font-style、font-variant、font-weight、font、letter-spacing、line-height、text-align、text-indent、text-transform 和 word-spacing；列表相关属性是继承的，如 list-style-image、list-style-position、list-style-type 和 list-style；颜色相关属性是继承的，如 color。需要说明的是，font-size 属性与其他属性有点不同，font-size 继承的是计算的值。

17.4.3　实例：正确使用 CSS 继承特性

本小节将举例说明 CSS 继承特性的使用方法。要求如下：页面背景色为灰色，默认字体大小为 24px，段落第一个字字体大小为 30px 且字体加粗，显示为斜体。完整的示例代码如下：

```
<!doctype html>
<html>
<head>
<meta charset="utf-8">
<title>17.4.1</title>
<style>
body{
    background:#C6C6C6;
    font-size:24px;
}
p{
    text-indent:2em;
}
strong{
    font-size:30px;
    font-weight:bold;
    font-style:italic;
}
.display_right{
    text-align:right;
}
```

```
</style>
</head>
<body>
<p><strong>孔</strong>孔丘先生是深通世故的老先生，大约除脸子付印问题以外，还有深心，
犯不上来做明目张胆的破坏者，所以只是不谈，而决不骂，于是乎严然成为中国的圣人，道大，无所不包故
也。否则，现在供在圣庙里的，也许不姓孔。</p>
<p class="display_right">—鲁迅</p>
</body>
</html>
```

运行这段代码后，效果如下图所示。

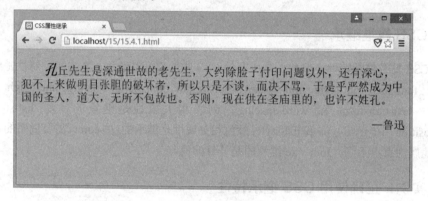

17.5　CSS 的层叠特性

CSS 的另一个特性就是它的层叠性。层叠性是指当有多个选择器都作用于同一元素时，即多个选择器的作用范围发生了重叠，CSS 将按照一定的原则进行处理。

如果多个选择器定义的规则相互之间并不冲突，那么元素将应用所有选择器定义的样式。例如下面这段代码：

```
<!doctype html>
<html>
<head>
<meta charset="utf-8">
<title>17.5.1</title>
<style>
p{
    color:red;
}
#select_id{
    color:green;
}
.select_class{
    color:blue;
```

```
    }
    </style>
    </head>
    <body>
    <p>标记选择器</p>
    <p class="select_class">标记选择器和类选择器</p>
    <p id="select_id" class="select_class">标记选择器、类选择器和 ID 选择器</p>
    </body>
    </html>
```

运行这段代码后，效果如下图所示。

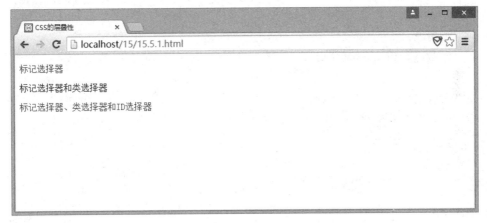

如果多个选择器定义的规则发生了冲突，那么 CSS 将按照选择器的优先级让元素应用优先级高的选择器定义的样式。有关选择器优先级的详细内容将在后面章节进行介绍。

17.6　CSS 样式

以上介绍了 CSS 的一些基本信息，本节主要介绍 CSS 样式的分类。CSS 样式按其所在位置可以分为三类：行内样式、内部样式和外部样式。

17.6.1　行内样式

如果 CSS 样式在 HTML 元素标签的内部书写，就称为行内样式。例如以下的样式：

```
<h1 style="color:red; font-size:24px;">行内样式</h1>
```

行内样式需要书写在元素标签的 style 属性中，样式的属性和值之间用冒号分隔，多个样式之间用分号分隔，行内样式是 CSS 样式的一种基本形式。

试想一下，如果一个 Web 页面中有 100 个元素，我们需要给每个元素都编写行内样式，其中还包含很多重复的元素，这将是一件非常麻烦的事情。另外，因为将 HTML 元素与 CSS 样式混杂在一起，也不利于程序的调试和修改，所以行内样式仅作为 CSS 样式的一种基本形式，并不提倡在实际的项目中使用。

17.6.2 内部样式

内部样式是将 CSS 样式编写在页面内部，但所有的样式都编写在<style>元素中，这样就可以将 CSS 样式与 HTML 元素分离，使页面显得更加整洁。例如下面这段代码：

```
<!doctype html>
<html>
<head>
<meta charset="utf-8">
<title>17.6.1</title>
<style>
p{
    color:red;
    font-size:24px;
}
</style>
</head>
<body>
<p>内部样式</p>
</body>
</html>
```

内部样式优于行内样式，可以实现 CSS 样式与 HTML 元素分离，但是内部样式只对当前页面有效。如果多个页面中有很多相同的样式，就需要做很多重复的工作，所以内部样式也不是理想的方式。

17.6.3 外部样式

外部样式是将 CSS 样式编写在一个单独的文件中，该文件可以由多个页面调用，这样不但实现了 CSS 样式与 HTML 元素的分离，而且还避免了很多重复性工作，对于 CSS 样式的管理也非常有帮助。例如下面这段代码：

```
<!doctype html>
<html>
<head>
<meta charset="utf-8">
<title>17.6.2</title>
<link rel="stylesheet" href="style.css" type="text/css"/>
</head>
<body>
<p>外部样式</p>
</body>
</html>
```

在这段代码中，使用<link>元素引入外部样式，rel 属性用于设置连接的关系，这里设置为样式表，href 属性用于设置外部样式的文件路径，type 属性用于设置链接文件的 MIME 类型。

17.6.4　实例：CSS 样式的实现方式

本小节将通过具体实例详细介绍 CSS 样式的各种实现方式。在本例中，使用行内样式设置需要特殊处理字体的样式，使用内部样式设置段落中字体的样式，使用外部样式设置全局字体的颜色。完整的示例代码如下：

```
<!doctype html>
<html>
<head>
<meta charset="utf-8">
<title>17.6.3</title>
<link rel="stylesheet" href="style.css" type="text/css"/>
<style>
em{
    color:red;
    font-weight:bold;
    font-size:30px;
}
</style>
</head>
<body>
<p><strong style="color:red; font-size:30px; font-weight:bold">父</strong>
亲是一本很厚的书,小时候我就很佩服<em>我的父亲</em>,但不懂其中的含义;随岁月的推移和一些事情
的发生.我渐渐地了解了<em>我的父亲</em>,他像水一样,遇到障碍则气势更大,是一种遇到挫折则更加
坚强的人。</p>
</body>
</html>
```

外部样式 style.css 文件中的代码如下：

```
p{
    font-size:24px;
    text-indent:2em;
}
```

在这段代码中，创建了一个名为 style.css 的外部样式文件，并在页面中通过<link>元素引入该文件，该文件中设置了一个标记选择器，用于设置全局字体的样式。<strong>元素用于设置段落第一个字的样式，我们使用了行内样式进行设置。<em>元素用于设置段落中需要强调的文字，我们在内部样式中对其进行了设置。运行这段代码后，效果如下图所示。

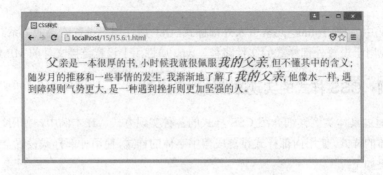

17.7 CSS 优先级

在 HTML 中，对于同一个元素可以设置多种样式，如果各种样式中都设置了相同的属性，但属性值不同，此时浏览器将会按照什么顺序进行解析呢？这就涉及 CSS 样式优先级的问题。本节将详解介绍浏览器解析 CSS 样式的先后顺序。

17.7.1 id 优先级高于 class

ID 选择器和类别选择器是使用比较普遍的两种选择器，当 HTML 中同一元素同时设置了这两种选择器样式时，ID 选择器的优先级会高于类别选择器的优先级。例如，在 HTML 页面中有一个 <p>元素同时设置了这两种选择器，类别选择器中设置字体颜色为红色，而 ID 选取中设置了字体的颜色为蓝色，那么通过浏览器解析后，<p>元素中的字体最终将显示为蓝色。详细代码如下：

```
<!doctype html>
<html>
<head>
<meta charset="utf-8">
<title>17.7.1</title>
<style>
#red_style{
    color:blue;
}
.blue_style{
    color:red;
}
</style>
</head>
<body>
<p id="red_style" class="blue_style">ID选择器显示红色，类别选择器显示为蓝色</p>
</body>
</html>
```

运行这段代码后，效果如下图所示。

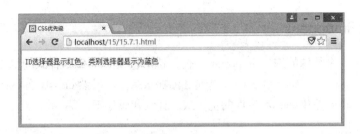

17.7.2　后面的样式覆盖前面的样式

对于相同样式的选择器，如果多个选择器中同时设置了相同的属性，但是属性值不同，那么越靠后的选择器的优先级越高。例如，在 HTML 页面中，<p>元素设置了两个类别选择器，第一个类别选择器设置字体为红色，第二个类别选择器设置字体为蓝色，经浏览器解析后，最终<p>元素中的字体将显示为蓝色。详细代码如下：

```
<!doctype html>
<html>
<head>
<meta charset="utf-8">
<title>17.7.2</title>
<style>
.classA{
    color:red;
}
.classB{
    color:blue;
}
</style>
</head>
<body>
<p class="classA classB">后面的样式覆盖前面的样式</p>
</body>
</html>
```

运行这段代码后，效果如下图所示。

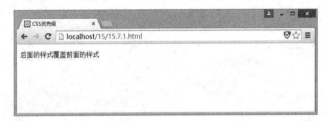

注意　这里的先后顺序并不是指元素中属性值的先后顺序，而是<style>元素中选择器的先后顺序。例如我们重新设置属性值为 class="classB classA"，然后运行代码，效果依然不变，而当我们调换<style>元素中 classA 和 classB 的先后顺序后，再运行代码，效果就会发生变化。

17.7.3 使用！important

CSS 样式中有一个特殊的属性!important，任何使用该属性的 CSS 样式的优先级都将被提升为最高。例如上例中的样式，如果给 classA 的属性添加该属性，虽然 classB 在 classA 后面声明，但是浏览器解析时依然会提升 classA 属性的优先级。详细代码如下：

```
<!doctype html>
<html>
<head>
<meta charset="utf-8">
<title>17.7.3</title>
<style>
.classA{
    color:red !important;
}
.classB{
    color:blue;
}
</style>
</head>
<body>
<p class="classA classB">优先提升具有!important 属性的样式</p>
</body>
</html>
```

17.7.4 指定的高于继承

CSS 样式具有继承性，但并非所有的子元素都必须继承父元素的属性，此时可以使用行内样式或选择器为某些元素指定新的样式，指定样式的优先级将高于继承样式的优先级。例如，我们为 <body>元素设置字体大小为 24px，而<em>元素中的字体需要特殊显示，此时可以使用 ID 选择器设置<em>元素的字体大小为 30px，颜色为红色，这样 ID 选择器样式的优先级高于<em>元素继承 <body>元素样式的优先级，<em>元素中的字体就会显示为大号字体。详细代码如下：

```
<!doctype html>
<html>
<head>
<meta charset="utf-8">
<title>17.7.4</title>
<style>
body{
    font-size:24px;
}
em{
    color:red;
    font-size:30px;
```

```
}
</style>
</head>
<body>
<em>指定</em>样式的优先级<em>高于继承</em>样式的优先级
</body>
</html>
```

运行这段代码后，效果如下图所示。

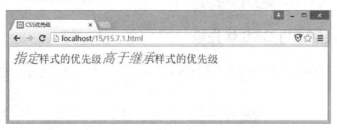

17.7.5　行内样式高于内部或外部样式

CSS 样式可以分为行内样式、内部样式和外部样式，在这三种样式中，行内样式的优先级最高，而内部样式与外部样式的优先级取决于它们的先后顺序。例如下面这段代码：

```
<!doctype html>
<html>
<head>
<meta charset="utf-8">
<title>17.7.5</title>
<link rel="stylesheet" href="style.css" />
<style>
p{
    color:blue;
}
</style>
</head>
<body>
<p style="color:red;">行内样式显示为红色，内部样式显示为蓝色，外部样式显示为绿色</p>
</body>
</html>
```

外部样式 style.css 中的代码如下：

```
p{
    color:green;
}
```

在这段代码中，我们分别在行内样式、内部样式和外部样式中设置了<p>元素的样式。由于行内样式的优先级高于其他两种样式的优先级，所以运行这段代码后，浏览器中字体的颜色显示为红色，效果如下图所示。

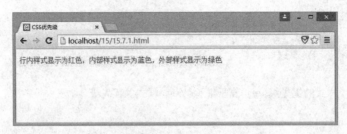

　　试一试：如果删除行内样式，再次运行代码，则字体显示为蓝色；如果调换\<link\>元素和\<style\>元素的位置，再次运行代码，则字体显示为绿色。

17.7.6　实例：灵活运用 CSS 优先级

　　本小节将通过一个具体的案例详细介绍 CSS 优先级的使用方法。首先创建一个外部样式，代码如下：

```
body{
    color:red;
}
```

　　HTML 页面中只有一个\<p\>元素，\<p\>元素中有一段文字，使用\<link\>元素引入外部样式。详细代码如下：

```
<!doctype html>
<html>
<head>
<meta charset="utf-8">
<title>17.7.6</title>
<link rel="stylesheet" href="17.7.6style.css" />
</head>
<body>
<p>CSS 样式的优先级</p>
</body>
</html>
```

　　这段代码非常简单，由于\<p\>元素内嵌与\<body\>元素中，虽然没有为\<p\>元素设置特定的样式，但是\<p\>元素继承了\<body\>元素的样式，所以运行这段代码后，页面中的字体将显示为红色。

　　下面我们一步步地进行操作，看看各种 CSS 样式对这段文字的影响效果。

　　（1）在外部样式中为\<p\>元素添加标记选择器，并设置字体颜色为蓝色。代码如下：

```
p{
    color:blue;
}
```

　　此时虽然\<p\>元素继承了\<body\>元素的样式，但是由于指定样式的优先级高于继承样式，所以字体最终将显示为蓝色。

（2）在 HTML 代码中为\<p\>元素设置 ID 属性，并在外部样式中创建 ID 选择器，在 ID 选择器中设置字体颜色为红色。代码如下：

```
<p id="my_id1">CSS 样式的优先级</p>
#my_id{
    color:red;
}
```

此时\<p\>元素同时具有标记选择器和 ID 选择器两种样式，而 ID 选择器的优先级高于标记选择器的优先级，所以字体最终将显示为红色。

（3）在 HTML 代码中为\<p\>元素设置 class 属性，并在外部样式中为\<p\>元素设置类别选择器，在类别选择器中设置字体颜色为绿色。代码如下：

```
<p id="my_id" class="my_class1">CSS 样式的优先级</p>
.my_class1{
    color:green;
}
```

此时\<p\>元素同时具有标记选择器、ID 选择器和类别选择器三种样式，而 ID 选择器的优先级高于标记选择器和类别选择器的优先级，所以字体最终将显示为红色。

如果修改 HTML 中的代码，删除\<p\>元素的 ID 属性，此时字体就显示为绿色。所以，ID 选择器的优先级高于类别选择器的优先级，而类别选择器的优先级高于标记选择器的优先级。

（4）在外部样式表中再添加一个类别选择器 my_class2，并设置字体颜色为红色，并在 HTML 代码中使用新添加的选择器。代码如下：

```
<p class="my_class1 my_class2">CSS 样式的优先级</p>
.my_class1{
    color:green;
}
.my_class2{
    color:red;
}
```

此时\<p\>元素同时具有两个类别选择器样式，由于 my_class2 在 my_class1 后面声明，所以字体最终将显示为红色。

如果调整 my_class2 和 my_class1 先后顺序，则相关代码如下：

```
.my_class2{
    color:red;
}
.my_class1{
    color:green;
}
```

此时 my_class1 在 my_class2 后面声明，字体最终将显示为绿色。

（5）在 HTML 页面中创建一个内部样式 my_class3，设置字体颜色为蓝色，并在<p>元素中使用该样式。相关代码如下：

```
<link rel="stylesheet" href="17.7.2style.css" />
<style>
.my_class3{
    color:blue;
}
</style>
<p class="my_class1 my_class2 my_class3">CSS 样式的优先级</p>
```

此时三个类别选择器同时作用于<p>元素，前两个在外部样式中，第三个在内部样式中，又因为内部样式<style>在外部样式<link>元素之后声明，所以字体最终显示为蓝色。

如果调整<style>和<link>元素的位置，那么最终外部样式将起作用，字体最终显示为绿色。

（6）在<p>元素中添加行内样式，设置字体颜色为红色。相关代码如下：

```
<p class="my_class1 my_class2 my_class3" style="color:red;">CSS 样式的优先级
</p>
```

虽然<p>元素此时已经有了内部样式和外部样式，但是因为行内样式的优先级高于内部样式和外部样式，所以最终文字颜色将显示为红色。

（7）在内部样式中为 my_class3 类别选择器添加!important。相关代码如下：

```
<style>
.my_class3{
    color:blue !important;
}
</style>
<link rel="stylesheet" href="17.7.2style.css" />
```

此时虽然外部样式在内部样式后面声明，但是由于内部样式添加了!important，所以内部样式的优先级被提高了，文字最终显示为蓝色。

17.8 CSS 盒子模型

CSS 在描述 HTML 元素时会形成一个矩形框，我们可以将这个矩形框形象地看成是一个盒子。盒子模型规定了元素框处理元素内容（element content）、内边距（padding）、边框（border）和外边距（margin）的方式。在 HTML 中，每个元素都具有盒子模型，CSS 盒子模型是 CSS 中一个重要的组成部分。

17.8.1 盒子模型结构

我们先来看一下盒子模型的结构，如下图所示。

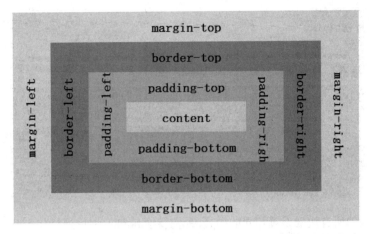

在这个模型结构中，最内层的是元素的内容（content），向外依次是内边距（padding-top、padding-right、padding-bottom、padding-left）、边框（border-top、border-right、border-bottom、border-left）和外边距（marging-top、margin-right、margin-bottom、margin-left）。内边距、边框和外边距分别都有上、下、左、右 4 个属性，这 4 个属性可以同时应用于一个元素，也可以单独或部分应用于同一个　元素。

17.8.2　边框（border）

边框是内容与填充的边界。可以使用边框属性设置边框的各种样式，下面分别进行介绍。

1. border-style

border-style 是边框中最重要的属性，用于设置元素所有边框的样式，或者单独为各个边框设置样式。CSS 中提供了多种边框样式可供选择，具体如下表所示。

属性值	描　述
none	定义无边框
hidden	与 "none" 相同。不过应用于表时除外。对于表，hidden 用于解决边框冲突
dotted	定义点状边框。在大多数浏览器中呈现为直线
dashed	定义虚线。在大多数浏览器中呈现为实线
solid	定义实线
double	定义双线。双线的宽度等于 border-width 的值
groove	定义 3D 凹槽边框。其效果取决于 border-color 的值
ridge	定义 3D 垄状边框。其效果取决于 border-color 的值
inset	定义 3D inset 边框。其效果取决于 border-color 的值
outset	定义 3D outset 边框。其效果取决于 border-color 的值
inherit	规定应该从父元素继承边框样式

下图显示了部分边框样式的效果。

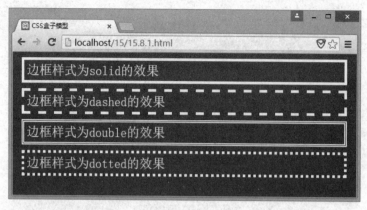

如果要为元素的所有边框设置相同的样式，只需要给 border-style 属性指定一个边框样式即可。代码如下：

```
border-style:solid;
```

如果要为元素的 4 个边框设置不同的样式，则需要按照上、右、下、左的顺序依次指定边框样式。相关代码如下：

```
border-style:solid dashed double dotted;
```

如果上、下边框样式不同，左、右边框样式相同，则可以使用以下代码指定边框样式。

```
border-style:solid dashed double;
```

在这种情况下，上边框样式设置为 solid，左、右边框样式设置为 dashed，下边框样式设置为double。

如果元素的上、下边框相同，左、右边框相同，则还可以使用以下代码指定边框样式。

```
border-style:solid dashed;
```

在这种情况下，上、下边框样式设置为 solid，左、右边框样式设置为 dashed。

如果不指定边框的样式，边框其他的属性就都将被忽略。例如下面这段代码：

```
<!doctype html>
<html>
<head>
<meta charset="utf-8">
<title>17.8.1</title>
<style>
body{
    background:#295CA9;
}
div{
    color:white;
    border-style:solid;
    border-width:10px;
}
</style>
```

```
</head>
<body>
<div>必须设置边框样式才能看见边框</div>
</body>
</html>
```

我们先给<body>元素设置一个背景色，再给<div>元素设置一个前景色和边框样式，并指定边框宽度为 10 个像素。运行这段代码后，就能看见一个白色的边框效果，如下图所示。

如果删除边框样式，只保留边框宽度，再次执行这段代码，由于没有设置边框样式，边框的宽度属性被忽略，所以就看不到边框了，效果如下图所示。

2. border-width

border-width 用于设置边框的厚度，其属性值可以是长度计量值，也可以是 CSS 规定的 thin、medium 和 thick。thin 表示细的边框，medium 表示默认的中等边框，thick 表示粗的边框。这三种边框的效果如下图所示。

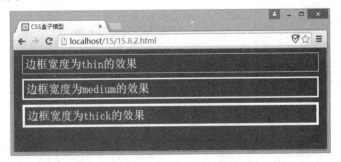

如果需要给所有边框设置相同的宽度，则只需要给 border-width 设置一个宽度即可；如果需要分别给边框的各个边设置宽度，则可以给 border-width 设置多个值。

只有设置了 border-style 属性，border-width 属性才起作用。

注意

3. border-color

border-color 属性用于设置边框的颜色，它的值可以是 CSS 规定的颜色名称（如 red），也可以是十六进制值的颜色（如##ff0000），还可以是 RGB 颜色值。同样，border-color 可以设置 4 条边框颜色相同，也可以根据需要设置 4 条边框颜色不同。

4. border

如果以上分别设置边框样式、宽度和颜色的方法过于烦琐，还可以使用 border 属性一次性设置边框的所有属性。例如以下代码：

```
border:red solid 5px;
```

在这段代码中，border 的第一个值表示边框的颜色，第二个值表示边框的样式，第三个值表示边框的宽度。需要注意的是，这种设置是一种通用设置，元素所有边框的颜色、样式和宽度都一样，不能设置个别边框不一样的情况。

17.8.3 内边距（padding）

内边距是指填充内容与边框之间的部分。内边距的属性有 5 种，分别为 padding、padding-top、padding-bottom、padding-left 和 padding-right，其属性值可以是距离单位，如像素（px）或厘米（cm），也可以是百分比（%）。通过设置内边距可以控制内容与边框的距离，例如下面这段代码：

```html
<!doctype html>
<html>
<head>
<meta charset="utf-8">
<title>17.8.2</title>
<style>
body{
    background:#295CA9;
}
div{
    background:red;
    font-size:24px;
    color:white;
    margin:10px;
    border-style:solid;
}
#top{
    padding-top:20px;
}
</style>
</head>
<body>
<div>无内边距的效果</div>
<div id="top">上内边距为 20 的效果</div>
```

```
</body>
</html>
```

运行这段代码后，可以看到第一个<div>元素没有使用内边距属性，文字正常显示，而第二个<div>元素使用了上内边距为 20 个像素的效果，文字与边框之间出现了一段距离，效果如下图所示。

使用 padding 简写，可以设置不同的内边距。如果设置一个属性值，则指定所有内边距相等；如果设置两个属性值，则指定左、右内边距相等，上、下内边距相等；如果设置三个属性值，则第一个值指定上内边距，第二个值指定左右内边距，第三个值指定下内边距；如果设置四个属性值，则分别指定上、右、下、左 4 个内边距的值。相关代码如下：

```
padding:20px;
padding:20px 30px;
padding:20px 30px 40px;
padding:20px 30px 40px 50px;
```

17.8.4　外边距（margin）

外边距用于设置边框以外，元素盒子以内的空间，主要用于设置相邻元素之间的距离。外边距同样具有 5 个属性，分别为 margin、margin-top、margin-bottom、margin-left 和 margin-right，其使用方法与内边距类似。对于两个邻近的均设置有边界值的盒子，它们邻近部分的边界将不是二者边界的相加，而是二者的重叠，若二者邻近的边界值大小不等，则取二者中较大的值。例如下面这段代码：

```
<!doctype html>
<html>
<head>
<meta charset="utf-8">
<title>17.8.3</title>
<style>
body{
    background:#295CA9;
}
div{
    background:red;
    font-size:24px;
    color:white;
    border-style:solid;
```

```
    margin:10px;
    float:left;
}
#margin{
    margin:20px;
}
</style>
</head>
<body>
<div>外边距为 10 的效果</div>
<div id="margin">外边距为 20 的效果</div>
</body>
</html>
```

在这段代码中，我们设置第一个<div>元素的外边距为 10 个像素，第二个<div>元素的外边距为 20 个像素，但是从下面的效果中可以看出，两个<div>元素之间的部分只有 20 个像素，而并非 30 个像素。

17.8.5　盒子的浮动

在 CSS 中有一个 float 属性，用于控制盒子的浮动。如果将 float 属性的值设置为 left 或 right，元素就会向其父元素的左侧或右侧靠近，同时默认情况下，盒子的宽度不再伸展，而是根据盒子的内容宽度来确定。我们先来看一个没有浮动的例子，代码如下：

```
<!doctype html>
<html>
<head>
<meta charset="utf-8">
<title>17.8.4</title>
<style>
body{
    background:#295CA9;
}
div{
    font-size:24px;
    color:white;
    border-style:solid;
    margin:15px;
```

```
}
#parent{
    background:#79DCF6;
}
#child1{
    background:red;
}
#child2{
    background:green;
}
#child3{
    background:blue;
}
</style>
</head>
<body>
    <div id="parent">
        <div id="child1">第一个</div>
        <div id="child2">第二个</div>
        <div id="child3">第三个</div>
    </div>
</body>
</html>
```

　　运行这段代码后，可以看到三个<div>元素水平方向自动延伸，而垂直方向依次排列，效果如下图所示。

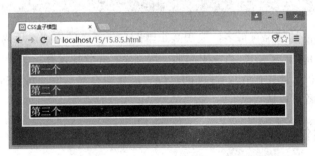

　　此时，我们给 ID 为 child1 的元素添加样式，设置 flot 属性值为 left，可以看到第一个元素在水平方向不再延伸，其宽度为内容的宽度，而第二个元素则靠近第一个元素，并且在水平方向仍然继续延伸，效果如下图所示。

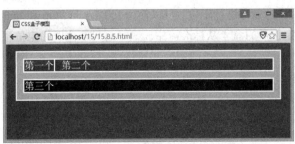

此时，我们给 ID 为 child2 的元素添加样式，设置 float 属性值为 left，可以看到第二个元素在水平方向上不再延伸，而且宽度也变成内容的宽度，同时还发现第三个元素靠近第二个元素，在水平方向仍然在延伸。因为我们设置了外边距，所以还可以看到第一个元素和第二个元素之间的部分也被第三个元素的延伸部分占据了，效果如下图所示。

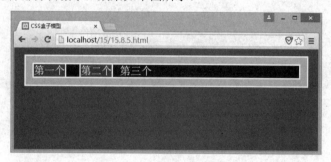

最后我们给 ID 为 child3 的元素添加样式，设置 float 属性值为 left，可以看到第三个元素在水平方向上也不再延伸，而且宽度与内容宽度相同。同时我们也发现在这三个元素的上方出现了一个白色的长条，如下图所示。因为这三个元素都设置了 float 属性，而嵌套它们的<div>元素并没设置高度，所以这三个元素就浮动到了父元素的外边。

试一试：盒子的浮动情况有很多，要想真正掌握盒子浮动的方法，还需要进行大量的练习和积累。比如本例中，如果在父元素<div>中添加一段文字，并分别设置三个子元素向左和向右浮动，又会出现不同的效果；又比如在<div>浮动的过程中，分别设置三个子元素的高度，也会出现不同的效果，有兴趣的读者可以试一试。

17.8.6 盒子的定位

CSS 中可以使用 position 属性设置盒子的定位方式，其中包括静态（static）、绝对定位（absolute）、固定（fixed）和相对定位（relative），常用的是绝对定位和相对定位。

绝对定位以元素的父级对象为参考进行定位，如果父级对象没有设置定位属性，则根据 HTML 定位规则，以 body 元素作为参考进行定位。可以使用 left、right、top 和 buttom 设置定位的偏移量。使用绝对定位后，绝对定位后的盒子从标准流中脱离，而其他盒子的定位不再受该盒子的影响。例如以下代码：

```
<!doctype html>
<html>
<head>
<meta charset="utf-8">
```

```
<title>17.8.5</title>
<style>
body{
    margin:0px;
    padding:0px;
    background:#295CA9;
}
div{
    height:22px;
    font-size:20px;
    color:white;
    border-style:solid;
}
#box1{
    background:#79DCF6;
}
#box2{
    background:#BA5EE8;
}
#box3{
    background:#7243F6;
}
</style>
</head>
<body>
    <div id="box1">第一个盒子</div>
    <div id="box2">第二个盒子</div>
    <div id="box3">第三个盒子</div>
</body>
</html>
```

这段代码中没有设置任何定位代码，三个盒子根据标准流在水平方向延伸，在垂直方向依次排列，效果如下图所示。

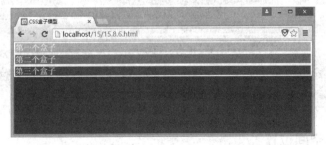

此时给第一个元素设置 position 属性为 absolute，并设置 left 属性为 150px，top 属性为 30px。这样第一个元素从左上角开始，分别向下移动 30 个像素，向右移动 150 个像素，水平方向上不再延伸，其宽度与内容宽度相同，而第二个元素和第三个元素的定位不再受第一个元素的影响，根据标准流排版，依次向上移动。相关代码如下：

```
#box1{
    background:#79DCF6;
    position:absolute;
    left:150px;
    top:30px;
}
```

移动后的效果如下图所示。

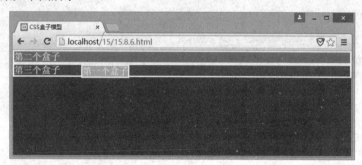

相对定位的元素依然受流式排版影响，只是根据自身的位置进行偏移。例如我们再给第二个元素设置 position 属性为 relative，并设置 left 属性为 30px，top 属性为 80px，这样第二个元素相对于其自身的位置，分别向右移动 30 个像素，向下移动 80 个像素，并依然在水平方向上延伸，而且第三个元素也没有占据第二个元素的位置。相关代码如下：

```
#box2{
    background:#BA5EE8;
    position:relative;
    left:30px;
    top:80px;
}
```

移动后的效果如下图所示。

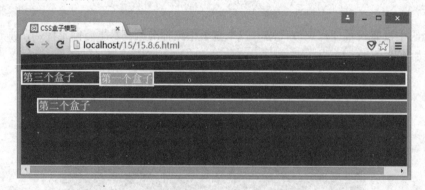

17.8.7 z-index 空间位置

CSS 中的 z-index 属性决定了一个 HTML 元素的层叠级别，层叠级别越高，元素越容易被展现。这就好比一本书，我们首先看到的是书的封面，只有翻开了封面才能看见书中的其他内容，而书的封面就是这本书中层叠级别最高的一页。

但事实并非是 z-index 的值越大，元素就越容易展现。我们先来看一段代码：

```html
<!doctype html>
<html>
<head>
<meta charset="utf-8">
<title>17.8.6</title>
<style>
body{
    margin:0px;
    padding:0px;
}
div{
    height:200px;
    width:200px;
    line-height:200px;
    font-size:20px;
    color:white;
    text-align:center;
}
#box1{
    background:#79DCF6;
}
#box2{
    background:#BA5EE8;
    margin-top:-80px;
    margin-left:100px;
}
#box3{
    background:#7243F6;
    margin-top:-80px;
    margin-left:200px;
}
</style>
</head>
<body>
    <div id="box1">第一个盒子</div>
    <div id="box2">第二个盒子</div>
    <div id="box3">第三个盒子</div>
</body>
</html>
```

在这段代码中有三个<div>元素，我们并没有设置它们的 z-index 属性，而是根据设置负边距实现了堆叠效果，如下图所示。

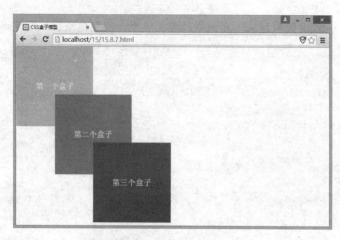

为了进行验证，分别设置第一个盒子的 z-index 属性为 100，第二个盒子的 z-index 属性为 50，第三个盒子的 z-index 属性为 1。我们期望将这三个盒子的堆叠效果进行反转，但是运行代码后，并没有获得期望的效果，三个盒子依然按照之前的堆叠效果显示。这是因为 z-index 属性只能工作于那些被设置了 position 属性的元素中，如果元素没有设置 position 属性，则按照元素在浏览器中出现的先后顺序排列。

下面分别设置三个盒子的 position 属性值为 relative，再次运行代码后，我们得到了预期的效果，如下图所示。

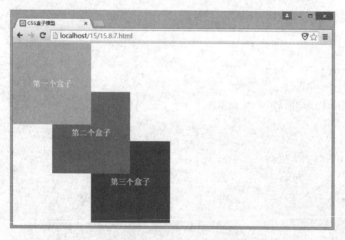

试一试：既然 z-index 只能在设置了 position 属性时起作用，那么当多个元素同时设置了 position 属性，但是 z-index 属性相同时，又会出现怎样的堆叠效果呢？有兴趣的读者可以试一试。

17.8.8　盒子的 display 属性

盒子的 display 属性用于建立布局时定义元素生成的显示框类型，常用的值有 inline、block 和 none。inline 表示此元素会被显示为内联元素，元素前后没有换行符；block 表示此元素将显示为块级元素，此元素前后会带有换行符；none 表示此元素不会被显示。

比如页面中有两个<div>元素，我们知道<div>元素是块级元素，每一个元素都会占据一行，如果此时给每个<div>元素都设置 display 属性为 inline，那么这两个元素就会显示在一行。再比如页面中有两个<span>元素，由于<span>元素属于内联元素，所以两个<span>元素会显示在一行，如果给每个<span>元素都设置 display 属性为 block，那么每个<span>元素都会占据一行。对比效果如下图所示。

没有设置 display 属性之前的效果。

设置 display 属性之后的效果。

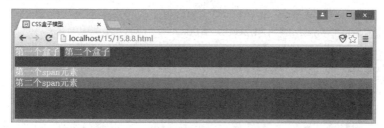

17.8.9 实例：用盒子模型创建网页布局

本例我们将使用盒子模型创建一个页面布局，先来看一下布局的效果，如下图所示。

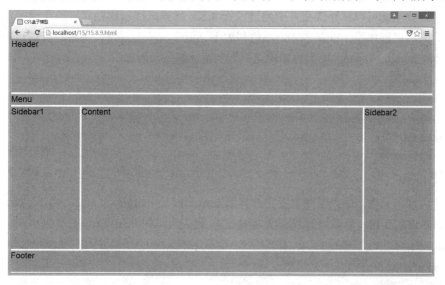

在这个页面布局中总共分为 6 部分：Header 部分是页面的头部，用于显示网站的 logo 和网站的名称；Menu 是菜单导航条；Sidebar1 和 Sidebar2 分别是两个侧边栏，用于显示一些广告或推荐信息；Content 是页面的主要内容；Footer 是网站底栏，包含一些友情链接和版权信息等。

我们先来看 HTML 部分，这里需要 6 个<div>元素分别显示这 6 个区域，同时需要一个<div>元素，用于包含除 Footer 以外的其他元素，而对于页面的主要内容和两个侧边栏，还需要将其嵌入一个<div>元素中。HTML 部分的代码如下：

```
<!doctype html>
<html>
<head>
<meta charset="utf-8">
<title>17.8.7</title>
</head>
    <body>
        <div id="container">
        <div id="header">Header</div>
        <div id="menu">Menu</div>
        <div id="mainContent">
        <div id="sidebar1">Sidebar1</div>
        <div id="sidebar2">Sidebar2</div>
        <div id="content">Content</div>
    </div>
        <div id="footer">Footer</div>
</div>
</body>
</html>
```

然后创建一个外部样式文件，命名为 layout.css，并在 HTML 页面中使用<link>引入该文件。

```
<link rel="stylesheet" href="layout.css"/>
```

接下来，我们就可以在样式文件中通过设置 CSS 样式来控制这些元素的布局了。首先创建<body>元素的标记选择器，设置字体、颜色和大小。由于浏览器对内、外边距有默认的值，所以我们需要使用 margin 和 padding 属性消除这些默认值。相关代码如下：

```
body {
    font-family:Arial;
    font-size: 24px;
    margin: 0;
    padding:0;
}
```

为了让内嵌的元素居中，需要设置类选择器 container 的 margin 为 auto。由于 Content 的大小需要根据内容自动变化，所以设置其宽度为 100%。相关代码如下：

```
#container {
    margin:auto;
    width: 100%;
}
```

设置 Header 的样式，如设置其高度为 150 个像素，下边的外边距为 5 个像素，并设置背景色。相关代码如下：

```
#header {
    height: 150px;
```

```
    background:#7DC85F;
    margin-bottom: 5px;
}
```

设置 Menu 的样式，如设置其高度为 30 个像素，下边的外边距为 5 个像素，并设置背景色。相关代码如下：

```
#menu {
    height: 30px;
    background:#7DC85F;
    margin-bottom: 5px;
}
```

设置侧边和主体的样式，如设置其高度为 400 个像素，下边的外边距为 5 个像素。相关代码如下：

```
#mainContent {
    height: 400px;
    margin-bottom: 5px;
}
```

设置侧边栏的样式，如设置两个侧边栏的宽度均为 200 个像素，高度为 100%，并设置背景色，左边的侧边栏向左浮动，右边的侧边栏向右浮动。相关代码如下：

```
#sidebar1 {
    float: left;
    width: 200px;
    height: 100%;
    background: #7DC85F;
}
#sidebar2 {
    float: right;
    width: 200px;
    height: 100%;
    background:#7DC85F;
}
```

设置 Content 的样式，如设置 Content 的高度为 100%，与左、右侧边栏的间距均为 5 个像素，宽度为 200 个像素，左右 margin 为 205 个像素，并设置背景色。相关代码如下：

```
#content {
    margin: 0 205px;
    height: 100%;
    background:#7DC85F;
}
```

设置 Footer 的样式，其样式比较简单，如高度为 60 个像素，并设置背景色。相关代码如下：

```
#footer {
    height: 60px;
    background:#7DC85F;
}
```

至此，我们就通过盒子模型创建了一个页面布局，运行这段代码后可以看到开始的效果了。

测试题

（1）基本的 CSS 选择器有哪些？

（2）复合选择器分为哪几种？

（3）CSS 遵循怎样的优先级？

（4）盒子模型结构包括哪些内容？

（5）z-index 属性必须在设置了哪个属性后才能起作用？

17.9　本章小结

本章主要介绍了 CSS 的基础知识，包括基本的 CSS 选择器、复合选择器、CSS 继承特性、CSS 的层叠特性、CSS 样式分类、CSS 优先级及 CSS 盒子模型，通过本章的学习，读者应该熟练掌握这些基础知识，为以后的学习打下坚实的基础。

第18章

CSS3 选择器

上一章我们介绍了 CSS 的基础知识，其中包括很多选择器，在 CSS3 中，又新增了很多选择器，这些选择器可以分为属性选择器、结构性伪类、UI 元素状态伪类、否定伪类、目标伪类和通用兄弟元素选择器，本章将详细介绍这些新增选择器的使用方法。

18.1 属性选择器

CSS3 的属性选择器在 CSS 2 的基础上进行了扩展，新增了 4 种属性选择器，使属性选择器有了通配符的概念，本节将详细介绍这 4 种新增属性选择器的使用方法。

18.1.1 E[att="val"]

第一种新增的属性选择器用于匹配具有相同元素名、相同属性名和相同属性值的元素。其中 E 表示 HTML 元素，att 表示元素的属性名称，val 表示属性值。例如下面这段代码：

```
a[href="abcd.html"]{
    color:red;
}
<a href="abcd.html">属性选择器</a>
```

这个<a>元素具有 href 属性，属性值为 "abcd.html"，该值是一个字符串，我们可以创建一个针对该元素的属性选择器，而属性选择器的名称就可以定义为 "a[href="abcd.html"]"，这样新创建的属性选择器也会应用到该元素上。

18.1.2　E[att^="val"]

第二种新增的属性选择器在第一种属性选择器的基础上进行了扩展，新增了一个通配符^。这个通配符表示，如果 E 元素中的 att 属性值以 val 开始，那么这个属性选择器即可应用到该元素。例如下面这段代码：

```
a[href^="abc"]{
    color:red;
}
<a href="abcd.html">属性选择器</a>
```

<a>元素的 href 属性值为"abcd.html"，该值是一个字符串，以"abc"开始，我们可以创建一个针对该元素的属性选择器，而属性选择器的名称就可以定义为"a[href^="abc"]"，这样新创建的属性选择器也会应用到该元素上。

18.1.3　E[att$="val"]

第三种新增的属性选择器与第二种新增的属性选择器类似，但不同的是这类选择器的匹配符为$符号，表示以某个字符串结束。例如下面这段代码：

```
a[href$="html"]{
    color:red;
}
<a href="abcd.html">属性选择器</a>
```

同样是这个<a>元素，不同的是现在使用$符号为匹配符，匹配的字符串是属性值（abcd.html）的结束部分（html），这样就创建了一个<a>元素的 href 属性以"html"结束的属性选择器。

18.1.4　E[att*="val"]

第四种新增的属性选择器比前几种属性选择器应用更为广泛，它使用了"*"匹配符，表示只要属性值中包括该字符串，即可应用该样式。例如下面这段代码：

```
a[href*="d.h"]{
    color:red;
}
<a href="abcd.html">属性选择器</a>
```

因为<a>元素的 href 属性值中包含指定的字符串"d.h"，所以该属性选择器就可以应用给这个<a>元素。

18.1.5　实例：文本效果

下面通过一个文本效果实例，深刻理解这 4 种新增属性选择器的用法。完整的示例代码如下：

```
<!doctype html>
<html>
<head>
<meta charset="utf-8">
<title>18.1.1</title>
<style>
a[href="http://www.xxxx1.com/1"]{
    color:red;
}
a[href^="https"]{
    color:violet;
}
a[href$="/3"]{
    color:green;
}
a[href*="xxxx4"]{
    color:orange;
}
</style>
</head>
<body>
<a href="http://www.xxxx1.com/1">属性值完全匹配</a>
<a href="https://www.xxxx2.com/2">属性值开始匹配</a>
<a href="http://www.xxxx3.com/3">属性值结束匹配</a>
<a href="http://www.xxxx4.com/4">属性值包含匹配</a>
</body>
</html>
```

在这段代码中有 4 个<a>元素，它们都有 href 属性，但属性值不同，我们创建了个与之对应的属性选择器，分别用于控制每个元素内文字的颜色，效果如下图所示。

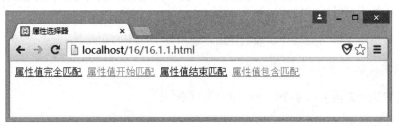

18.2　结构性伪类选择器

CSS3 中新增了结构性伪类选择器，这与 CSS 原有的类选择器有很大的不同，本节主要介绍这些结构性伪类选择器的使用方法。

18.2.1 伪类选择器

什么是伪类选择器呢？在 CSS 2 中，我们可以通过自定义元素的 class 属性名称创建类选择器，这样元素就可以使用类选择器的样式，而在 CSS3 中，还有一种伪类选择器，这种选择器的名称由 CSS 定义，用户不能自定义。在 CSS3 中常用的伪类选择器是<a>元素上的几种选择器，它们的使用方法如下：

```
a:link{
    color:#A3A3A3;
    text-decoration:none;
}
a:visited{
    color:#EC4648;
    text-decoration:none;
}
a:hover{
    color:#2AB631;
    text-decoration:underline;
}
a:active{
    color:#D60BEA;
    text-decoration:underline;
}
```

18.2.2 伪元素选择器

在 CSS 2 中可以通过元素的名称创建标记选择器，而在 CSS3 中，还存在另外一类伪元素选择器，这类选择器并不是针对元素使用的选择器，而是针对 CSS 中已经定义的伪元素使用的选择器。它的使用规则如下：

元素名：伪元素{属性：值}

伪元素选择器还可以与类选择器混合使用。使用规则如下：

元素名.类名：伪元素{属性：值}

这类伪元素选择器主要有 4 个，下面分别进行介绍。

1. first-line 伪元素选择器

这类选择器定义的样式将应用于元素中的第一行文字。例如下面这段代码：

```
<!doctype html>
<html>
<head>
<meta charset="utf-8">
<title>18.2.1</title>
<style>
```

```
p:first-line{
    color:red;
}
</style>
</head>
<body>
<p>第一行内容<br>第二行内容</p>
</body>
</html>
```

在这段代码中有一个<p>元素，元素中的内容被
分成了两行，使用 first-line 伪元素选择器设置第一行文字的颜色为红色。运行这段代码后，效果如下图所示。

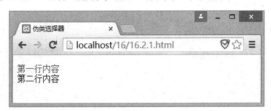

2. first-letter 伪元素选择器

这类选择器定义的样式将应用于元素中内容的第一个字母或文字。例如下面这段代码：

```
<!doctype html>
<html>
<head>
<meta charset="utf-8">
<title>18.2.2</title>
<style>
p:first-letter{
    color:red;
    font-size:30px;
}
</style>
</head>
<body>
<p>伪类选择器</p>
</body>
</html>
```

这段代码中有一个<p>元素，元素中有一段文字，使用 first-letter 伪元素选择器设置这段文字第一个文字的颜色为红色，字号为30px，效果如下图所示。

3. before 伪元素选择器

这类选择器用于在指定元素之前插入一些内容。使用规则如下：

元素名：before{content：文字信息}

例如下面这段代码：

```
<!doctype html>
<html>
<head>
<meta charset="utf-8">
<title>18.2.3</title>
<style>
p:before{
    content:"☆"
}
</style>
</head>
<body>
<p>伪元素选择器</p>
<p>伪元素选择器</p>
<p>伪元素选择器</p>
</body>
</html>
```

在这段代码中有三个<p>元素，每个元素中都有一段文字，使用 before 伪元素选择器在这些文字前面插入一个"☆"，效果如下图所示。

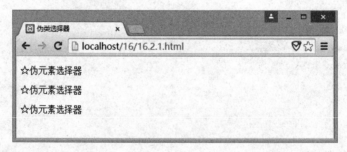

4. after 伪元素选择器

这类选择器用于在元素之后插入一些内容。使用规则如下：

元素名：after{content：文字信息}

例如下面这段代码：

```
<!doctype html>
<html>
<head>
<meta charset="utf-8">
```

```
<title>18.2.4</title>
<style>
p:after{
    content:"☆"
}
</style>
</head>
<body>
<p>伪类选择器</p>
<p>伪类选择器</p>
<p>伪类选择器</p>
</body>
</html>
```

在这段代码中有三个<p>元素,每个元素中都有一段文字,使用 after 伪元素选择器在这些文字后面插入一个"☆",效果如下图所示。

18.2.3　root 选择器

root 选择器用于设置页面根元素的样式。在 HTML 页面中,根元素就是位于最顶层结构的<html>元素。我们通过下面这段代码理解 root 选择器的使用方法。

```
<!doctype html>
<html>
<head>
<meta charset="utf-8">
<title>18.2.5</title>
<style>
:root{
    background:blue;
}
body{
    background:red;
    color:white
}
</style>
</head>
<body>
<h1>这里是标题</h1>
```

```
<p>这里是段落</p>
<div>这里是 div</div>
</body>
</html>
```

在这段代码中的 body 有三个元素，分别是<h1><p>和 <div>，我们先通过 root 选择器设置整个页面的背景色为蓝色，再通过 body 标记选择器设置 body 中所有元素的背景色为红色，字体显示为白色，效果如下图所示。

18.2.4　not 选择器

在 HTML 页面中，元素嵌套是非常普遍的事情，页面正文中所有的元素都嵌套在<body>元素中，如果为 body 元素设置背景色，而又不想让其子元素使用该样式，就可以使用 not 选择器排除这些元素。例如下面这段代码：

```
<!doctype html>
<html>
<head>
<meta charset="utf-8">
<title>18.2.6</title>
<style>
body :not(h1){
    background:blue;
    color:white
}
</style>
</head>
<body>
<h1>嵌套元素</h1>
<p>嵌套元素</p>
<div>嵌套元素</div>
</body>
</html>
```

<body>元素中嵌套了三个元素，分别是<h1><p>和 <div>，同时又为<body>元素指定了背景色和前景色，如果不想让<h1>元素使用<body>元素的样式，就可以使用 not 选择器将<h1>元素排除，效果如下图所示。

18.2.5　empty 选择器

empty 选择器用于指定当元素内容为空时应该使用的样式。例如下面这段代码：

```
<!doctype html>
<html>
<head>
<meta charset="utf-8">
<title>18.2.7</title>
<style>
:empty{
    background:red;
}
</style>
</head>
<body>
<table border="1">
    <tr><td>数据项</td><td></td><td>数据项</td></tr>
    <tr><td> </td><td>数据项</td><td></td></tr>
</table>
</body>
</html>
```

在这段代码中有一个表格，其中某些表格中的数据为空，为了让这些表格看起来更明显，可以使用 empty 选择器设置其背景色为红色，效果如下图所示。

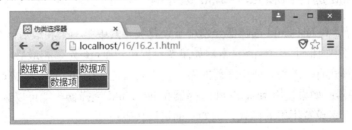

18.2.6　target 选择器

target 选择器用于指定页面中某个元素的样式。在使用 target 选择器时，需要根据元素的 id 属性指定元素，而元素的 id 又被当作页面中的超链接来使用，这样 target 选择器的样式才能起作用。例如下面这段代码：

```
<!doctype html>
<html>
<head>
<meta charset="utf-8">
<title>18.2.8</title>
<style>
:target{
    background:red;
    font-size:24px;
    color:white;
}
</style>
</head>
<body>
<a href="#p1">第一个段落</a>
<a href="#p2">第二个段落</a>
<p id="p1">这里显示的是第一个段落。</p>
<p id="p2">这里显示的是第二个段落。</p>
</body>
</html>
```

在这段代码中有两个<p>元素，它们的 id 属性分别对应另外两个<a>元素的锚点，当单击超链接时，target 选择器会根据选中元素的锚点找到对应 id 的<p>元素，并将设置的样式应用到该元素上，效果如下图所示。

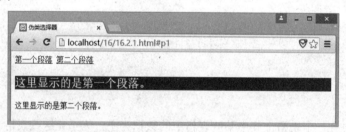

18.2.7　first-child 选择器和 last-child 选择器

first-child 选择器和 last-child 选择器分别用于设置父元素中第一个和最后一个元素的样式。例如在一个<div>元素中内嵌了多个<p>元素，如果要设置第一个<p>元素和最后一个<p>元素的样式与其他<p>元素的样式有所差别，使用之前的做法就需要对这两个<p>元素添加 class 属性，然后设置相应的属性选择器；如果使用 first-child 选择器和 last-child 选择器，就可以直接为第一个<p>元素和最后一个<p>元素设置不用的样式。例如下面这段代码：

```
<!doctype html>
<html>
<head>
<meta charset="utf-8">
<title>18.2.9</title>
<style>
```

```
p:first-child {
    background: red;
    font-size: 24px;
    color: white;
}
p:last-child {
    background:red;
    font-size:24px;
    color:white;
}
</style>
</head>
<body>
<div>
    <p>第一个段落。</p>
    <p>第二个段落。</p>
    <p>第三个段落。</p>
    <p>第四个段落。</p>
</div>
</body>
</html>
```

在这段代码中，我们分别使用 first-child 选择器和 last-child 选择器为<p>元素设置了不同的样式，效果如下图所示。

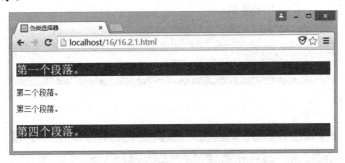

值得注意的是，如果页面中有多个相同嵌套结构的元素，那么 first-child 选择器和 last-child 选择器仍然会对每个嵌套的子元素应用样式。例如下面这段代码：

```
<!doctype html>
<html>
<head>
<meta charset="utf-8">
<title>18.2.10</title>
<style>
p:first-child {
    background: red;
    font-size: 24px;
    color: white;
```

```
    }
p:last-child {
    background: red;
    font-size: 24px;
    color: white;
}
</style>
</head>
<body>
<div>
    <p>第一个段落。</p>
    <p>第二个段落。</p>
    <p>第三个段落。</p>
    <p>第四个段落。</p>
</div>
<div>
    <p>第一个段落。</p>
    <p>第二个段落。</p>
    <p>第三个段落。</p>
    <p>第四个段落。</p>
</div>
</body>
</html>
```

运行这段代码后，效果如下图所示。

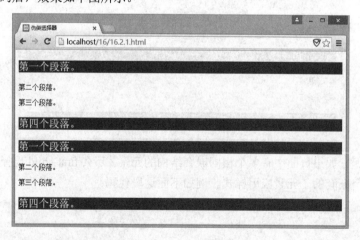

18.2.8　first-of-type 选择器和 last-of-type 选择器

first-of-type 选择器与 first-child 选择器对应，last-of-type 选择器与 last-child 选择器对应，都是选择器父元素的第一个子元素和最后一个子元素，不同的是 first-child 和 last-child 选择器不考虑子元素的类型，而 first-of-type 和 last-of-type 选择器考虑子元素的类型。例如下面这段代码：

```
<!doctype html>
<html>
```

```
<head>
<meta charset="utf-8">
<title>18.2.11</title>
<style>
.content:first-of-type {
    background: red;
    font-size: 24px;
    color: white;
}
.content:last-of-type {
    background: green;
    font-size: 24px;
    color: white;
}
</style>
</head>
<body>
<div>
  <h1 class="content">标题 1</h1>
  <p class="content">第一个段落。</p>
  <h1 class="content">标题 2</h1>
  <p class="content">第二个段落。</p>
  <h1 class="content">标题 3</h1>
  <p class="content">第三个段落。</p>
  <h1 class="content">标题 4</h1>
  <p class="content">第四个段落。</p>
</div>
</body>
</html>
```

在这段代码中，<div>元素的子元素有两种，分别为<h1>元素和<p>元素，但是这些子元素都有相同的 class 属性值。运行这段代码后，我们可以看到第一个<h1>元素和最后一个<p>元素应用了样式，效果如下图所示。

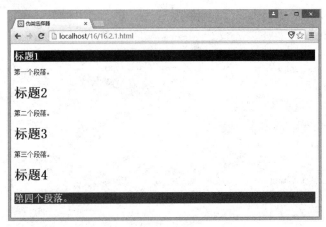

如果我们用 first-of-type 替换 first-child，用 last-of-type 替换 last-child，再次运行代码后，就可以看到第一个<h1>元素和<p>元素应用了样式，最后一个<h1>元素和<p>元素也应用了样式，效果如下图所示。

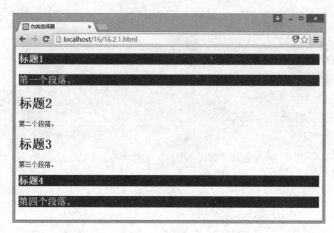

18.2.9　nth-child 选择器和 nth-last-child 选择器

nth-child 选择器和 nth-last-child 选择器是对 first-child 选择器和 last-child 选择器的扩展。nth-child 选择器用于指定父元素中第几个元素的样式，而 nth-last-child 选择器正好相反，用于指定父元素中倒数第几个元素的样式。这两个选择器的使用方法如下：

```
nth-child(n){
        //指定样式
}
子元素 nth-last-child(n){
        //指定样式
}
```

子元素可以是元素的 id 或 class 属性，n 表示第几个子元素，如 nth-child(3)表示第三个子元素，而 nth-last-child(3)则表示倒数第 3 个子元素。例如下面这段代码：

```
<!doctype html>
<html>
<head>
<meta charset="utf-8">
<title>18.2.12</title>
<style>
p:nth-child(2) {
    background: red;
    font-size: 24px;
    color: white;
}
p:nth-last-child(1) {
    background: red;
    font-size: 24px;
```

```
        color: white;
    }
</style>
</head>
<body>
<div>
    <p>第一个段落。</p>
    <p>第二个段落。</p>
    <p>第三个段落。</p>
    <p>第四个段落。</p>
</div>
</body>
</html>
```

在这段代码中，我们通过 nth-child(2)设置了第二个子元素的样式，又通过 nth-last-child(1)设置了倒数第一个子元素的样式，效果如下图所示。

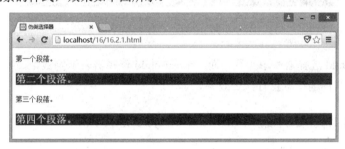

另外，CSS3 中的 n 还可以用 odd 代表奇数，用 even 代表偶数。例如下面这段代码：

```
<!doctype html>
<html>
<head>
<meta charset="utf-8">
<title>18.2.13</title>
<style>
p:nth-child(odd) {
    background: red;
    font-size: 24px;
    color: white;
}
p:nth-child(even) {
    background: green;
    font-size: 24px;
    color: white;
}
</style>
</head>
<body>
<div>
```

```
    <p>第一个段落。</p>
    <p>第二个段落。</p>
    <p>第三个段落。</p>
    <p>第四个段落。</p>
</div>
</body>
</html>
```

在这段代码中，我们用 p:nth-child(odd)设置奇数<p>元素背景色为红色，用 p:nth-child(even)设置偶数<p>元素背景色为绿色，效果如下图所示。

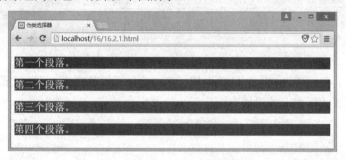

试一试：nth-child 选择器表示正数，而 nth-last-child 选择器表示倒数，如果对同一个嵌套的父子元素同时使用这两种选择器会有什么效果？

18.2.10 nth-of-type 选择器和 nth-last-of-type 选择器

nth-of-type 选择器与 nth-child 对应，nth-last-of-type 选择器与 nth-last-child 选择器对应，都是用于指定为父元素的第几个子元素设置样式，不同的是 nth-child 和 nth-last-of-type 选择器忽略子元素的类型，而 nth-of-type 和 nth-last-of-type 选择器考虑子元素的类型。例如下面这段代码：

```
<!doctype html>
<html>
<head>
<meta charset="utf-8">
<title>18.2.14</title>
<style>
.content:nth-of-type(odd) {
    background: red;
    font-size: 24px;
    color: white;
}
.content:nth-of-type(even) {
    background: green;
    font-size: 24px;
    color: white;
}
</style>
</head>
```

```
<body>
<div>
    <h1 class="content">标题 1</h1>
    <p class="content">第一个段落。</p>
    <h1 class="content">标题 2</h1>
    <p class="content">第二个段落。</p>
    <h1 class="content">标题 3</h1>
    <p class="content">第三个段落。</p>
    <h1 class="content">标题 4</h1>
    <p class="content">第四个段落。</p>
</div>
</body>
</html>
```

在这段代码中，<div>元素的子元素有两种，分别为<h1>和<p>元素，但是这些子元素都有相同的 class 属性值。运行这段代码后，无论是标题还是段落，都按照元素类型划分了奇偶，并设置了对应的样式，效果如下图所示。

试一试：如果将本例中的 nth-of-type 和 nth-last-of-type 选择器替换成 nth-child 和 nth-last-child 选择器，会出现什么效果？有兴趣的读者可以试一试。

18.2.11　循环使用样式

试想一下，如果一个父级元素下面嵌套了多个子元素（具体多少个我们并不知道），更麻烦的是我们要将这些子元素分成 m 组，每组中又要设置多种样式，用以上介绍的方法就不可能实现这个效果。因此，我们需要使用循环的方式结合以上介绍的方法来实现这个效果。具体如何实现呢？我们来看下面这段代码：

```
<!doctype html>
<html>
<head>
<meta charset="utf-8">
<title>18.2.15</title>
<style>
p:nth-child(3n+1) {
```

```
        background: red;
        font-size: 24px;
        color: white;
    }
    p:nth-child(3n+2) {
        background: blue;
        font-size: 24px;
        color: white;
    }
    p:nth-child(3n+3) {
        background: green;
        font-size: 24px;
        color: white;
    }
    </style>
    </head>
    <body>
    <div>
        <p>第一个段落。</p>
        <p>第二个段落。</p>
        <p>第三个段落。</p>
        <p>第四个段落。</p>
        <p>第五个段落。</p>
        <p>第六个段落。</p>
        <p>第七个段落。</p>
        <p>第八个段落。</p>
    </div>
    </body>
    </html>
```

　　在这段代码中，我们暂且不考虑具体有多少个<p>元素，主要关注的是三个 nth-child 选择器，这三个选择器分别设置了不同样式，并且在指定父元素的第几个子元素时，分别使用了"3n+1""3n+2"和"3n+3"三个公式，其中 n 前面的 3 表示总共有三种样式，也就是将所有的<p>元素按照 3 个一组进行划分，而 1，2，3 表示对应的样式在循环的过程中分别为每组中的第几个子元素应用样式。这段代码运行后，效果如下图所示。

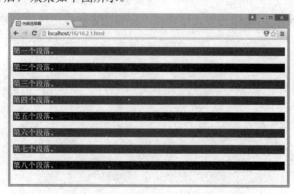

试一试：同样的循环还可以应用到 nth-of-type 和 nth-last-of-type 选择器中，有兴趣的读者可以动手试一试。

18.2.12　only-child 选择器和 only-of-type 选择器

only-child 选择器用于父元素只有一个子元素时使用的样式，而 only-of-type 选择器是对 only-child 选择器的扩展，在应用样式时考虑了子元素的类型。例如下面这段代码：

```
<!doctype html>
<html>
<head>
<meta charset="utf-8">
<title>18.2.16</title>
<style>
p:only-child {
    background: red;
    font-size: 24px;
    color: white;
}
</style>
</head>
<body>
<div>
    <p>第一个段落。</p>
</div>
<div>
    <p>第一个段落。</p>
    <p>第二个段落。</p>
</div>
</body>
</html>
```

在这段代码中有两个<div>元素，第一个<div>元素嵌套了一个<p>元素，而第二个<div>元素嵌套了两个<p>元素。使用 only-child 选择器为第一个<div>的<p>元素设置样式，效果如下图所示。

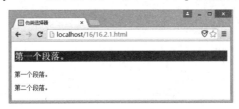

18.2.13　实例：定位指定元素

本例将使用结构性伪类选择器定位页面中的某些元素，并为其设置样式。在 Web 页面中有一个列表，其中有多个项目，现在需要将所有项目进行分组，每三个项目分为一组，每组中各个项目的背景色不同，并在每个项目前添加一个"☆"。相关代码如下：

```
<!doctype html>
<html>
<head>
<meta charset="utf-8">
<title>18.2.17</title>
<style>
li{
    list-style:none;
    color:#900;
    font-size:24px;
    margin:5px auto;
    width:150px;
}
li:nth-child(3n+1){
    background:#E97DC0;
}
li:nth-child(3n+2){
    background:#71ADD3;
}
li:nth-child(3n+3){
    background:#87E366;
}
li:before{
    content:"☆";
}
</style>
</head>
<body>
<ul>
    <li>列表项目 1</li>
    <li>列表项目 2</li>
    <li>列表项目 3</li>
    <li>列表项目 4</li>
    <li>列表项目 5</li>
    <li>列表项目 6</li>
    <li>列表项目 7</li>
  </ul>
</body>
</html>
```

运行这段代码后，效果如下图所示。

18.3   UI 元素状态伪类选择器

CSS3 中另一种伪类选择器称为 UI 元素状态伪类选择器，使用这类选择器指定的样式只有当元素处于某种状态下时才起作用。本节将详细介绍这类选择器的使用方法。

18.3.1   E:hover、E:active 和 E:focus 选择器

E:hover 选择器用于指定当鼠标指针移动到元素上时使用的样式；E:active 选择器用于当元素被激活时使用的样式；E:focus 选择器用于当元素获得光标焦点时使用的样式。这三种选择器的使用方法如下：

```
<元素>：选择器{
    //指定样式
}
```

例如以下使用方法：

```
a:hover{
    background:red;
}
a:active{
    background:green;
}
a:focus{
    background:blue;
}
```

另外，还可以指定元素的类型。例如以下使用方法：

```
input[type="text"]:hover{
    background:red;
}
input[type="text"]:active{
    background:green;
}
input[type="text"]:focus{
```

```
    background:blue;
}
```

下面通过一个具体的示例演示这三种状态下如何设置元素的样式。具体代码如下：

```
<!doctype html>
<html><head>
<meta charset="utf-8">
<title>18.3.1</title>
<style>
input:focus
{
background:yellow;
}
input:hover
{
background:red;
}
input:active
{
background:green;
}
</style>
</head>
<body>
<form action="#" method="get">
姓名: <input type="text" name="name" /><br />
地址: <input type="text" name="address" /><br />
<input type="submit" value="提交" />
</form>
</body>
</html>
```

这段代码中有三个控件，分别为两个输入框和一个按钮，使用选择器设置当鼠标悬停在元素上时其背景色为红色，当元素获得焦点时其背景色为黄色，当元素被激活时其背景色为绿色。执行这段代码，分别将鼠标悬停在这三个控件上，可以看到控件的背景色为红色，然后按键盘上的 Tab 键，焦点会在三个控件和地址栏之间移动，此时控件背景色显示为黄色，最后利用鼠标分别单击三个控件时，控件背景色为绿色。

18.3.2　E:enabled 和 E:disabled 伪类选择器

E:enabled 伪类选择器用于指定当元素处于可用状态时的样式；E:disabled 伪类选择器用于指定当元素处于不可用时的样式。例如下面这段代码：

```
<!doctype html>
<html>
<head>
```

```
<meta charset="utf-8">
<title>18.3.2</title>
<script language="javascript">
function change(){
    var r1=document.getElementById("r1");
    var txt=document.getElementById("txt");
    if(r1.checked){
        txt.disabled="";
    }else{
        txt.disabled="disabled";
    }
}
</script>
<style>
input:enabled {
    background: yellow;
}
input:disabled {
    background: gray;
}
</style>
</head>
<body>
<form>
<input type="radio" id="r1" name="radio" checked onClick="change()"  />启用
<input type="radio" id="r2" name="radio" onClick="change()"/>禁用
<input type="text"  id="txt"/>
</form>
</body>
</html>
```

在这段代码中，两个单选按钮用于控制文本框的 disabled 属性，当选中单选按钮时，调用 change 方法，根据当前被选中单选按钮的状态设置文本框的 disabled 属性。如果文本框被启用，则背景色显示为黄色；如果文本框被禁用，则背景色显示为灰色，效果如下图所示。

18.3.3　E:read-only 和 E:read-write 伪类选择器

E:read-only 伪类选择器用于指定当元素处于只读时的样式；E:read-write 伪类选择器用于指定

当元素处于读写状态时的样式。例如页面中有两个文本框，一个是只读状态，另一个是读写状态，此时就可以使用这两个伪类选择器分别为这两个文本框设置不同的样式。具体代码如下：

```
<!doctype html>
<html>
<head>
<meta charset="utf-8">
<title>18.3.3</title>
<style>
input:read-only {
    background: gray;
}
input:read-write {
    background: yellow;
}
</style>
</head>
<body>
只读：<input type="text" /><br>
可写：<input type="text" readonly/>
</body>
</html>
```

运行这段代码后，效果如下图所示。

> 在 Firefox 浏览器中，这两个选择器分别为 "-moz-read-only" 和 "-moz-read-write"。

提 示

18.3.4 E:checked、E:default 和 E:indeterminate 伪类选择器

E:checked 伪类选择器用于指定表单中 radio 单选按钮和 checkbox 复选框处于选中状态时的样式。例如页面中有两个 checkbox 类型的复选框，当复选框被选中时，使用 E:checked 伪类选择器设置复选框的边框为红色。相关代码如下：

```
<!doctype html>
<html>
<head>
<meta charset="utf-8">
```

```
<title>18.3.4</title>
<style>
input:checked {
    outline:red solid 2px;
}
</style>
</head>
<body>
<input type="checkbox">男</input>
<input type="checkbox">女</input>
</body>
</html>
```

运行这段代码后，效果如下图所示。

 在 Firefox 浏览器中，该伪类选择器为 "-moz-checked"。

E:default 伪类选择器用于指定当页面打开是默认处于选中状态的单选按钮或复选框的样式，该方法设置的样式不再受控件是否选中状态的影响。例如上例中我们为第一个复选框添加 checked 属性，代码如下：

```
<input type="checkbox" checked >男</input>
```

然后使用 E:default 伪类选择器设置复选框默认选中时的样式。代码如下：

```
input:default {
    outline:blue solid 2px;
}
```

再次运行这段代码后，效果如左图所示，取消对复选框的选中后，其样式依然存在，效果如右图所示。

提 示　　目前只有 Firefox 浏览器支持此属性。

E:indeterminate 伪类选择器用于设置当一组单选按钮中的任何一个控件都没有被选中时，这组单选按钮应该使用的样式，如果有任何一个单选按钮被选中，那么该选择器设置的样式即被取消。例如下面这段代码：

```
<!doctype html>
<html>
<head>
<meta charset="utf-8">
<title>18.3.5</title>
<style>
input:indeterminate{
    outline:blue solid 2px;
}
</style>
</head>
<body>
<form>
<input type="radio" name="radio" />男
<input type="radio" name="radio">女
</form>
</body>
</html>
```

由于这段代码中的两个单选按钮都没有设置默认选中状态，所以当页面加载时，两个按钮都没有被选中，此时 E:indeterminate 伪类选择器设置的样式就会应用到这组单选按钮上，效果如下图所示。

18.3.5　E::selection 伪类选择器

E::selection 伪类选择器用于设置当元素处于选中状态时的样式。例如页面中有一段文字，当我们利用鼠标选中这段文字时，使用 E::selection 伪类选择器设置这段文字的背景色为红色，前景色为白色。相关代码如下：

```
<!doctype html>
<html>
```

```
<head>
<meta charset="utf-8">
<title>18.3.6</title>
<style>
p::selection{
    background:red;
    color:white;
}
</style>
</head>
<body>
<p>E::selection 伪类选择器</p>
</body>
</html>
```

运行这段代码后，利用鼠标选中一段文字，这段文字的背景色变成了红色，而前景色变成了白色，效果如下图所示。

之前介绍的伪类选择器都使用的是一个冒号（：），而这个伪类选择器却使用两个冒号。

注　意

18.3.6　实例：用户界面新体验

本例将创建一个用户注册页面，并使用 UI 元素状态伪类选择器设置各个控件的样式。我们先来看一下要实现的效果，如下图所示。

在这个注册页面中首先要有一个标题，标题下面是需要用户填写的用户名、email、密码等信息，然后是一个用户协议，最下面是一个立即注册按钮。除了标题外，其他信息都需要放在一个 form 表单中，我们以 table 表格布局这个页面。相关代码如下：

```html
<!doctype html>
<html>
<head>
<meta charset="utf-8">
<title>18.3.7</title>
</head>
<body>
<form>
<div>欢迎注册</div>
<table>
    <tr><td>用户编号</td><td><input type="text" name="user_num"
value="0123456789" readonly /></td></tr>
    <tr><td><span>用户名</span></td><td><input type="text" name="user_name"
/></td></tr>
    <tr><td><span>email</span></td><td><input type="text" name="user_email"
/></td></tr>
    <tr><td><span>密码</span></td><td><input type="password"
name="user_password" /></td></tr>
    <tr><td><span>确认密码</span></td><td><input type="password"
name="user_confirm_password" /></td></tr>
    <tr><td>性别</td><td><input type="radio" id="male" name="user_sex"
checked />男<input type="radio" id="female" name="user_sex" />女</td></tr>
    <tr><td>Msn</td><td><input type="text" name="user_msn" /></td></tr>
    <tr><td>QQ</td><td><input type="text" name="user_qq" /></td></tr>
    <tr><td>办公电话</td><td><input type="text" name="user_phone1" />
</td></tr>
    <tr><td>家庭电话</td><td><input type="text" name="user_phone2" />
</td></tr>
    <tr><td>手机电话</td><td><input type="text" name="user_phone3" />
</td></tr>
    <tr><td colspan="2"><input type="checkbox" checked/>我已看过并接受<a
href="#">《用户协议》</a></td></tr>
    <tr><td colspan="2"><input type="button" name="submit" value="立即注册" />
</td></tr>
</table>
</form>
</body>
</html>
```

运行这段代码后，我们看到是一个非常丑陋的注册页面。现在需要为这个页面设置一些 CSS 样式，让它看起来更舒服。首先对页面中的整体布局进行 CSS 样式设置。相关代码如下：

```
<style>
div{
    background:#5298D9;
    font-size:24px;
    padding:5px;
    color:white;
}
form{
    border:#357FC4 solid 1px;
    color:#575454;
    width:400px;
    margin:20px auto;
    font-size:15px;
}
table{
    margin:10px auto;
}
a{
    text-decoration:none;
}
input[type="button"]{
    background:#349B15;
    color:white;
    font-size:15px;
    font-weight:bold;
    width:120px;
    height:40px;
}
</style>
```

刷新页面后，我们可以看到如下图所示的页面，此时的页面看起来就舒服多了。

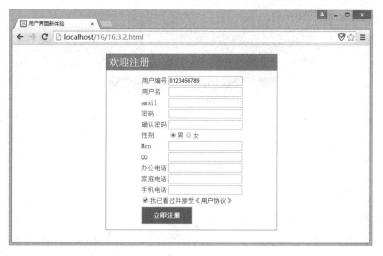

但是我们想让用户名、email、密码等文字靠右对齐，而且要与右边的输入框有一定的间距，

我们发现这些文字在\<table\>元素中都位于\<tr\>元素的第一个子元素，此时就可以使用 E:first-child 伪类选择器设置这些文字的样式。相关代码如下：

```
td:first-child{
    text-align:right;
    padding:0 5px;
}
```

刷新页面后的效果如下图所示。

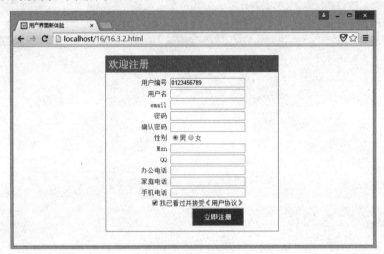

我们发现最下面的用户协议和立即注册按钮因为合并了列（\<td colspan="2"\>），也靠右对齐了，我们希望这两个对象能居中对齐。聪明的你不难发现，合并后的两个列，现在是\<tr\>元素下的唯一的子元素，所以可以使用 E:only-child 伪类选择器设置它们居中对齐。相关代码如下：

```
td:only-child{
    text-align:center;
    font-size:12px;
}
```

刷新页面后的效果如下图所示。

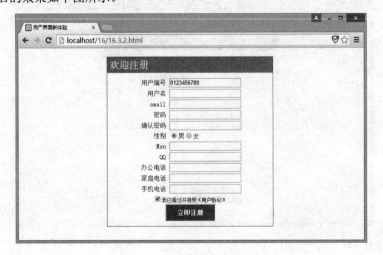

看起来效果还不错。一般的注册页面中都会有一些必须填写的项目，并在这些项目的旁边添加红色的星号，这里我们用<span>元素显示必须要填写的项目名称，用 E:before 伪类选择器在这些项目名称前面插入一个星号，并设置星号的颜色为红色。相关代码如下：

```
span:before{
    content:"* ";
    color:red;
}
```

刷新页面后的效果如下图所示。

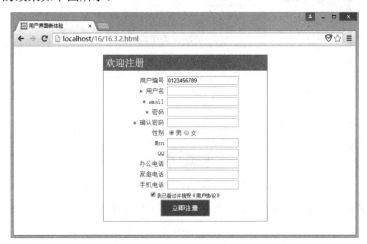

因为用户编号由系统生成，不能修改，所示这个输入框设置了一个 readonly 属性，为了让它看起来与别的输入框不一样，我们可以使用 E:read-only 伪类选择器为其设置样式。相关代码如下：

```
input[type="text"]:read-only{
    border:#888484 solid 2px;
    background:#888484;
    font-weight:bold;
}
```

刷新页面后的效果如下图所示。

最后，我们可以用 E:hover 伪类选择器为所有输入框设置样式，当鼠标悬停在某个输入框上时，将改变输入框的背景颜色。相关代码如下：

```
input[type="text"]:hover{
    background:#EFD9AC;
}
```

刷新页面后，将鼠标悬停在密码输入框上，可以看到如下图所示效果。

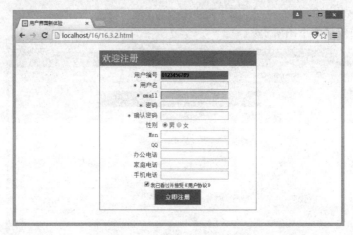

至此，本例就制作完成了，有兴趣的读者还可以为用户名和密码添加一些输入提示信息，并设置相关样式。

18.4　通用兄弟元素选择器 E～F

通用兄弟元素选择器用于设置父级元素相同，子元素有多种类型，从某个类型的子元素往后的其他子元素的样式。例如页面中有一个<div>元素和多个<p>元素，这些元素的父级元素都是<body>元素，而<div>元素中又嵌套了多个<p>元素，此时就可以用通用兄弟元素选择器设置与<div>同级的其他<p>元素的样式。相关代码如下：

```
<!doctype html>
<html>
<head>
<meta charset="utf-8">
<title>18.4.1</title>
<style>
div~p {
    background: red;
    color: white;
}
</style>
</head>
<body>
```

```
<div>
    <p>div 内嵌元素</p>
    <p>div 内嵌元素</p>
    <p>div 内嵌元素</p>
</div>
<p>div 同级元素</p>
<p>div 同级元素</p>
<p>div 同级元素</p>
</body>
</html>
```

运行这段代码后，效果如下图所示。

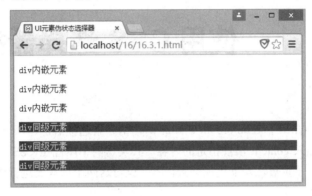

测试题

（1）CSS3 中新增了哪几种属性选择器？

（2）如何设置段落中第一个字母或文字的样式？

（3）nth-child 和 nth-of-type 两种伪类选择器有什么区别？

（4）在不知道元素数量的情况下，如何循环设置元素的样式？

（5）E::selection 伪类选择器可以在哪种情况下设置元素的样式？

18.5　本章小结

　　本章主要介绍了 CSS3 中的各种选择器，通过本章的学习，读者应该掌握属性选择器、结构性伪类选择器、UI 元素状态伪类选择器和通用兄弟元素选择器的使用方法，并能灵活运用这些选择器在不同的情况下创建各种样式。

第19章

使用 CSS 选择器插入内容

在上一章中，我们介绍了 E:before 和 E:after 两个伪元素选择器，这两个伪类选择器的作用是在元素的前面或后面插入 content 属性指定的内容。其实这两个属性在 CSS 2 中就有了，在 CSS3 中又对这两个属性进行了扩展，功能更加强大，本章就对这两个选择器进行详细的介绍。

19.1   插入文字

使用 E:before 和 E:after 伪元素选择器可以在指定元素前面或后面插入指定的文字，但是如果页面中有多个相同的元素，且其中几个元素不需要插入文字，这就必须使用这两个伪元素选择器在 CSS3 中新增的功能了。

19.1.1   使用选择器插入文本

前面我们已经学习了如何使用 E:before 和 E:after 伪元素选择器在元素前面或后面插入文本，现在来回顾一下 E:before 伪元素选择器的示例。

```
<!doctype html>
<html>
<head>
<meta charset="utf-8">
<title>19.1.1</title>
<style>
p:before{
    content:"☆"
}
</style>
```

```
</head>
<body>
<p>伪元素选择器</p>
<p>伪元素选择器</p>
<p>伪元素选择器</p>
</body>
</html>
```

运行这段代码后，效果如下图所示。

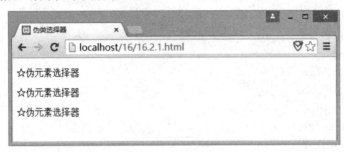

其实在使用伪元素选择器设置样式的时候，除了可以通过content属性设置要插入的文字内容外，也可以设置其他样式，如颜色、大小等。例如修改上面 E:before 伪元素选择器的样式，代码如下：

```
p:before{
    content:"☆";
    color:red;
    font-size:24px;
    font-weight:bold;
}
```

刷新页面后的效果如下图所示。

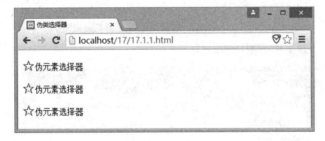

19.1.2　插入筛选内容

从上面的示例中可以看到，一旦使用了 E:before 或 E:after 伪元素选择器，页面中所有指定的元素都会应用该样式。如果我们不想在某些元素的前面或后面插入内容，或者想插入其他的内容，该如何实现呢？这时候就需要为这些元素指定 class 属性或 id 属性，在元素名称后面带上 class 属性值或 id 属性值。如果不想插入内容，可以设置 content 属性为 none 或 normal。例如下面这段代码：

```
<!doctype html>
<html>
<head>
```

```
<meta charset="utf-8">
<title>19.1.2</title>
<style>
p:before{
    content:"☆";
    color:red;
    font-size:24px;
    font-weight:bold;
}
p.no_text:before{
    content:none;
    color:red;
    font-size:24px;
    font-weight:bold;
}
p#other_text:before{
    content:"新内容";
    color:red;
    font-size:24px;
    font-weight:bold;
}
</style>
</head>
<body>
<p>伪元素选择器</p>
<p class="no_text">伪元素选择器</p>
<p id="other_text">伪元素选择器</p>
</body>
</html>
```

运行这段代码后，效果如下图所示。

19.1.3 实例：CSS 制作目录

本例通过 CSS 制作一个目录效果，并在章前添加折叠符号（+），在节前添加展开符号（-），通过单击目录章链接控制目录节的显示和隐藏。HTML 代码如下：

```
<!doctype html>
<html>
```

```
<head>
<meta charset="utf-8">
<title>19.1.3</title>
<script language="javascript">
function change(obj){
    document.getElementById(obj.id).style.display=
document.getElementById(obj.id).style.display== "none"?"block":"none";
}
</script>
</head>
<body>
<div id="main1" class="main"><a href="#" onClick="change(child1)">第 1 章
</a></div>
    <div id="child1" class="child">
    <ul>
            <li><a href="#">第 1 节</a></li>
            <li><a href="#">第 2 节</a></li>
            <li><a href="#">第 3 节</a></li>
    </ul>
</div>
    <div id="main2" class="main"><a href="#" onClick="change(child2)">第 2 章
</a></div>
    <div id="child2" class="child">
        <ul>
            <li><a href="#">第 1 节</a></li>
            <li><a href="#">第 2 节</a></li>
            <li><a href="#">第 3 节</a></li>
    </ul>
</div>
</body>
</html>
```

　　在这段代码中，我们通过<div>元素、<ul>元素、<li>元素和<a>元素构成了目录的基本结构。在单击目录章的时候，根据 JavaScript 控制目录节的显示与隐藏，下面左图为目录隐藏后的效果，右图为目录展开后的效果。

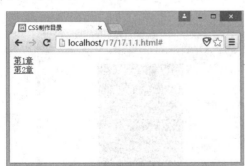
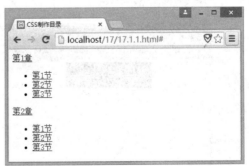

由于没有设置任何样式，所以页面看起来比较单调。通过以下代码为页面设置一些基本的样式，效果如下图所示。

```
<style>
.main{
    background:#0F0E10;
    margin:1px auto;
    padding:5;
    color:white;
    border:#0F0E10 solid 1px;
    width:200px;
}
div a{
    text-decoration:none;
    color:white;
    font:24px solid Arial;
}
ul{
    margin:0;
    padding:0;
    list-style:none;
}
li {
    background:#3F617C;
    padding:5px 0;
    margin:1px auto;
    width:200px;
        color:white;
}
li a{
    font:18px solid Arial;
}
.child{
    display:none;
}
</style>
```

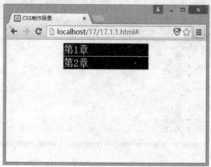 

使用 E:before 选择器为章所在<div>元素插入折叠符号（+），为节所在的<div>元素插入展开符号（-），并设置其他相关样式。代码如下：

```
.main:before{
    content:"+";
    font-size:24px;
}
.child li:before{
    content:"-";
    font-size:20px;
    margin-left:30px;
}
```

刷新页面后，目录折叠和展开的效果如下图所示。

19.2　插入图像

使用 E:before 或 E:after 伪元素选择器不仅可以在元素前面或后面插入文字，还可以插入图像文件。

19.2.1　插入图像文件的方法

插入文字时需要使用 content 属性，并指定要插入的文字，而插入图像的方法与插入文字的方法类似，不同的是在指定文字的地方指定插入图像文件的 url。例如在<p>元素的前面插入一个 tj.gif 图像，该图像文件与页面文件在同一个目录中，可以使用下面这段代码。

```
p:before{
    content:url(tj.gif);
}
```

另外，除了图像外，还可以插入音视频文件等其他格式的文件，但是目前浏览器还不支持。

19.2.2　插入图像文件的好处

在 HTML 中已经有了 img 元素，该元素的主要功能就是加载图像文件，这里为什么还要增加添加图像的功能呢？我们可以设想一下，在一个页面中有很多个列表项，如果要为每个列表项都添加一个图标，这将是一件非常烦琐的事情，即便使用 JavaScript 动态加载这些图标，在浏览器解析页面的时候，也会生成很多重复的代码。所以，使用 E:before 或 E:after 伪元素选择器添加图像文件可以节省很多精力，在替换图像文件时也会非常方便。

19.2.3　实例：列表图标与推荐标题

本例将制作一个文章列表效果，在页面中有很多文章列表，我们将在所有列表的前面插入免费图标，在前三个列表的后面插入推荐图标。本例的详细代码如下：

```html
<!doctype html>
<html>
<head>
<meta charset="utf-8">
<title>19.2.1</title>
<style>
ul{
    list-style:none;
    margin:5px auto;
    width:300px;
}
li{
    margin:1px auto;
}
li a{
    font-size:20px;
    text-decoration:none;
    padding:3px;
}
li:before{
    content:url(mf.gif);
}
li.tj:after{
    content:url(tj.gif);
}
</style>
</head>
<body>
<ul>
    <li class="tj"><a href="#">飞机上能随便调换座位吗？</a></li>
        <li class="tj"><a href="#">互联网+时代真的来了。</a></li>
```

```
            <li class="tj"><a href="#">谁制造了雾霾？</a></li>
            <li><a href="#">为了一个小女孩的尊严。</a></li>
            <li><a href="#">外国人如何看中国教育。</a></li>
    </ul>
    </body>
    </html>
```

在这段代码中，我们先使用 E:before 元素选择器在列表的前面插入了免费图标，然后在设置 class 属性的元素后面插入了推荐图标，效果如下图所示。

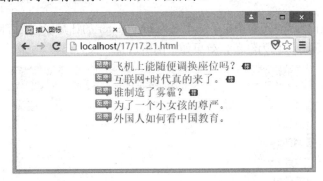

19.3　插入项目编号

使用 E:before 或 E:after 伪元素选择器不仅可以插入文字和图像，还可以在多个项目中插入项目编号。

19.3.1　插入连续项目编号

要插入连续的项目编号，首先需要在元素属性中指定 counter-increment 属性，其属性值用于计数器的名称，然后指定选择器的 content 属性值为计数器。例如下面这段代码：

```
<!doctype html>
<html>
<head>
<meta charset="utf-8">
<title>19.3.1</title>
<style>
p{
    counter-increment:mycounter;
}
p:after{
    content:counter(mycounter);
    color:red;
}
</style>
```

```
</head>
<body>
<p>项目编号</p>
<p>项目编号</p>
<p>项目编号</p>
<p>项目编号</p>
<p>项目编号</p>
</body>
</html>
```

在这段代码中我们为<p>元素指定了一个名为 mycounter 的计数器，然后使用 E:after 选择器设置项目编号，并设置编号颜色为红色，效果如下图所示。

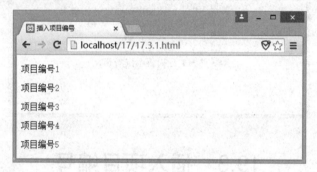

19.3.2 在项目编号中追加文字

除了直接添加项目编号外，还可以在项目编号中追加文字。其方法是将要追加的文字与计数器一同视为 content 属性的值。例如下面这段代码：

```
<!doctype html>
<html>
<head>
<meta charset="utf-8">
<title>19.3.2</title>
<style>
p{
    counter-increment:mycounter;
}
p:before{
    content:"第"counter(mycounter)"个";
    color:red;
}
</style>
</head>
<body>
<p>项目编号</p>
<p>项目编号</p>
<p>项目编号</p>
```

```
<p>项目编号</p>
<p>项目编号</p>
</body>
</html>
```

运行这段代码后的效果如下图所示。

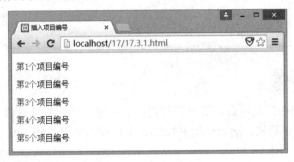

19.3.3　设置编号种类

除了数字编号外，还可以插入字母编号、罗马数字编号等其他种类的编号，list-style-type 的属性值都可以作为编号的种类。有了编号种类后，只需要将编号种类的名称添加到选择器样式计数器后面即可。例如下面这段代码，将在<p>元素前面插入大写罗马字母编号：

```
<!doctype html>
<html>
<head>
<meta charset="utf-8">
<title>19.3.3</title>
<style>
p{
    counter-increment:mycounter;
}
p:before{
    content:"第"counter(mycounter,upper-roman)"个";
    color:red;
}
</style>
</head>
<body>
<p>项目编号</p>
<p>项目编号</p>
<p>项目编号</p>
<p>项目编号</p>
<p>项目编号</p>
</body>
</html>
```

运行这段代码后，效果如下图所示。

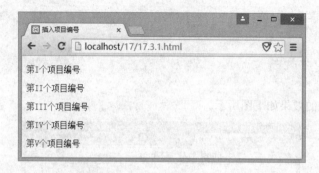

19.3.4 插入嵌套编号

对于多种元素类型的列表项目，还可以使用嵌套编号，让列表项目的显示更有层次。首先需要分别对每层项目设置计数器，然后使用 E:before 或 E:after 选择器插入编号。例如下面这段代码：

```
<!doctype html>
<html>
<head>
<meta charset="utf-8">
<title>19.3.4</title>
<style>
h1{
    counter-increment:chapter;
    font-size:24px;
}
h2{
    counter-increment:section;
    font-size:16px;
}
h1:before{
    content:"第"counter(chapter);
}
h2:before{
    content:"第"counter(section);
    margin-left:40px;
}
</style>
</head>
<body>
<h1>章</h1>
<h2>节</h2>
<h2>节</h2>
<h2>节</h2>
<h1>章</h1>
<h2>节</h2>
<h2>节</h2>
<h2>节</h2>
```

```
</body>
</html>
```

运行这段代码后，效果如下面左图所示。但是第 2 章是从第 4 节开始的，如果想让它也从第 1 节开始，就需要在<h1>元素中重置<h2>元素的计数器。使用方法如下：

```
h1{
    counter-increment:chapter;
    counter-reset:section;
    font-size:24px;
}
```

刷新页面后的效果如下面右图所示。

另外，还可以将上一级编号嵌套在下一级编号中显示。此时需要在插入下一级编号时，将上一级编号的计数器添加到 content 属性值中。例如下面这段代码：

```
h2:before{
    content:"第"counter(chapter)"."counter(section);
    margin-left:40px;
}
```

刷新页面后的效果如下图所示。

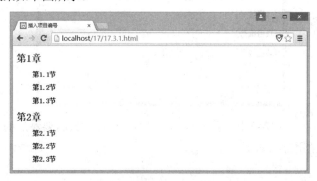

19.3.5　在字符串两边添加嵌套文字编号

除了插入计数器编号外，还可以在字符串两边添加嵌套文字编号。首先需要在元素的 quotes 属性中指定文字编号的内容，然后指定样式的 content 属性值为 open-quote 或 close-quote，前者表示在字符串开始嵌套的文字编号，后者表示在字符串结束嵌套的文字编号。例如下面这段代码：

```
<!doctype html>
<html>
<head>
<meta charset="utf-8">
<title>19.3.5</title>
<style>
p{
    quotes:"[""]";
}
p:before{
    content:open-quote;
}
p:after{
    content:close-quote;
}
</style>
</head>
<body>
<p>项目编号</p>
<p>项目编号</p>
<p>项目编号</p>
</body>
</html>
```

在这段代码中，首先指定<p>元素的 quotes 属性值为"[""]"，然后在<p>元素的开始和结束分别指定 content 的属性值为 open-quote 和 close-quote，效果如下图所示。

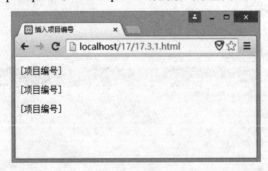

由于 quotes 的属性值是字符串，已经有了双引号，所以如果将要添加的文字编号为双引号，就需要添加转义符。使用方法如下：

```
p{
    quotes:"\"" "\"";
}
```

19.3.6　实例：导航菜单

本例将制作一个带图片的导航菜单，效果如下图所示。

首先在<body>元素中创建一个<div>元素，以此为容器将整个导航菜单放到这个容器内，然后用无序列表创建导航菜单，并填写菜单内容。相关代码如下：

```
<!doctype html>
<html>
<head>
<meta charset="utf-8">
<title>19.3.6</title>
</head>
<body>
<div id="nav">
  <ul>
    <li><a href="#" id="home_img"></a></li>
    <li><a href="#">Home</a></li>
    <li><a href="#" id="About">About</a></li>
    <li><a href="#" id="Products">Products</a>
      <ul>
        <li><a href="#" id="Web">Web</a></li>
        <li><a href="#" id="Print">Print</a></li>
        <li><a href="#" id="Photos">Photos</a></li>
      </ul>
    </li>
    <li><a href="#" id="Contact">Contact</a></li>
  </ul>
</div>
</body>
</html>
```

运行这段代码后，效果如下图所示。

现在我们开始一步步为这个导航菜单添加样式。首先清除默认的外边距和内边距，设置\<body\>元素的背景色和导航菜单容器的样式，并清除默认无序列表的样式。相关代码如下：

```
* {
    margin: 0px;
    padding: 0px;
}
body{
    background:#383C45;
}
#nav {
    font-family: arial, sans-serif;
    position: relative;
    width: 420px;
    height: 56px;
    font-size: 14px;
    color: #999;
    margin: 0 auto;
}
#nav ul {
    list-style-type: none;
}
```

刷新页面后的效果如下图所示。

然后设置\<li\>元素的样式，让其向左浮动，这样导航菜单就会水平显示，同时设置其相对定位，这样\<li\>元素就成为一个根元素，并设置其背景色和外边框宽度。相关代码如下：

```
#nav ul li {
    float: left;
    position: relative;
    background:#EFEFEF;
    margin-top:1px;
}
```

刷新页面后的效果如下图所示。

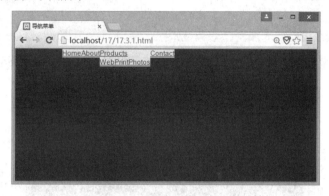

下面设置超链接的样式，同时第一个\<li\>元素使用不同的样式。相关代码如下：

```
#nav ul li a:not(#home_img) {
    text-align: center;
    border-right: 1px solid #999;
    padding: 20px;
    display: block;
    text-decoration: none;
    color: #999;
}
#home_img {
    text-align: center;
    border-right: 1px solid #999;
    padding: 12px 20px 11px 20px;
    display: block;
}
```

刷新页面后的效果如下图所示。

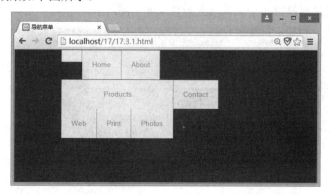

　　下面通过设置 display 属性将子菜单隐藏起来，然后使用 E:hover 选择器设置样式，当鼠标停留在主菜单上时，通过 display 属性显示子菜单，并设置子菜单绝对定位。相关代码如下：

```
#nav ul li ul {
    display: none
}
#nav ul li:hover ul {
    display: block;
    position: absolute;
}
```

　　刷新页面后，当鼠标停留在主菜单上时显示子菜单，当鼠标离开时隐藏主菜单，效果如下图所示。

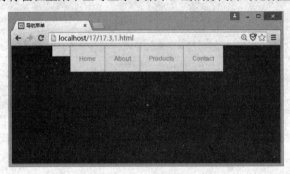

　　下面设置当鼠标停留在主菜单上时子菜单的样式，以及鼠标停留在某个子菜单项上时，该子菜单项的样式。相关代码如下：

```
#nav ul li:hover ul li a {
    display: block;
    background: #C6C7CB;
    width: 110px;
    text-align: center;
    border-bottom: 1px solid #f2f2f2;
    border-right: none;
}
#nav ul li:hover ul li a:hover {
    background: #39ACD9;
}
```

　　刷新页面后，当鼠标停留在子菜单项上的效果如下图所示。

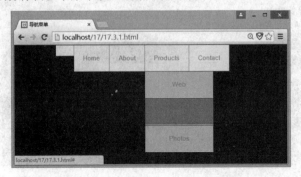

最后在第一个菜单中插入图片。相关代码如下：

```
#home_img:before{
    content:url(home.bmp);
}
```

至此，我们就完成了导航菜单的制作。刷新页面后，将鼠标停留在子菜单上，效果如下图所示。

测试题

（1）使用 CSS3 如何为部分列表选项插入文字？

（2）插入文字和插入图像有什么区别？

（3）如何设置插入编号的种类？

（4）使用 CSS3 如何实现多级目录结构？

19.4　本章小结

本章主要介绍了 CSS3 中使用 E:before 和 E:after 元素选择器插入文字、图像和项目编号的使用方法，通过本章的学习，读者应该熟练掌握这两种选择器的使用方法，并能灵活运用，创建出更加多丰富的 CSS 效果。

第 20 章

使用 CSS 设置文本样式

文本是 Web 页面上承载信息比较直接的一种方式，在 CSS 中提供了丰富的文本样式，使用这些样式可以控制文本的字体、大小、颜色等很多属性，还可以控制文本段落的各种样式，以及创建具有阴影效果的文本。

20.1　控制文本样式

网页上文本的所有属性都由文本样式控制，CSS 中文本的样式有很多种，本节主要介绍一些常用的文本样式。

20.1.1　文本字体和大小

在前面的很多示例中我们都使用过文本字体和大小属性，主要用于控制显示文本的外观。例如以下样式用于控制文本的字体和大小，效果如下图所示。

```
p{
    font-family:宋体,Arial;
    font-size:24px;
}
```

font-family 用于设置文本字体的属性，其值可以是一个也可以是多个。当设置多种字体时，哪种字体是最终的显示效果呢？因为网页上文本显示什么字体，并不是由服务端决定的，而是根据用户客户端系统上安装的字体决定的。如果页面上设置了多种字体，而在客户端上并没有安装第一种字体，系统就会去寻找第二种字体；如果第二种字体也找不到，系统就会依次往后寻找；如果都找不到，就会以默认字体显示。

font-size 用于设置文本大小的属性，也称为字号，其值是最小为 9，最大为 36 的正数，单位为 px（像素），也可以是系统设置的 large、larger、medium、small、smaller、x-large、x-small、xx-large 和 xx-small。

20.1.2　文本颜色和粗细

在 HTML 页面中，文本颜色统一用 RGB 模式显示，每种颜色都由红、绿、蓝三种颜色按照不同的比例组成。color 属性用于设置文本的颜色，颜色值可以是颜色的英文名称、6 位十六进制数、3 位十进制数或百分比等多种形式。例如下面这段代码中，虽然样式的值不同，但都表示同红色。

```
color:red;
color:rgba(255,0,0,1.00);
color:#FF0000;
color:hsla(0,100%,50%,1.00);
```

在 CSS 中可以使用 font-weiht 属性设置文本的粗细，其值可以是 normal（正常粗细）、bold（粗体）、bolder（加粗体）、lighter（比正常粗细还细），或者是 100~900，每 100 升一个层次，共 9 个层次，值越大，字体越粗。

在实际使用中，大多数操作系统和浏览器都会智能设置正常和加粗两种粗细的字体。示例如下：

```
font-weight:normal;
font-weight:hold;
```

另外，元素<b>和<strong>的默认样式中字体都是加粗的，而搜索引擎又偏爱网页中的<strong>元素，为了保持页面的统一风格，可以使用 normal 属性值设置该元素字体的粗细。例如下面这段代码，效果如下图所示。

```
<strong>strong 默认粗细</strong><br>
<strong style="font-weight:normal;">strong 正常粗细</strong><br>
```

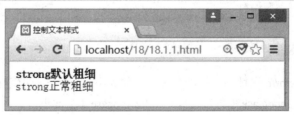

20.1.3　斜体文本

CSS 中的 font-style 属性用于控制字体的倾斜，其值分别为 normal（正常）、italic（意大利体）和 oblique（倾斜）。例如下面这段代码分别设置了这三种样式，效果如下图所示。

```
<strong style=" font-style:normal;">正常字体</strong><br>
<strong style=" font-style:italic;">italic 倾斜字体</strong><br>
<strong style=" font-style:oblique;">oblique 倾斜字体</strong>
```

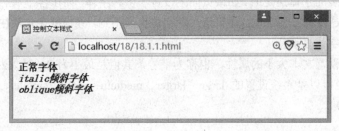

20.1.4　文本装饰

CSS 中的 text-decoration 属性用于装饰文本，其共有 5 个值，分别为 none（无装饰）、underline（下画线）、overline（上画线）、line-through（贯穿线）和 blink（文本闪烁）。例如下面这段代码分别设置了这几种文本样式：

```
<p style="text-decoration:overline;">上画线</p>
<p style="text-decoration:underline;">下画线</p>
<p style="text-decoration:line-through;">贯穿线</p>
<p style="text-decoration:blink;">文本闪烁</p>
<a style="text-decoration:none;" href="#">这是超链接</a>
```

运行这段代码后，你会发现设置了 text-decoration:blink 样式的文本并没有闪烁，这是因为这个效果使用的很少，目前已没有浏览器支持此属性。另外，<a>元素中的文本都会有一个下画线，当我们使用了 text-decoration:none 样式后，下滑线就消失了，在实际应用中这个属性很常用，经常用于统一页面文本的风格，效果如下图所示。

20.1.5　英文字母大小写转换

CSS 中的 text-transform 属性用于控制英文字母的大小写转换，它的值有三个，分别为 capitalize（单词首字母大写）、uppercase（全部大写）和 lowerocase（全部小写）。例如页面中有一段英文字母，分别对其应用这三种样式后，效果如下图所示。

```
<p style="text-transform:none">无样式效果：hello WORLD</p>
<p style="text-transform:lowercase;">全部小写效果：hello WORLD</p>
<p style="text-transform:uppercase;">全部大写效果：hello WORLD</p>
<p style="text-transform:capitalize;">首字母大写效果：hello WORLD</p>
```

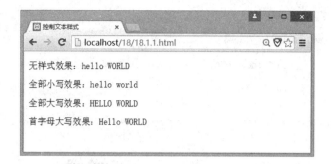

20.1.6　实例：综合应用文本样式

本例将综合运用各种文字样式对页面中的一段文字进行修饰。在本例中，设置默认字体为 Arial，字号为 18px，文本颜色为红色，全局统一字体粗细，对关键词汇添加下画线并使用斜体，所有英文首字母大写。完整的示例代码如下：

```
<!doctype html>
<html>
<head>
<meta charset="utf-8">
<title>控制文本样式</title>
<style>
p{
    font-family:Arial;
    font-size:18px;
    color:red;
    text-transform:capitalize;
}
strong{
    text-decoration:underline;
    font-style:italic;
    font-weight:normal;
}
</style>
</head>
<body>
<p>css 即<strong>层叠样式表</strong> (<span>cascading stylesheet</span>)。在
网页制作时采用<strong>层叠样式表</strong>技术，可以实现对页面的布局、字体、颜色、背景及其
他效果的精确控制。</p>
</body>
</html>
```

运行这段代码后，效果如下图所示。

20.2　控制段落样式

文本样式的另一个应用是控制段落的样式，包括段落水平、垂直对齐、行间距和字间距，以及段落首字下沉的特殊效果，本节将详细介绍如何设置这些样式。

20.2.1　段落水平对齐

CSS 中通过 text-align 属性设置段落水平对齐方式，分别为 left（左对齐）、right（右对齐）、center（居中对齐）、justify（两端对齐）、start（与开始边界对齐）和 end（与结束边界对齐）。例如下面的示例中，为了更好地展示各种对齐效果，特别设置了<p>元素的边框。

```
<!doctype html>
<html>
<head>
<meta charset="utf-8">
<title>控制段落样式</title>
<style>
p {
    border: 1px solid;
    margin: 5px;
}
#left {
    text-align: left;
}
#right {
    text-align:right;
}
#center {
    text-align: center;
}
#justify {
    text-align:justify;
    width:190px;
    height:60px;
}
#start {
```

```
    text-align:start;
}
#end {
    text-align:end;
}
</style>
</head>
<body>
<p id="left">这段文字左对齐</p>
<p id="right">这段文字右对齐</p>
<p id="center">这段文字居中对齐</p>
<p id="justify">这段文字两端对齐，除了最后一行文本外，其他每行文本都是两端对齐</p>
<p id="start">这段文字与开始边界对齐</p>
<p id="end">这段文字与结束边界对齐</p>
</body>
</html>
```

这段代码中，只有两端对齐比较特殊，即只有当文本长度大于一行时才会看到效果，如下图所示。

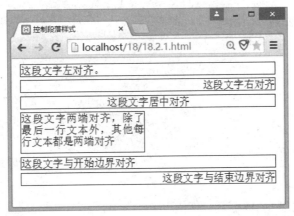

20.2.2 段落垂直对齐

CSS 中的 vertical-align 属性用于设置段落垂直对齐方式。垂直对齐的方式与段落中文本和图像的高度有关，它的值有以下几种。

（1）baseline：默认样式。元素放置在父元素的基线上。

（2）sub：垂直对齐文本的下标。

（3）super：垂直对齐文本的上标。

（4）top：把元素的顶端与行中最高元素的顶端对齐。

（5）text-top：把元素的顶端与父元素字体的顶端对齐。

（6）middle：把元素放置在父元素的中部。

（7）bottom：把元素的顶端与行中最低元素的顶端对齐。

（8）text-bottom：把元素的底端与父元素字体的底端对齐。

为了便于演示这些对齐方式的效果，我们在页面中分别设置参照对象。代码如下：

```
<!doctype html>
<html>
<head>
<meta charset="utf-8">
<title>控制段落样式</title>
<style>
p {
    color: white;
    border: 1px solid black;
}
span {
    background: blue;
}
.ref1 {
    font-size: 30px;
    background: red;
}
.ref2 {
    font-size: 9px;
    background: green;
}
.baseline {
    vertical-align: baseline;
}
.sub {
    vertical-align: sub;
}
.super {
    vertical-align: super;
}
.top {
    vertical-align: top;
}
.text-top {
    vertical-align: text-top;
}
.middle {
    vertical-align: middle;
}
.bottom {
    vertical-align: bottom;
}
.text-bottom {
    vertical-align: text-bottom;
```

```
}
</style>
</head>
<body>
<p>
    <span class="ref1">高参照</span>
    <span class="baseline">baseline 效果</span>
    <span class="ref2">低参照</span>
    <span class="sub">sub 效果</span>
    <span class="ref1">高参照</span>
</p>
<p>
    <span class="ref1">高参照</span>
    <span class="super">super 效果</span>
    <span class="ref2">低参照</span>
    <span class="top">top 效果</span>
    <span class="ref1">高参照</span>
</p>
<p>
    <span class="ref1">高参照</span>
    <span class="text-top">text-top 效果</span>
    <span class="ref2">低参照</span>
    <span class="middle">middle 效果</span>
    <span class="ref1">高参照</span>
</p>
<p>
    <span class="ref1">高参照</span>
    <span class="bottom">bottom 效果</span>
    <span class="ref2">低参照</span>
    <span class="text-bottem">text-bottem 效果</span>
    <span class="ref1">高参照</span>
</p>
</body>
</html>
```

运行这段代码后，效果如下图所示。

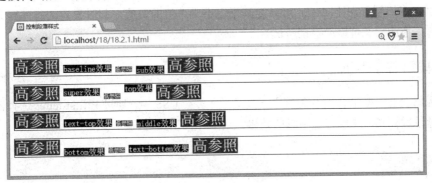

20.2.3 行间距和字间距

CSS 中的 line-height 属性用于设置文本段落的行间距，letter-spacing 属性用于设置文本段落的字间距。例如下面示例中的第一段文字采用系统默认的样式，而第二段文字的行间距设置为 50px，字间距设置为 5px。相关代码如下：

```html
<!doctype html>
<html>
<head>
<meta charset="utf-8">
<title>控制段落样式</title>
<style>
p {
    color: white;
    border: 1px solid black;
    background:#8089CD;
}
.p2{ line-height:50px; letter-spacing:5px;}
</style>
</head>
<body>
<p>这段文字的行间距和子间距将根据样式进行相应的调整。</p>
<p class="p2">这段文字的行间距和子间距将根据样式进行相应的调整。</p>
</body>
</html>
```

效果如下图所示。

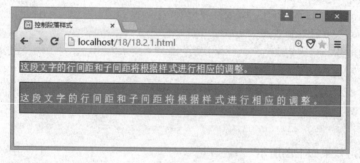

试一试：在设置行间距时，还可以为其指定不带单位的数值，此时设置的行间距为默认行间距倍数，有兴趣的读者可以动手试一试。

20.2.4 段落首字下沉

我们经常会在一些书籍中看到首字下沉的效果，在 CSS 中，通过 E:first-letter 选择器可以为段落的首字母设置样式，实现首字下沉的效果。例如下面这段代码：

```html
<!doctype html>
<html>
```

```
<head>
<meta charset="utf-8">
<title>控制段落样式</title>
<style>
p:first-letter {
    float: left;
    margin-right: 5px;
    color: #550000;
    font-size: 35px;
}
</style>
</head>
<body>
<p>人生当自勉，学习需坚持。从这一刻开始，我依旧是我，只是心境再不同。不论今后的路如何，
我都会在心底默默鼓励自己，坚持不懈，等待那一场破茧的美丽。</p>
</body>
</html>
```

在这段代码中，使用 E:first-letter 选择器将段落的首字母向左浮动，然后设置外边距、颜色和
字体属性，这样就可以实现首字下沉的效果了，如下图所示。

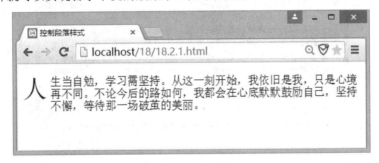

20.2.5　实例：段落排版

本例将综合运用段落样式对页面中的一段文字进行排版。在本例中，要求段落首字下沉两行，
段落内容水平左对齐且垂直居中对齐，行间距为 1.5，字间距为 3px。详细代码如下：

```
<!doctype html>
<html>
<head>
<meta charset="utf-8">
<title>控制段落样式</title>
<style>
p:first-letter {
    float: left;
    margin-right: 5px;
    color: #550000;
    font-size: 30px;
    font-weight:bold;
```

```
    }
    p{
        text-align:left;
        vertical-align:middle;
        line-height:1.5;
        letter-spacing:3px;
    }
    </style>
    </head>
    <body>
    <p>初冬的阳光充满淡淡的暖暖味道，行走在阡陌红尘里，安之若素的你如一缕清风，轻轻拂过我的
眼前，留下阵阵余香。你从繁华中浅笑而来，我掠过地平线上的日光，才看清你的脸颊，吹弹可破的肤质光
滑，端庄温柔，腰间一泻千里的秀发随风飘飘扬扬。我轻如浮云，淡如静水，冷似冰山，近我者，皆免不了
遍体鳞伤，而你却不以为然。</p>
    </body>
    </html>
```

执行这段代码后，效果如下图所示。

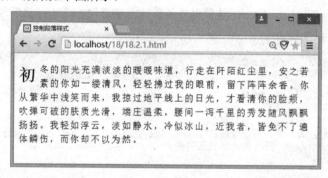

20.3 CSS3 中为文本添加阴影——text-shadow 属性

在 CSS3 中可以使用 text-shadow 属性为页面中的文字添加阴影效果，也可以为阴影指定位移
距离、模糊半径和颜色，还可以制作多个阴影的文字效果。

20.3.1 text-shadow 属性的使用方法

在使用 text-shadow 属性时，需要为其指定 4 个参数。

```
text-shadow:length length length color;
```

其中第一个参数 length 是指阴影离开文字的横向距离，第二个参数 length 是指阴影离开文字
的纵向距离，第三个参数是指阴影的模糊半径，最后一个参数是指阴影的颜色。例如下面这段代码：

```
<!doctype html>
<html>
<head>
```

```
<meta charset="utf-8">
<title>为文本添加阴影</title>
<style>
p{
    text-shadow:5px 5px 5px #BF2A2C;
    color:#1C5DC0;
    font-size:50px;
    font-weight:bold;
}
</style>
</head>
<body>
<p>文字阴影效果</p>
</body>
</html>
```

在这段代码中，我们指定阴影的横向和纵向距离为 5px，阴影的模糊半径为 5px，阴影的颜色为#BF2A2C，文字的前景色为#1C5DC0，并指定字号为 50px，粗体显示，效果如下图所示。

当页面的背景与文字很难区分时，可以为文字添加阴影，这样就能很方便地区分背景与文字了。

20.3.2　位移距离

在创建文字阴影时，text-shadow 属性的前两个 length 值用于控制文字阴影的位移距离。第一个 length 为正值表示向右位移，为负值表示向左位移；第二个 length 为正值表示向下位移，为负值表示向上位移。例如下面这段代码，演示了 length 为负值时阴影的效果。

```
p{
    text-shadow:-5px -5px 5px #BF2A2C;
    color:#1C5DC0;
    font-size:50px;
    font-weight:bold;
}
```

运行这段代码后，效果如下图所示。

20.3.3 阴影的模糊半径

text-shadow 属性的第三个 length 值用于指定文字阴影的模糊半径，这个值是可选参数，如果省略，则默认为 0。阴影半径越大，模糊的范围就越大。例如左下图是省略模糊半径后阴影的效果，右下图是模糊半径为 30px 的阴影效果。相关代码如下：

```
text-shadow:5px 5px #BF2A2C;
text-shadow:5px 5px 20px #BF2A2C;
```

20.3.4 阴影的颜色

text-shadow 属性中的第 4 个参数 color 用于指定阴影文字的颜色，这个值也是一个选择参数，如果省略，就使用文字的颜色作为阴影的颜色。省略文字颜色后阴影的相关代码如下：

```
text-shadow:5px 5px 20px ;
```

运行这段代码后，效果如下图所示。

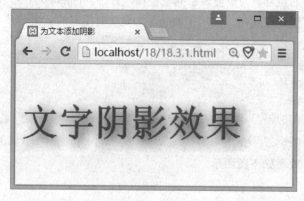

20.3.5　指定多个阴影

使用 text-shadow 属性还可以制作多个阴影的文字效果，并且为每个阴影设置不同的参数，多组参数中用逗号隔开。例如下面这段代码，分别为文字设置了三个不同的位移、模糊半径和颜色，相关代码如下：

```
text-shadow:5px 5px 2px #BF2A2C,
        10px 10px 2px #C820AD;
        20px 20px 3px #123AD5;
bcolor:#1C5DC0;
font-size:50px;
font-weight:bold;
```

运行这段代码后，效果如下图所示。

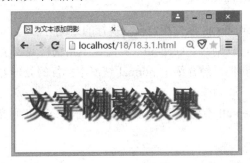

20.4　CSS3 中让文本自动换行——text-break 属性

当文本的内容需要在多行中显示时，浏览器会根据一定的规则将文本内容划分为多行，而在 CSS3 中可以使用 text-break 属性指定换行的处理方法。

20.4.1　依靠浏览器让文本自动换行

浏览器具有自动换行的处理规则，对于西方文字、空格、连字符、汉字和标点符号而言，浏览器都遵循以下规则：

（1）如果浏览器右端的文本是西方文字，那么浏览器会在半角空格或连字符时自动换行；如果是完整的单词，则不会换行，效果如下图所示。

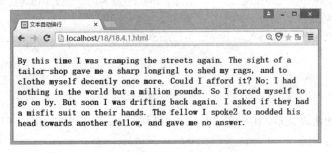

（2）如果浏览器右端的文字是汉字，那么浏览器会在右端直接换行。

（3）如果浏览器右端是中文标点符号，那么浏览器会缩小字间距，保证中文标点符号在浏览器的最右端，效果如下图所示。

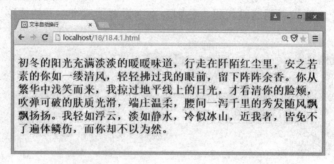

20.4.2 指定自动换行的处理方法

在 CSS3 中还可以使用 word-break 属性指定自动换行的处理方法。它的属性值有 3 个，分别为 normal（使用浏览器默认的换行规则）、keep-all（只能在半角空格或连字符处换行）和 break-all（允许在单词内换行）。前面我们已经介绍了 normal 情况下换行的处理方法，下面主要介绍另外两种自动换行的处理方法。

如果是西方文本，那么 keep-all 不允许在单词内换行，而 break-all 则允许在单词内换行。例如下面这段代码：

```
<!doctype html>
<html>
<head>
<meta charset="utf-8">
<title>文本自动换行</title>
<style>
.keep_all{
    word-break:keep-all;
}
.break_all{
    word-break:break-all;
}
</style>
</head>
<body>
<div class="keep_all">Now and then I have tested my seeing friends to discover
what they see. </div>
<div class="break_all">Now and then I have tested my seeing friends to discover
what they see. </div>
</body>
</html>
```

内容完全相同的两段文本，由于第二行文本使用了 break-all 样式，所以可以在单词"discover"中换行，效果如下图所示。

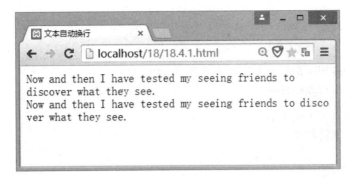

如果是中文汉字，那么使用 keep-all 样式的文本允许在标点符号处换行，而使用 break-all 样式的文本则不能在标点符号处换行。例如下面这段代码：

```
<!doctype html>
<html>
<head>
<meta charset="utf-8">
<title>文本自动换行</title>
<style>
.keep_all{
    word-break:keep-all;
}
.break_all{
    word-break:break-all;
}
</style>
</head>
<body>
<div class="keep_all">初冬的阳光充满淡淡的暖暖味道，行走在阡陌红尘里，安之若素的你如一缕清风，轻轻拂过我的眼前，留下阵阵余香。</div>
<div class="break_all">初冬的阳光充满淡淡的暖暖味道，行走在阡陌红尘里，安之若素的你如一缕清风，轻轻拂过我的眼前，留下阵阵余香。</div>
</body>
</html>
```

因为第二段文字使用了 break-all 样式，所以在标点符号是右边最后一个字符时并没有换行，而是连带前面的"风"字一同换行，效果如下图所示。

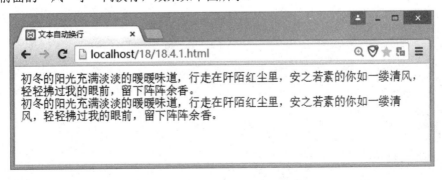

测试题

（1）文本的颜色有几种赋值方式？

（2）通常我们使用的斜体文字使用了哪种倾斜样式？

（3）如何显示一段删除的文字？

（4）如何制作首字下沉效果？

（5）如何为文本添加阴影？

20.5　本章小结

　　本章主要介绍了如何使用 CSS 设置文本样式，通过本章的学习，读者应该熟练掌握控制文本样式的方法，以及控制段落样式的方法，能够为文本添加阴影效果，以及了解 CSS3 中文本换行的一些规则。

第 **21** 章

使用 CSS 设置图片与背景样式

本章主要介绍 CSS3 中图片与背景相关的样式，其中包括图片样式、图片对齐、图文混排、背景颜色和背景图片。在网页中正确使用图片，不仅可以增加网页的美观效果，而且还可以减少网页大小，提升页面体验。

21.1　图片样式

在 HTML 页面中，可以通过<img>元素插入图片。由于图片资源的限制，所以插入图片需要对其边框、位置和大小进行设置，才能展示出更加美观的效果。

21.1.1　图片边框设置

在 HTML 页面中，可以通过<img>元素插入一张图片，但是如果要将图片作为元素的边框使用就比较麻烦，而在 CSS3 中可以直接使用 border-image 属性，为元素指定一个图片边框。border-image 属性的使用方法如下：

```
border-image: url(图片路径) A B C D/边框宽度 R1 R2
```

其中 A、B、C、D 分别用于设置裁剪图片的位置，R1 和 R2 分别用于设置裁剪图片的水平和垂直重复方式。例如下面这段代码：

```
<!doctype html>
<html>
<head>
<meta charset="utf-8">
<title>图片样式</title>
<style>
```

```
div {
    width: 200px;
    border: 20px solid;
    border-image: url(002.png) 30 30 30 30 repeat stretch;
    -moz-border-image: url(002.png) 30 30 30 30 repeat stretch;
    -webkit-border-image: url(002.png) 30 30 30 30 repeat stretch;
    padding: 30px;
    text-align: center;
}
</style>
</head>
<body>
<div>图片边框效果</div>
</body>
</html>
```

在这段代码中，我们用左边的图片为<div>元素设置边框，效果如右图所示。

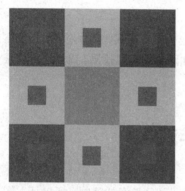 

border-image 属性的参数可以有很多，下面进行详细介绍。

（1）url 地址：图片的 url 地址可以是绝对路径，也可以是相对路径，还可以不使用，即设置为 none。

（2）裁剪位置：该参数比较特殊，不需要指定具体的单位，专指像素，还可以是百分比。可以统一指定一个值，也可以分别指定 4 个值。

为了更好地理解裁剪位置参数，先来仔细观察上面的图片，该图片的大小为 30px×30px，在横向和纵向被 4 条直线分割成 9 个小方框，为了突出显示效果，在每个小方框中都放置了一个更小的方框。4 个角上的蓝色小方框，分别对应元素边框的 4 个角，上、下、左、右 4 个黄色小方框，分别对应元素的上、下、左、右边框，中间的橙色小方框受到全部参数的影响，对应填充边框的中间区域。border-image 属性根据设置的裁剪位置分别对图片中的小方框进行裁剪，然后将裁剪的图片作为元素边框对应位置的背景图片。如果参数是 4 个，则遵循上右下左顺时针方向进行裁剪。

中间填充效果部分浏览器不支持中间填充效果。

提 示

（3）边框宽度：该参数用于指定边框的宽度。

（4）重复方式：该参数用于设置裁剪后的图片应该以哪种重复方式为边框填充背景，可选的值有三个，分别为 repeat（重复）、round（平铺）和 stretch（拉伸）。round 效果如下面左图所示，stretch 效果如下面右图所示。

 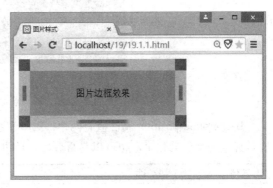

21.1.2　设置图片位置

HTML 页面中的图片还可以通过 CSS 的 background-position 属性设置其在元素中的位置。例如下面这段代码：

```
<!doctype html>
<html>
<head>
<meta charset="utf-8">
<title>图片样式</title>
<style>
div {
    width:600px;
    height:260px;
    border:5px dotted #DC6E23;
    background-image:url(001.png);
    background-repeat:no-repeat;
    background-position:0px 0px;
}
</style>
</head>
<body>
<div></div>
</body>
</html>
```

在这段代码中，为了显示图片位置效果，我们为元素设置了边框，并设置 background-repeat 属性为 no-repeat，效果如下图所示。

background-position 属性值有两个：第一个用于设置水平位置；第二个用于设置垂直位置，可以是像素为单位的数字，也可以是百分比，还可以是 CSS 规定的字符串。详细说明如下表所示。

参数值	描　述
top left top center top right center left center center center right bottom left bottom center bottom right	css 中规定的字符串，如果只设置一个关键字，那么第二个值将是 "center"
x% y%	百分比，第一个值是水平位置，第二个值是垂直位置。左上角是 0% 0%，右下角是 100% 100%，如果只设置了一个值，那么第二个值将是 50%
xpos ypos	数值，第一个值是水平位置，第二个值是垂直位置。单位可以是像素或任何其他的 CSS 单位，如果只设置了一个值，那么另一值将是 50%。可以混合使用百分比和数值

21.1.3　设置图片缩放

在页面中插入图片时，为了显示特殊的效果，需要对图片的尺寸进行修改，而在 CSS3 中可以直接通过 background-size 属性来控制图片的缩放。例如下面这段代码：

```
<!doctype html>
<html>
<head>
<meta charset="utf-8">
<title>图片样式</title>
<style>
div {
    width:300px;
    height:200px;
    border:1px solid #222;
    background:#4664B5;
    background-image:url(001.png);
```

```
    background-repeat:no-repeat;
    background-position:center center;
    background-size:contain;
}
</style>
</head>
<body>
<div></div>
</body>
</html>
```

在这段代码中，<div>元素的宽度为 300px，高度为 200px，并设置了边框和背景色。页面中只显示一张图片，并让其显示在中间位置，将 background-size 属性设置为 contain，表示等比例缩放图片，效果如下图所示。

background-size 的属性值可以是数值、百分比、cover 和 contain。如果是数值或百分比，那么第一个值用于设置图片的宽度，第二个值用于设置图片的高度；如果只设置一个值，那么第二个值为 auto。cover 和 contain 为 CSS 中规定的值，cover 效果是图片完全覆盖背景区域，此时图片的部分区域或许无法显示在元素中，而 contain 效果是图片完全适应内容区域。例如本例中如果将元素的尺寸修改为宽度 200px，高度 300px，则效果如下面左图所示；如果设置 background-size: cover，效果如下面右图所示。

21.1.4 实例：图片边框按钮

本例使用下面左图所示的图片，制作一个圆角边框按钮效果，完成后的效果如下面右图所示。

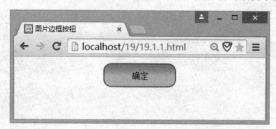

我们使用的素材图片是一个圆角长方形，背景颜色为灰色，大小为 33px×50px。为了设置圆角效果，我们需要使用 border-image 属性的裁剪功能，对圆角长方形的 4 个圆角进行裁剪，将裁剪后的图片应用到按钮边框的 4 个角，并让其他裁剪图形拉伸显示。为了得到显示效果，还需要设置按钮的边框为 13px，这样就完成了圆角按钮的效果。完整的代码如下：

```html
<!doctype html>
<html>
<head>
<meta charset="utf-8">
<title>图片边框按钮</title>
<style>
div {
    text-align: center;
}
#bt{
    width: 120px;
    height:40px;
    border:13px solid;
    border-image: url(003.png) 13 13 13 13 stretch;
    -moz-border-image: url(003.png) 13 13 13 13 stretch;
    -webkit-border-image: url(003.png) 13 13 13 13 stretch;
}
</style>
</head>
<body>
<div>
<button id="bt" value="">确定</button>
</div>
</body>
</html>
```

21.2　图片对齐

HTML 页面中除了图片还有许多其他的元素，为了让图片与这些元素呈现更好的效果，就需要设置图片的对齐方式。在 CSS3 中可以设置图片水平对齐方式，也可以设置图片垂直对齐方式。

21.2.1　水平对齐设置

图片水平对齐主要是通过 text-align 属性进行设置，在前面章节中我们已经介绍了如何使用这个属性设置段落对齐方式，该属性同样适用于图片对齐。这里将不再赘述该属性的使用方法，只给出各种对齐方式对于图片的影响效果，如下图所示。

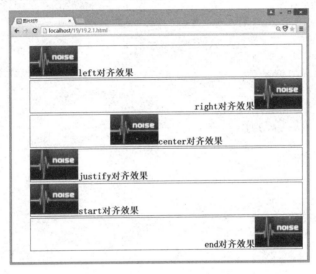

21.2.2　垂直对齐设置

图片垂直对齐主要是通过 vertical-align 属性进行设置，在前面章节中我们已经介绍了如何使用这个属性设置段落对齐方式，该属性同样适用于图片对齐。这里将不再赘述该属性的使用方法，只给出各种对齐方式对于图片的影响效果，如下图所示。

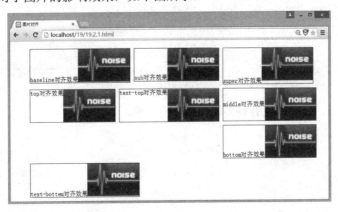

21.2.3 实例：排列的相册

本例将在页面中显示多张图片，并让其在水平和垂直方向居中对齐。由于图片原始尺寸各不相同，所以在排列图片时需要将所有图片的尺寸设置成相同的大小，然后将其父容器的 text-align 属性设置为 center，vertical-align 属性设置为 middle。按照我们的想法有了如下代码：

```
<!doctype html>
<html>
<head>
<meta charset="utf-8">
<title>排列相册</title>
<style>
li{
    width: 200px;
    height: 200px;
    float: left;
    border: solid 1px #575757;
    margin: 10px 10px 0 0;
    list-style: none;
    text-align:center;
    vertical-align:middle;
}
img {
    width:50%;
    height:50%;
    border:1px solid #B1B1B1;
}
</style>
</head>
<body>
<ul>
    <li><img src="photo01.jpg" alt="" /></li>
    <li><img src="photo02.jpg" alt="" /></li>
    <li><img src="photo03.jpg" alt="" /></li>
    <li><img src="photo04.jpg" alt="" /></li>
    <li><img src="photo05.jpg" alt="" /></li>
</ul>
</body>
</html>
```

运行这段代码后，发现并没有得到我们想要的效果，如下图所示。

虽然图片在水平方向居中对齐了，但是垂直方向并没有居中对齐，这是为什么呢？因为我们设置了 float 属性，改变了元素的浮动方式，元素的 display 属性会被忽略，所以垂直方向就无法居中了。在实际项目中这种问题很常见，而应对的方法也有很多，下面我们介绍一种行之有效的处理方法。

首先在每个<img>元素的前面添加一个<span>元素，并设置 display 属性为 inline-block，将行内元素改变为行内块元素，然后设置<span>元素宽度为 1px，高度为 100%，并设置垂直居中对齐。除此之外，还需要给<img>元素添加垂直居中样式。相关代码如下：

```
span {
    display: inline-block;
    width: 1px;
    height: 100%;
    vertical-align: middle;
}
img {
    width:50%;
    height:50%;
    border:1px solid #B1B1B1;
    vertical-align: middle;
}
```

再次刷新页面后，所有的图片都居中显示了，效果如下图所示。

21.3　图文混排

图文混排是网页中使用非常广泛的一种效果，如何让图片和文字按照设计的要求以合适的方式展现在页面上，是本节将要讨论的主要内容。

21.3.1 设置图文混排

在 CSS 中有一个 float 属性，该属性可用于设置元素的浮动，浮动后的元素就成为块元素，它会影响到周围元素的显示效果。为了实现图文混排效果，我们可以借助这个属性设置图片浮动，这样文字就可以围绕图片显示了。例如下面这段代码：

```
<!doctype html>
<html>
<head>
<meta charset="utf-8">
<title>图文混排</title>
<style>
#items{
    width:600px;
    border:1px solid #555;
    margin:10px;
}
img{
    float:left;
    padding:10px;
}
#items h1{
    background:#E93A2E;
    color:white;
    margin:20px 10px 0 130px;
    padding-left:20px;
}
p{
    text-indent:2em;
    font-size:20px;
    padding:10px;
}
#items div .link{
    text-align:right;
}
</style>
</head>
<body>
    <div id="items">
        <img src="logo.png" />
        <div>
            <h1>CSS3</h1>
            <p>CSS 即层叠样式表（Cascading StyleSheet）。 在网页制作时采用层叠样式表技术，可以实现对页面的布局、字体、颜色、背景及其他效果的精确控制。只要对相应的代码做一些简单的修改，就可以改变同一页面的不同部分，或者页数不同的网页的外观和格式。</p>
```

```
            <p class="link"><a href="#">detail</a></p>
        </div>
    </div>
</body>
</html>
```

在这段代码中，<img>元素用于插入图片，<p>元素用于引入文本，两者同属于<div>元素的子元素。首先为了实现让文字环绕图片的效果，需要设置<img>元素的 float 属性，并设置一定的内边距。在段落样式中，我们使用了 text-indent 属性，该属性用于设置段落首行缩进，效果如下图所示。

21.3.2　设置混排间距

在上例中我们实现了图文混排效果，但是文章的段落看起来很紧凑，并不利于阅读，这时可以使用前面章节中介绍的设置行间距和字间距的方法，为图文混排中的段落设置样式。例如为上例中的段落添加如下样式：

```
p{
    text-indent:2em;
    line-height:1.5;
    font-size:20px;
    padding:10px;
}
```

刷新页面后的效果如下图所示。

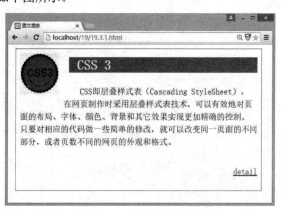

21.3.3 实例：看图说话

本例将制作一个看图说话的页面。页面中有 4 张图片，每张图片前面都有一个编号，图片上面有一段文字，使用 float 属性设置图文混排效果。完整的代码如下：

```
<!doctype html>
<html>
<head>
<meta charset="utf-8">
<title>看图说话</title>
<style>
div{
    margin:0px;
    padding:0px;
}
h1{
    color:#E15A2E;
}
p{
    text-indent:2em;
    font-size:18px;
    font-weight:bold;
    line-height:20px;
    letter-spacing:2px;
}
li{
    list-style:none;
    float:left;
    margin:10px;
}
p{
    float:left;
    display:inline;
}
</style>
</head>
<body>
<div>
<h1>看图说话</h1>
<p>小朋友，看看下面几张图片，你知道这些小朋友都是哪个民族的吗？它们正在干什么呢？把你看
到的说给爸爸妈妈听吧！</p>
<div>
    <ul>
        <li><p>图1</p><img src="ktsh01.bmp"/></li>
        <li><p>图2</p><img src="ktsh02.bmp"/></li>
```

```
            <li><p>图 3</p><img src="ktsh03.bmp"/></li>
            <li><p>图 4</p><img src="ktsh04.bmp"/></li>
        </ul>
    </div>
</div>
</body>
</html>
```

在这段代码中，所有的图片都放在<li>元素中，为了让列表横向排列显示，设置<li>元素的 float 属性为 left，让其向左浮动。在每一个<li>元素中都有一个<p>元素和一个<img>元素，为了让这两个元素混排在一起，设置<p>元素的 float 属性为 left，这样就完成了看图说话的效果，如下图所示。

21.4　背景颜色

合理规划页面的背景颜色，有助于提升页面的整体效果。在 HTML 中，可以使用 CSS 为整个页面设置统一的背景颜色，还可以为某些元素设置特殊的背景颜色。

21.4.1　设置页面背景颜色

在 CSS 中，可以使用 background-color 属性为页面设置背景颜色，这个属性的值可以是 CSS 中规定的颜色名称（如 red）、十六进制的背景颜色（如#A37C7C）或 rgb 代码的背景颜色（如 rgb（255,0,0）），以及 transparent。

transparent 是页面默认的背景色，该背景色为透明，在大多数情况下，没有必要使用该值。如果不希望某元素拥有背景色，同时又不希望用户对浏览器的颜色设置影响了设计，那么此时就可以使用 transparent 值。

页面中的所有元素都是<html>元素的子元素，根据 CSS 的继承特性，只要为<html>元素设置了背景色，就等于给整个页面设置了背景色。相关代码如下：

```
html{
    background-color:#C7D3AD;
}
```

另外，由于\<body\>元素是整个页面内容的父元素，所以通常情况下，要设置页面的背景色，直接设置\<body\>元素的背景色即可。

21.4.2　设置块背景颜色

\<div\>元素是用来为 HTML 文档内大块的内容提供结构和背景的。div 起始标签和结束标签之间的所有内容都是用来构成整个块的，其中包含元素的特性，都由\<div\>元素的属性来控制，或者通过使用样式格式化这个块来控制。

作为一个可以容纳其他元素的容器，当为\<div\>元素设置了背景色后，块内其他元素也就具有了相同的背景色，这是由 CSS 的继承特性决定的。如果不想让\<div\>内的元素和\<div\>拥有相同的颜色，就可以为内容元素重新设置背景色。同样，可以通过 background-color 属性为块设置背景颜色。

21.5　背景图片

背景（background）是 CSS 中一个非常重要的部分，如何为背景设置合适的背景图片，是 Web 程序员必须掌握的一项技能。background 的属性有很多种，本节将主要介绍这些属性的使用方法。

21.5.1　设置页面背景图片

通过 background-image 属性可以为页面设置背景图片，它的值是背景图片的 url 地址。如果图片和页面在同级目录下，就可以直接使用图片名称。例如下面的代码：

```
background-image:url(001.png);
```

如果图片和页面不在同一级目录下，而是在与页面同级的一个名为 image 的文件夹中，此时就需更改图片路径。例如下面的代码：

```
background-image:url(image/001.png);
```

如果图片在页面的上级目录中，此时就需要使用"../"指定上一级目录。例如下面的代码：

```
background-image:url(../image/001.png);
```

21.5.2　重复的背景图片

默认情况下，如果作为背景的图片尺寸小于浏览器窗口的尺寸，浏览器会自动在水平和垂直方向上重复显示背景图片。如果不希望重新显示背景图片，就可以使用 background-repeat 属性控制背景图片的显示方式。这个属性的值有以下几种：

```
background-repeat: repeat;
background-repeat: no-repeat;
```

```
background-repeat: repeat-x;
background-repeat: repeat-y;
background-repeat: space;
background-repeat: round;
```

repeat 是默认的方式，表示图片将在水平和垂直方向上重复显示；no-repeat 表示背景图像只显示一次；repeat-x 表示只在水平方向上重复背景图片；repeat-y 表示只在垂直方向上重复背景图片；space 表示应用同等数量的空白到图片之间，直到填满整个元素，这是 CSS3 中的新增值；round 表示缩小图片直到正好平铺满元素，这也是 CSS3 中的新增值。下面左图是 space 的效果，下面右图是 round 的效果。

 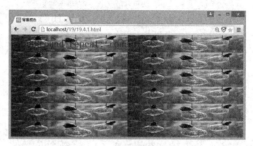

21.5.3　设置背景图片的位置

通过 background-position 属性可以设置背景图片的位置，在前面章节中我们已经介绍过这个属性的使用方法，这里就不再赘述。

21.5.4　设置背景滚动

通过设置 background-attachment 属性，可以控制背景图片的滚动方式。这个属性的值有以下几种：

```
background-attachment:fixed;
background-attachment: scroll;
background-attachment: local;
```

fixed 表示当页面的其余部分滚动时，页面的背景图片不会滚动；scroll 表示背景图片会随着页面的其余部分滚动而移动；local 表示背景图片会随着内容的滚动而移动。

21.5.5　背景样式的缩写方式

背景样式的缩写允许使用 background 声明所有背景属性。包括以下属性：

```
background-color
background-position
background-repeat
background-attachment
background-image
```

例如下面的代码，分别声明了背景的颜色、图片、重复方式、滚动方式和位置。

```
background:#00FF00 url(001.png) no-repeat fixed top;
```

21.5.6　实例：创建背景皮肤

本例将为页面创建不同的背景皮肤，并通过单击页面上的按钮实现切换背景皮肤的功能。为实现此功能，我们需要先创建两套样式表，分别为 bg_style1.css 和 bg_style2.css，并在这两个样式表中分别设置不同的背景样式。相关代码如下：

```css
body{
    background-image:url(001.png);
    background-color:#C4E4DB;
    background-repeat:no-repeat;
    background-position:center;
}
body{
    background-image:url(001.png);
    background-color:#E4CBAC;
    background-repeat:space;
}
```

使用\<link>元素在页面中引入创建的两套样式表。相关代码如下：

```html
<link rel="stylesheet" type="text/css" title="bg_style1"
href="bg_style1.css">
    <link rel="stylesheet" type="text/css" title="bg_style2"
href="bg_style2.css">
```

在 HTML 页面中创建两个按钮，当单击按钮时，调用 JavaScript 函数，将当前按钮的 value 值作为参数，通过 JavaScript 遍历当前页面的\<link>元素，如果元素的 title 值与参数值相同，则启用该样式，否则禁用该样式。完整的代码如下：

```html
<!doctype html>
<html>
<head>
<meta charset="utf-8">
<title>背景颜色</title>
<link rel="stylesheet" type="text/css" title="bg_style1"
href="bg_style1.css">
    <link rel="stylesheet" type="text/css" title="bg_style2"
href="bg_style2.css">
    <script language="javascript">
function setStyle(btn){
    var links;
    links=document.getElementsByTagName("link");
    for(var i=0;i<links.length;i++){
```

```
        if(links[i].getAttribute("rel").indexOf("style")!=-1 &&
links[i].getAttribute("title")){

            links[i].disabled=true;
            if(links[i].getAttribute("title").indexOf(btn.value)!=-1){
                links[i].disabled=false;
            }
        }
    }
}
</script>
</head>
<body>
<button onClick="setStyle(this)" value="bg_style1">皮肤 1</button>
<button onClick="setStyle(this)" value="bg_style2">皮肤 2</button>
</body>
</html>
```

运行这段代码后，当单击"皮肤 1"按钮时，页面效果如下面左图所示，当单击"皮肤 2"按钮时，页面效果如下面右图所示。

测试题

（1）在 CSS 中如何设置图片的位置？

（2）如何使用 CSS 创建图文混排效果？

（3）如何让页面背景随着页面内容滚动？

（4）背景样式的缩写都包含哪些属性？

（5）如何创建页面皮肤？

21.6　本章小结

本章主要介绍了 CSS 中设置图片与背景样式的方法。通过本章的学习，读者应该熟练掌握图片样式的设置方法、图片对齐的设置方法、图文混排的设置方法、背景颜色的设置方法及背景图片的设置方法。

第 22 章

使用 CSS 设置列表与表单样式

列表和表单是网页中非常重要的两个元素。列表不仅可以用于显示数据，还可以用来排版，而表单则是网页与用户交互的窗口，是信息获取与反馈的重要途径。本章将主要介绍如何使用 CSS 设置列表与表单的样式。

22.1　列表控制

早期的 HTML 页面数据展示经常会使用表格，而随着 HTML 和 CSS 技术的发展，越来越多的人开始使用列表代替表格完成这项工作，不仅如此，列表还可以用来完成网页布局的相关功能，如菜单栏和导航条等。本节将详细介绍如何使用列表的这些功能。

22.1.1　列表的类型及使用

HTML 中的列表可分为三类，分别为无序列表、有序列表和自定义列表。无序列表是一个项目的列表，此列项目使用粗体圆点进行标记。在 HTML 中，无序列表使用<ul>元素表示，列表中的每一个项目使用<li>元素表示，列表项内部可以是段落、图片、链接或其他列表等元素。例如下面的无序列表：

```
<ul>
    <li>无序列表项目</li>
    <li>无序列表项目</li>
</ul>
```

这段代码在页面中的效果如下面左图所示。

有序列表与无序列表类似，但是有序列表的列表项目前面带有数字标记。在 HTML 中，有序列表用<ol>元素表示，列表中的项目同样用<li>元素表示。例如下面的有序列表：

```
<ol>
    <li>有序列表项目</li>
    <li>有序列表项目</li>
</ol>
```

这段代码在页面中的效果如下面右图所示。

自定义列表与前两者有所区别，它不仅仅是一个列表项目，而是项目及其注释的组合。在 HTML 中，自定义列表用<dl>元素表示，列表项目用<dt>元素表示，列表注释用<dd>元素表示。例如下面的自定义列表：

```
<dl>
    <dt>自定义列表</dt>
    <dd>这是一个自定义列表项目</dd>
    <dt>自定义列表</dt>
    <dd>这是一个自定义列表项目</dd>
</dl>
```

这段代码在页面中的效果如下图所示。

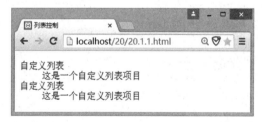

列表在网页设计中发挥着越来越重要的作用，掌握列表的基本使用方法，再配合 CSS 样式的灵活运用，就能制作出各种美观实用的效果。

22.1.2　创建垂直导航条

垂直导航条是页面设计中经常会用到的一个功能，通常的做法就是使用 CSS 样式控制列表的显示，从而实现垂直导航的效果。例如下面这段代码：

```
<!doctype html>
<html>
<head>
<meta charset="utf-8">
<title>列表控制</title>
<style>
ul{
```

```
        list-style-type:none;
    }
    li{
        margin-bottom:2px;
        border:1px solid #B8B8B8;
        width:120px;
    }
    a:link,a:visited{
        display:block;
        font-weight:bold;
        background-color:#D9D9D9;
        color:white;
        padding:5px;
        text-align:center;
        text-decoration:none;
    }
    a:hover,a:active{
        background-color:#F17022;
    }
    </style>
    </head>
    <body>
    <ul>
        <li><a href="#">Home</a></li>
        <li><a href="#">Blog</a></li>
        <li><a href="#">Portfolio</a></li>
        <li><a href="#">CV</a></li>
        <li><a href="#">Projects</a></li>
        <li><a href="#">Contact Me</a></li>
    </ul>
    </body>
    </html>
```

在这段代码中，我们使用了无序列表来创建导航条，通过设置无序列表的 list-style-type 属性为 none，清除列表项前的圆点标记，此操作是使用列表创建导航条的关键步骤。再经过其他样式的设计，运行这段代码后，垂直导航条的效果如下图所示。

22.1.3　创建水平导航条

使用列表同样也可以制作水平导航条,其关键步骤除了要设置 list-style-type 属性为 none 以外,还需要设置 float 属性,让所有项目浮动,浮动后的项目会依次排列,这样就形成了水平导航条。例如为上例中的<li>元素添加以下代码:

```
float:left;
```

再次刷新页面后,刚才还是垂直的导航条现在已经变成了水平导航条,效果如下图所示。

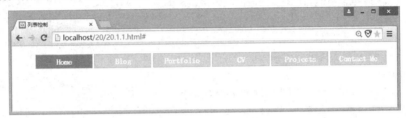

浮动后的项目会受其父级元素宽度的影响,如果父级元素宽度小于浮动后所有元素宽度总和,浮动的项目就会换行显示。为了确保水平导航条的所有项目都在一行中显示,必须设置父级元素的宽度。

22.2　使用列表制作实用菜单

在实际项目中,很多导航条菜单都会多级显示,使用嵌套列表同样可以制作这些效果。通过 CSS 样式的设置,还可以制作多种多样的导航菜单效果。

22.2.1　实例:多级列表菜单

列表项内部可以是各种元素,包括使用列表。嵌套的列表可以实现多级菜单的效果。本例将制作一个多级列表菜单,首先在 HTML 页面中制作嵌套的列表菜单。相关代码如下:

```
<!doctype html>
<html>
<head>
<meta charset="utf-8">
<title>多级列表菜单</title>
<style>
</style>
</head>
<body>
<uL id="menu">
    <li><a href="#">menu</a></li>
    <li><a href="#">menu</a>
        <ul>
            <li><a href="#">item</a></li>
```

```
            <li><a href="#">item</a></li>
            <li><a href="#">item</a></li>
        </ul>
    </li>
    <li><a href="#">menu</a>
        <ul>
            <li><a href="#">item</a></li>
            <li><a href="#">item</a></li>
            <li><a href="#">item</a></li>
        </ul>
    </li>
    <li><a href="#">menu</a>
        <ul>
            <li><a href="#">item</a></li>
            <li><a href="#">item</a></li>
            <li><a href="#">item</a></li>
        </ul>
    </li>
    <li><a href="#">menu</a>
        <ul>
            <li><a href="#">item</a></li>
            <li><a href="#">item</a></li>
            <li><a href="#">item</a></li>
        </ul>
    </li>
  </uL>
</body>
</html>
```

先通过设置列表的 list-style-type 属性清除列表的圆点标记，再通过设置列表项的 float 属性，让所有列表项目浮动。相关代码如下：

```
ul{
    list-style-type:none;
}
li{
    float:left;
    width:60px;
}
#menu li{
    float:left;
    margin:1px;
}
```

刷新页面后，可以看到所有的列表项目都已经展开，多级列表菜单的雏形已经实现，效果如下图所示。

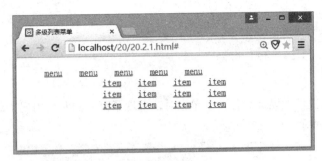

但是这并不是我们想要的效果。我们希望当鼠标悬停在父级菜单上时，对应的子菜单显示出来，当鼠标离开时，子菜单自动隐藏。为了实现这样的效果，设置所有子菜单项在页面加载时全部隐藏，当鼠标悬停在父菜单上时再显示出来。相关代码如下：

```
#menu li ul{
    display:none;
}
#menu li:hover ul{
    display:block;
}
```

刷新页面后，当我们将鼠标悬停在响应菜单上时，子菜单项就会显示出来；当鼠标离开菜单时，子菜单就会隐藏，效果如下图所示。

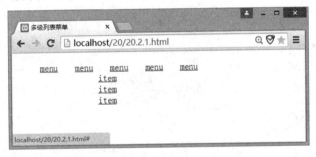

现在我们为菜单设置一些背景色和前景色，以及边框等样式。相关代码如下：

```
li{
    float:left;
    width:60px;
    border:1px solid #B8B8B8;
    text-align:center;
}
a:link,a:visited{
    display:block;
    font-weight:bold;
    background-color:#D9D9D9;
    color:white;
    padding:5px;
    text-align:center;
    text-decoration:none;
```

```
    }
a:hover,a:active{
    background-color:#F17022;
}
```

刷新页面后，当我们把鼠标悬停在菜单上时，发现子菜单的左边出现了边框，这并不是我们想要的效果，如下图所示。

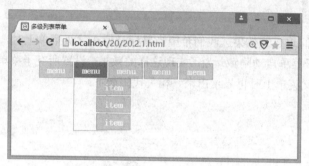

出现这种情况是因为浮动后的元素都是块级元素，<ul>和<li>元素的相对位置发生了变化。要解决这个问题，我们需要在隐藏子元素时，设置其位置为相对定位，在显示子元素时，设置其位置为绝对定位就可以了。另外，子元素的位置与其父元素的位置在垂直方向上并没有对齐，需要清除子元素的<ul>元素内间距。相关代码如下：

```
#menu li{
    float:left;
    margin:1px;
    position:relative;
}
#menu li ul{
    display:none;
    margin:0;
    padding:2px 0;
}
#menu li:hover ul{
    display:block;
    position:absolute;
}
```

再次刷新页面后，一个二级菜单的效果就实现了，效果如下图所示。

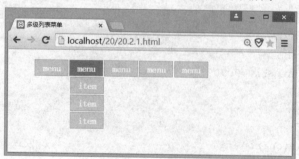

试一试：本例制作的是一个二级菜单效果，有兴趣的读者还可以尝试制作一个三级菜单效果。

22.2.2　实例：会伸缩的列表菜单

CSS 不但可以用来制作多级列表菜单，而且还可以制作伸缩列表菜单。本例将详细介绍如何使用 CSS 制作会伸缩的列表菜单。首先在 HTML 页面中制作嵌套的列表菜单，相关代码如下：

```html
<!doctype html>
<html>
<head>
<meta charset="utf-8">
<title>多级列表菜单</title>
<style>
</style>
</head>
<body>
<ul id="menu">
    <li><a href="#">menu</a></li>
    <li><a href="#">menu</a>
        <ul>
            <li><a href="#">item</a></li>
            <li><a href="#">item</a></li>
            <li><a href="#">item</a></li>
        </ul>
    </li>
    <li><a href="#">menu</a>
        <ul>
            <li><a href="#">item</a></li>
            <li><a href="#">item</a></li>
            <li><a href="#">item</a></li>
        </ul>
    </li>
    <li><a href="#">menu</a>
        <ul>
            <li><a href="#">item</a></li>
            <li><a href="#">item</a></li>
            <li><a href="#">item</a></li>
        </ul>
    </li>
    <li><a href="#">menu</a>
        <ul>
            <li><a href="#">item</a></li>
            <li><a href="#">item</a></li>
            <li><a href="#">item</a></li>
        </ul>
    </li>
```

```
    </ul>
</body>
</html>
```

设置\<ul\>元素的 list-style-type 属性为 none，清除列表的原点标记。刷新页面后，效果如下图所示。

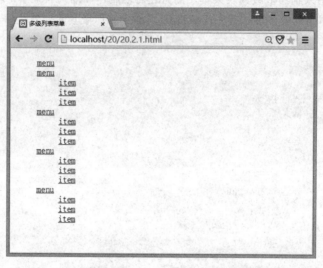

为了让子菜单项在页面加载时隐藏起来，可以设置子菜单的\<ul\>元素 display 属性为 none，当鼠标悬停在菜单上时，可以设置该属性为 block 显示子菜单。相关代码如下：

```
#menu li ul{
    display:none;
}
#menu li:hover ul{
    display:block;
}
```

刷新页面后，当鼠标悬停在菜单项上时，效果如下图所示。

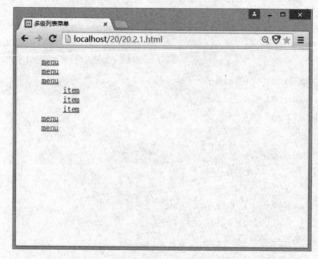

为了使页面更加美观，我们为菜单和子菜单分别设置样式。相关代码如下：

```
<style>
ul{
    list-style-type:none;
}
li{
    width:60px;
    border:1px solid #B8B8B8;
    text-align:center;
    margin:1px;
}
#menu li ul{
    display:none;
}
#menu li:hover ul{
    display:block;
}
a:link,a:visited{
    display:block;
    font-weight:bold;
    background-color:#D9D9D9;
    color:#F17022;
    padding:5px;
    text-align:center;
    text-decoration:none;
}
a:hover,a:active{
    background-color:#F17022;
    color:white;
}
</style>
```

刷新页面后，效果如下图所示。

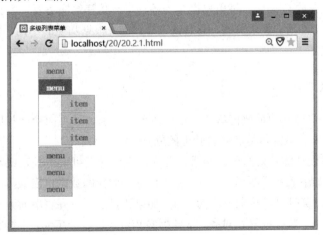

我们发现此时菜单的<li>元素边框显示出来了，非常难看，需要清除。但是，如果清除<li>元素的边框，那么所有元素的边框都将被清除，为了保留其他元素的边框，我们可以在鼠标悬停在菜单项上时通过 CSS 清除边框。同时子菜单项向右偏移太多，这是因为子菜单项<ul>元素的内边距和外边距影响的，需要进行调整。相关代码如下：

```
#menu li ul{
    display:none;
    margin:0;
    padding-left:10px;
}
#menu li:hover{
    border:0px;
}
```

再次刷新页面后，一个会伸缩的列表菜单就制作完成了。当页面加载时，只显示菜单项，如下面左图所示；当鼠标悬停在菜单项上时，显示子菜单项，如下面右图所示。

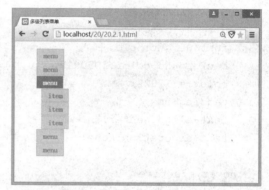

22.3 表单设计概述

表单的主要功能是收集信息，将用户提交的各种信息传递给服务器，并接收服务器反馈的各种信息。表单通常用于注册、登录页面、问卷调查等页面，根据功能的不同，表单页面上的元素也不同。

22.3.1 表单的设计原则

表单是页面与用户交互的重要窗口，在设计表单时，要兼顾页面功能与用户的良好体验，遵循布局合理、层级分明、良好体验和必要验证的原则。

合理布局是表单设计的首要原则。通常情况下，表单元素可采用垂直或水平两种对齐方式。如果采用垂直对齐（如下面左图所示），那么每个标签和对应的数据框应该排列在垂直方向上临近的位置，这样用户在浏览时可以从上下移动视线；如果选择左右对齐表单元素（如下面右图所示），那么标签应该靠右对齐，数据框靠左对齐，这样标签和数据框就会相邻，不会因为标签的长短而影响用户浏览。

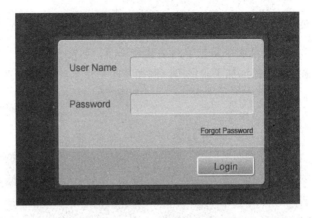

根据功能的不同，表单中的元素会有所差别，但是无论元素有多少，都应该对元素进行分组，要么功能相近的元素排列在一起，要么比较重要的元素排列在一起，这样用户就能够区分表单中元素的主次，做到心中有数。另外，还可以分步骤引导用户填写表单，这样更有利于与用户的友好交互。

表单中的元素不仅有主次之分，并且重要的元素需要加以提示，如可以在对应数据框后面添加红色的星号，表示必须要填写的信息。有些信息需要符合一定的规则，比如邮箱或密码，可以在对应数据框后面添加提示信息，说明这些信息应该符合什么样的规则。

表单中的信息最终要提交服务器，对于不符合要求的信息，在提交服务器之前就应该进行验证，这样可以避免无效的操作。当然，还可以在用户填写完数据框之后就进行验证，如果验证失败，则立刻给出错误提示，以便用户更正，这样更能加强用户体验。

22.3.2　表单应用分类

表单的基本功能是采集和提交数据，根据应用场景的不同，表单可以分为登录表单、注册表单、搜索表单和跳转表单等。

1. 用户注册表单

用户注册表单常见于网站注册页面，通常会要求用户填写用户名、昵称、密码、邮箱、联系方式等信息。例如下图是网易电子邮箱的用户注册页面。

2. 用户登录表单

用户登录表单常见于网站登录页面，通常会要求用户填写用户名和密码，目前很多网站为防止恶意登录都添加了验证码。例如下图是京东商城的登录页面。

3. 搜索表单

搜索表单常见于一些搜索引擎页面，用户只需要填写搜索的关键字，然后提交表单即可。例如下图是微软的 Bing 搜索页面。

4. 跳转表单

跳转表单常见于网站内各页面间的数据交换，通常表单的 action 属性值为目标页面，当用户单击提交按钮后，当前表单的所有内容都会提交到目标页面，而目标页面接收到这些信息后可以进行更多的操作。

22.3.3　实例：经典表单效果

以下是几个经典的表单效果。

22.4　表单的设计

表单设计是 Web 开发过程中不可或缺的一部分内容，如何布局各种表单元素，CSS 在表单设计中将起到什么作用，本节将详细介绍这些内容。

22.4.1　form 标签

表单是一个包含表单控件的区域，在 HTML 页面中这个区域用<form>元素标记，所有的表单元素都必须包含在这个元素中。<form>元素有三个基本属性，分别为 name、method 和 action。name属性用于定义表单的名称，method 属性用于定义数据提交的方式，action 属性用于指定表单提交的目标。

数据提交方式有两种，分别为 post 和 get，默认为 get。如果采用 post 方式，浏览器就会对表单中的数据进行加密，将这些信息发送至 action 指定的目标；如果采用 get 方式，浏览器就会直接将表单中的数据发送至目标，这些数据会附在浏览器的 URL 之后，用"？"分隔，参数值之间用"&"分隔。

22.4.2 表单元素

表单中的元素有很多种，每个元素的功能都不同，有的用于展示页面内容，有的用于收集页面信息。下面详细介绍这些表单元素的使用方法。

1. 输入标记 input

<input>元素用于 form 表单的信息输入，可以是文本字段、密码、单击按钮、提交按钮、复选框、单选按钮等多种类型。该元素有很多个属性，但是在使用时必须有 type 和 name 属性。根据不同的 type 属性值，元素可以显示为多种类型的控件，而 name 属性则是唯一表示该元素的名称。下图是<input>元素在各种 type 属性值时的显示效果。

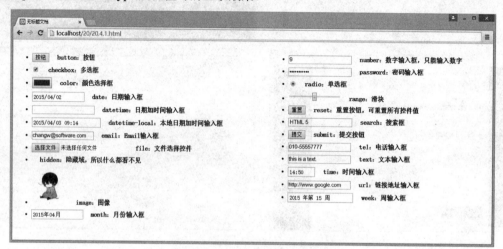

因为各种浏览器对 HTML 的支持程度不一样，所以在页面中显示的效果也不一样。

提 示

2. 文本域 text

当<input>元素的属性值为 text 时，表示该控件是一个文本域，用于输入文本字段，代码如下：

```
<input type="text" name="text" value="" />
```

文本域中输入的文本没有特定的要求，可以是字母、数据、汉字、标点等任何文本字段。

3. 密码域 password

当<input>元素的属性值为 password 时，表示该控件是一个密码域，用于输入密码。当在密码域中输入信息时，输入的内容将显示为圆点。当表单以 get 方式提交时，密码将显示在地址栏中。密码域的代码如下：

```
<input type="password" name="password" value="" />
```

运行这段代码后，效果如下图所示。

●●●●●●

4. 文件域 file

当\<input\>元素的属性值为 file 时，表示该控件是一个文件域。使用文件域可以浏览计算机上的某个文件，并将该文件作为表单数据上传。文件域的代码如下：

```
<input type="file" name="file" value="" />
```

运行这段代码后，效果如下图所示。

选择文件　未选择任何文件

5. 复选框 checkbox

当\<input\>元素的属性值为 checkbox 时，表示该控件是一个复选框。一个页面中可以有多个复选框，多个复选框中 name 值相同的为一组，用户可以在一组中选择多个选项。复选框的代码如下：

```
<input type="checkbox" name="chk" value="1"/>阅读
<input type="checkbox" name="chk" value="2"/>听音乐
<input type="checkbox" name="chk" value="3"/>绘画
<input type="checkbox" name="chk" value="4"/>跳舞
<input type="checkbox" name="chk" value="5"/>武术
```

运行这段代码后，效果如下图所示。

☑阅读 ☑听音乐 ☑绘画 ☐跳舞 ☐武术

6. 单选按钮 radio

当\<input\>元素的属性值为 radio 时，表示该控件是一个单选按钮。页面中的多个单选按钮，name值相同的为一组，每组中用户只能选中一个选项，多个选项之间相互排斥。若更换选中项，则之前选中的选项将会被取消。单选按钮代码如下：

```
<input type="radio" name="rad" value="1"/>男
<input type="radio" name="rad" value="2"/>女
```

运行这段代码后，效果如下图所示。

◉男 ○女

7. 提交按钮 submit

当\<input\>元素的属性值为 submit 时，表示该控件是一个提交按钮。当单击该按钮时，表单中所有控件的值将被提交到 action 指定的地址，同时清空所有控件中的数据。提交按钮的代码如下：

```
<input type="submit" name="submit" />
```

运行这段代码后，效果如下图所示。

提交

8. 图像域 image

当\<input\>元素的属性值为 image 时，表示该控件是一个图像域。图像域的功能和提交按钮的功能相同，都能用于提价表单数据，但是图像域可以为提交按钮指定一个图像，当单击该图像时，即可执行提交操作。图像域的代码如下：

```
<input type="image" src="photo01.jpg" width="15%" height="15%" name="image" />
```

运行这段代码后，效果如下图所示。

9. 隐藏域 hidden

当<input>元素的属性值为 hidden 时，表示该控件是一个隐藏域。隐藏域用于存储用户输入的信息，如姓名或电子邮件等，并在用户下次访问此站点时使用这些信息。隐藏域在页面中不显示，其代码如下：

```
<input type="hidden" name="hidden" value="" />
```

10. 菜单/列表 select、option

每一组菜单用<select>元素表示，菜单中的每一项用<option>元素表示。每组菜单中可以有多个选项，其中选中的项在表单提交时作为该菜单的值。菜单/列表的代码如下：

```
<select>
    <option value="1">列表项 1</option>
    <option value="2">列表项 2</option>
    <option value="3">列表项 3</option>
</select>
```

运行这段代码后，效果如下图所示。

11. 多行文本域

文本域中只能输入单行文本，如果需要输入多行文本，就可以使用多行文本域。在 HTML 中，文本域用<textarea>元素表示，可以使用 cols 属性设置多行文本域中显示的列数，使用 rows 属性设置多行文本域中显示的行数。多行文本域的代码如下：

```
<textarea cols="30" rows="2">
第一行内容
第二行内容
</textarea>
```

运行这段代码后，效果如下图所示。

第一行内容
第二行内容

12. 标签

<label>元素用于显示标签，但是在页面中标签不会显示效果。如果在<label>元素内单击文本，就会触发此控件。例如下面这段代码：

```
<p><label><input type="radio" name="rad" />男</label></p>
<p><label><input type="radio" name="rad" />女</label></p>
```

在这段代码中，<label>元素有一个单选按钮和对应的文字，如果单击文字，也可以选中相应的单选按钮。这段代码还可以写成以下的方式。

```
<input type="radio" name="sex" id="male" />
<label for="male">男</label>
<input type="radio" name="sex" id="female" />
<label for="female">女</label>
```

13. 字段集

<filedset>元素用于显示字段集，可以使用该元素对表单中的多个元素进行分组，分组后的元素有一个边框，<lengend>元素用于设置该组的标题，标题将显示在边框中。字段集的代码如下：

```
<fieldset>
    <legend>登录界面</legend>
    用户名: <input type="text" name="userName"/><br><br>
    密　码: <input type="password" name="userPass"/><br><br>
    <input type="submit" value="登录"/>
</fieldset>
```

运行这段代码后，效果如下图所示。

22.4.3　对表单文本应用样式

可以使用 CSS 中的字体样式对表单中的文本设置各种样式，包括 font-family、font-style、font-weight、font-size 和 font 等，相信大家对这些样式的使用方法都已经非常熟悉了，这里就不再赘述。如果表单中按钮的默认字体不是很好看，就可以通过 CSS 样式进行设置，例如下面的代码：

```
<input type="button" name="btnA" value="按钮"/>
<input type="button" name="btnA" value="按钮" style="font-size:14px;
font-weight:bold"/>
```

运行这段代码后，效果如下图所示。

另外，使用 CSS 样式还可以对文本框、多行文本框、密码框、菜单列表框等所有与字体有关的表单元素进行设置。

22.4.4 实例：滑块复选框

本例将制作一个滑块复选框，效果如下图所示。当复选框未选中时，滑块在左边，如下面左图所示，当复选框选中时，滑块在右边并改变颜色，如下面右图所示。

为了让 CSS 能够控制选中与未选中的事件，我们需要一个\<label\>元素。当单击\<label\>元素时，使用伪类选择器控制复选框的样式。

创建复选框的 HTML 代码如下：

```
<!doctype html>
<html>
<head>
<meta charset="utf-8">
<title>滑块复选框</title>
</head>
<body>
<div>
<section>
    <div class="myCheckbox">
        <input type="checkbox" value="1" id="myCheckboxInput" name="" />
        <label for="myCheckboxInput"></label>
    </div>
</section>
</div>
</body>
</html>
```

为了显示这样的效果，需要先隐藏复选框原有的样式。代码如下：

```
input[type=checkbox] {
    visibility: hidden;
}
```

然后设置\<div\>元素的样式，定义\<div\>元素的尺寸、背景色和外边距，并使用 border-radius 设置圆角，以及确定\<div\>元素的位置。代码如下：

```
.myCheckbox {
    width: 120px;
    height: 40px;
    background: #333;
    margin: 20px 60px;
    border-radius: 50px;
    position: relative;
}
```

使用:before 伪类创建一个新元素。相关代码如下：

```
.myCheckbox:before {
    content: '';
    position: absolute;
    top: 19px;
    left: 14px;
    height: 2px;
    width: 90px;
    background: #111;
}
```

为了绘制滑块效果，我们需要设置<label>元素的样式。相关代码如下：

```
.myCheckbox label {
    display: block;
    width: 22px;
    height: 22px;
    border-radius: 50%;
    -webkit-transition: all .5s ease;
    -moz-transition: all .5s ease;
    -o-transition: all .5s ease;
    -ms-transition: all .5s ease;
    transition: all .5s ease;
    cursor: pointer;
    position: absolute;
    top: 9px;
    z-index: 1;
    left: 12px;
    background: #ddd;
}
```

当复选框被选中时，改变<label>元素的位置和背景色。相关代码如下：

```
.myCheckbox input[type=checkbox]:checked + label {
    left: 84px;
    background: #26ca28;
}
```

这样一个滑块效果的复选框就制作完成了。

22.4.5 实例：会员注册页面

本例使用各种表单控件制作一个会员注册页面，最终效果如下图所示。

首先新建一个 HTML 页面，按照最终效果图编写 HTML 页面代码。相关代码如下：

```
<!doctype html>
<html>
<head>
<meta charset="utf-8">
<title>会员注册</title>
</head>
<body>
<div id="regmain">
<form>
    <h2>会员注册</h2>

    <ul>
        <li><span class="mustItem">用户名</span><input type="text"
name="username" value="例如：张三1980"/></li>
        <li><span></span><span class="mark">由6-12位英文字母或数字组成</span>
</li>
        <li><span class="mustItem">性别</span><input type="radio" name="sex"
class="sex"  value="1" checked />男<input type="radio" name="sex" class="sex"
value="2" />女</li>
        <li><span></span><span class="mark"></span></li>
        <li><span class="mustItem">手机号码</span><input type="tel" name="tel"
value="建议使用手机号码注册"/></li>
        <li><span></span><span class="mark">请正确填写您的手机号码，以便预定相关服
务</span></li>
```

```
            <li><span class="mustItem">电子邮件</span><input type="email"
name="email" value="请填写常用邮箱"/></li>
            <li><span></span><span class="mark">格式××@××.×××</span></li>
            <li><span class="mustItem">密码</span><input type="password"
name="password"/></li>
            <li><span></span><span class="mark">由 6-12 数字组成</span></li>
            <li><span class="mustItem">再次输入密码</span><input type="password"
name="confirmpassword"/></li>
            <li><span></span><span class="mark"></span></li>
            <li><span>证件类型</span><select name="usercard">
                <option value="1">身份证</option>
                <option value="2">军官证</option>
                <option value="3">行驶证</option></select></li>
            <li><span></span><span class="mark"></span></li>
            <li><span>证件号码</span><input type="text" name="cardNum"/></li>
            <li><span></span><span class="mark"></span></li>
            <li><span>订阅</span>
            <input type="checkbox" name="order" class="order" value="orderA">
资讯</input>
            <input type="checkbox" name="order" class="order" value="orderB">
体育</input>
            <input type="checkbox" name="order" class="order" value="orderC">
娱乐</input>
            <input type="checkbox" name="order" class="order" value="orderD">
军事</input>
            </li>
            <li><span></span><span class="mark"></span></li>
            <li><span>是否愿意接受推广活动</span><input type="radio" name="sex"
class="acc" value="Y" checked />是<input type="radio" name="sex" class="acc"
value="N" />否</li>
            <li><span></span><span class="mark"></span></li>
            <li><textarea name="rules">××网服务条款
```

××网通过国际互联网络为您提供一种全新的在线社交方式；您只有完全同意下列所有服务条款并完成注册程序，才能成为××网的用户并使用相应服务。您在使用××网提供的各项服务之前，应仔细阅读本用户协议。

您在注册程序过程中单击"同意条款，立即注册"按钮即表示您与××网达成协议，完全接受本服务条款项下的全部条款。您一旦使用××网的服务，即视为您已了解并完全同意本服务条款各项内容，包括××网对服务条款随时做的任何修改。

一．服务内容

　　××网的具体服务内容由××网根据实际情况提供，例如个人信息、个人分享信息以及评论，在线交流等。××网保留变更、中断或终止部分网络服务的权利。

　　××网保留根据实际情况随时调整××网平台提供的服务种类、形式。××网不承担因业务调整给用户造成的损失。

二. 注册义务

　　为了能使用本服务，您同意以下事项：依本服务注册提示请您填写正确的注册邮箱、密码和名号，并确保今后更新的登录邮箱、名号、头像等资料的有效性和合法性。若您提供任何违法、不道德或××认为不适合在××上展示的资料，或者××有理由怀疑您的资料属于程序或恶意操作，××有权暂停或终止您的账号，并拒绝您于现在和未来使用本服务之全部或任何部分。

　　××无须对任何用户的任何登记资料承担任何责任，包括但不限于鉴别、核实任何登记资料的真实性、正确性、完整性、适用性及/或是否为最新资料的责任。</textarea></li>
　　　　<li><input type="submit" value="同意服务条款，提交注册信息"/></li>
　　</ul>
</form>
</div>
</body>
</html>

因为目前还没有为这个页面设置任何样式，所以这样页面运行后的效果非常丑陋，如下图所示。

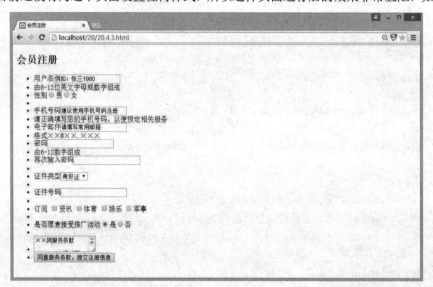

下面我们为表单中的控件设置一些基础样式，包括内外边距、字体、颜色、大小和边框等。相关代码如下：

```
<style>
*{
    margin:0;
    padding:0;
}
#regmain{
    font-size:13px;
    width:800px;
    margin:50px auto;
    border:1px solid #1A5FAA;
}
```

```
h2{
    background-color:#1A5FAA;
    color:white;
    padding:5px 0 5px 50px;
}
ul{
    width:600px;
    margin:50px auto;
}
li{
    list-style-type:none;
    margin:5px auto;
    color:#717171;
    font-size:13px;
}
.mark{
    color:#999999;
    display:inline-block;
    padding-bottom:10px;
    font-size:12px;
}
input,select{
    width:260px;
    height:25px;
    border:1px solid #999999;
    border-radius:4px;
    color:#999999;
}
textarea{
    width:400px;
    height:100px;
    margin-bottom:10px;
    font-size:12px;
    color:#999999;
}
</style>
```

刷新页面后，效果如下面左图所示。虽然现在的效果比刚才好了一些，但是仍然很糟糕，例如表单中的标签和对应的数据框排列很乱，在垂直方向上并没有对齐。观察表单中的元素，所有的标签都在<span>元素中，而且这些标签都是<li>元素中的第一个<span>元素，所以我们有了如下的样式代码。

```
span:first-of-type{
    display:inline-block;
    width:200px;
    text-align:right;
```

```
        font-weight:bold;
        margin-right:10px;
}
```

刷新页面后，所有的标签和对应的数据框在垂直方向上都对齐了，而且标签的字体显示为粗体，效果如下面右图所示。

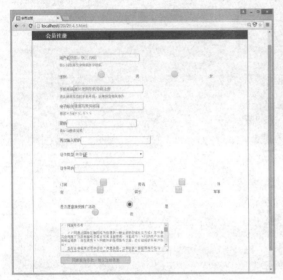 

此时再看所有的单选按钮和复选框，在水平方向上的间距太大，甚至超出了单行显示，所以需要为其设置样式。另外，还有提交按钮，我们并不满意系统默认的效果，需要单独为其设置样式。相关代码如下：

```
input[type="radio"]{
        width:auto;
        height:25px;
        border:1px solid #999999;
        padding:0;
        margin:0 5px;
        vertical-align:middle;
}
input[type="checkbox"]{
        width:auto;
        height:25px;
        border:1px solid #999999;
        padding:0;
        margin:0 5px;
        vertical-align:middle;
}
input[type="submit"]{
        color:white;
        background-color:#58AD44;
        padding:5px 10px;
```

```
    border-radius:8px;
    font-weight:bold;
}
```

刷新页面后，效果如下面左图所示。我们还想让页面下面的服务条款和提交按钮居中显示，并且让服务条款显示框更大些，但是这两个控件都在<li>元素中，如果单纯地设置<li>元素的属性，就会更改整个页面的布局效果。为了定位这两个元素，我们设置了如下样式。

```
li:nth-last-child(1),li:nth-last-child(2){
    text-align:center;
}
```

刷新页面后，效果如下面右图所示。

在注册页面中，我们希望有些信息用户必须填写，否则无法通过验证，为此，需要让用户知道哪些信息是必须填写的，在这些信息的标签前面添加一个红色星号"*"。在 HTML 页面中，所有必须要填写的信息，它们的标签都有统一的 class 属性值，这样就可以轻松实现在标签前面插入星号的效果了。相关代码如下：

```
.mustItem:before{
    content:"* ";
    color:red;
}
```

刷新页面后，效果如下面左图所示。为了让用户体验更好些，还可以设置当鼠标悬停在输入控件时改变其边框颜色，让控件显示更突出。相关代码如下：

```
input:hover{
    border:2px solid #555555;
}
```

刷新页面后，将鼠标悬停在输入框上，效果如下面右图所示。至此，会员注册页面就全部制作完成了。

测试题

（1）HTML 中的列表分为哪几类？分别是什么？

（2）如何使用列表制作垂直与水平导航条？

（3）表单设计中应遵循哪些原则？

（4）如何设置复选框的样式？

22.5 本章小结

    本章主要介绍了如何使用 CSS 设置列表和表单样式，其中包括创建垂直与水平导航条、创建多级列表菜单、创建伸缩列表菜单、表单元素介绍等。通过本章的学习，读者应该熟练掌握使用列表制作导航条和菜单的方法，并能使用 CSS 样式为表单中的各种元素设置样式。

第23章

对超链接和鼠标应用样式

超链接是整个互联网的基础，也是网页中最重要、最根本的元素之一。通过超链接能够实现页面的跳转，将网站中的每个网页关联在一起。通过 CSS 样式设置，不仅可以显示超链接在各种状态下的效果，还可以制作各种各样的超链接。鼠标是我们使用最频繁的操作设备之一，通过对鼠标样式的设置，可以增加更多的功能和趣味。

23.1　使用 CSS 设置超链接

如果没有超链接，在互联网要从一个页面跳转到另一个页面，将会是一件非常麻烦的事情，而超链接让它变得非常简单。本节将介绍有关超链接的一些知识。

23.1.1　什么是超链接

首先弄明白什么是超链接，超链接是指从一个页面指向一个目标的连接关系，这个目标可以是另一个网页，也可以是相同网页上的不同位置，还可以是一张图片、一个电子邮件地址、一个文件，甚至是一个应用程序。而用来超链接的对象，可以是一段文本或是一张图片。

超链接在 HTML 页面中用<a>元素表示，元素中间的内容是超链接的对象。例如以下两个超链接，第一个是文本超链接，第二个图片超链接。

```
<a href="http://www.baidu.com">百度</a><br>
<a href="http://www.baidu.com"><img src="photo01.jpg" /></a><br>
```

文本超链接默认为蓝色字体且有下画线，而图片超链接则显示一张图片。当鼠标悬停在超链接上时，默认变成一个手的形状，效果如下图所示。

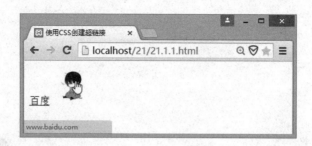

23.1.2 关于超链接路径

按照超链接路径的不同，可以分为内部链接、外部链接、锚记链接和脚本链接。根据不同的路径，可以在网页上设置不同的超链接。

内部链接是指链接到当前网站内部其他页面的超链接，此时的链接地址是目标页面相对于当前页面的相对路径。例如下面的代码：

```
<a href="home.html">主页</a>
```

外部链接是指链接到其他网站上某个页面的超链接，此时的链接地址是其他目标页面在互联网上的 URL 地址。例如下面的代码：

```
<a href="http://www.baidu.com">百度</a>
```

锚记链接是指链接到当前页面其他位置的超链接，此时的链接地址是当前页面中的锚点。而在 HTML 页面中，元素的 id 属性和 name 属性都可以用于创建锚点，使用锚点时，需要在锚点前添加一个井号"#"。例如下面的代码：

```
<a name="top">这里是片头</a>
<a id="bottom">这里是片尾</a>
<a href="#top">片头</a>
<a href="#bottom">片尾</a>
```

注意 如果锚点和超链接在页面中相距的位置比较近，当单击超链接时，页面不会有明显的变化，但是地址栏中的地址后面会添加超链接的锚点。

脚本链接是指当单击超链接时，可以执行一段 JavaScript 脚本或函数，它可以让用户在不离开当前页面的情况下提供一些附加信息。例如下面的代码：

```
<a href="JavaScript:alert('我是脚本')">脚本链接</a>
```

23.1.3 超链接属性控制

超链接是 HTML 中的一个重要元素，它有很多属性，常用的属性有以下几种。

（1）href：设置超链接指向目标的 URL 地址。

（2）name：设置锚点的名称。

（3）target：设置打开窗口的类型。其中可选择的值有 4 种，_blank 表示在新窗口中打开连接的文件；_self 也是默认值，表示在相同的框架中打开被连接的文档；_parent 表示在父框架集中打开被连接的文档；_top 表示在整个窗口中打开被连接的文档。

（4）type：设置被连接文档的 MIME 类型。

（5）rel：设置当前文档与被连接文档之间的关系。

另外，还可以使用伪类选择器设置超链接在各种状态下的样式，例如用 a:link 设置未被选择的超链接的样式，用 a:hover 设置当鼠标移动到超链接上时超链接的样式，用 a:active 设置当鼠标单击超链接时超链接的样式，用 a:visited 设置已经被访问过的超链接的样式。

23.1.4 图像映射

图像映射是指一幅图像可以创建多个连接，通过单击图像上的不同区域，超链接到不同的页面地址。在 HTML 中，使用<map>元素定义映射区域，使用<area>元素添加映射区域。<area>元素有三个属性；href 用于设置超链接的地址；shape 用于说明映射区域的形状；coords 用于设置映射区域的边界位置。

coords 根据 shape 值的不同而不同。shape 的值有三个：如果为矩形（rect），则 coords 对应的坐标为左上角和右下角坐标；如果为圆（circle），则 coords 对应的是圆心（x,y）和半径 r；如果为多边形，则 coords 对应的是多边形每个点的坐标。例如下面的代码：

```
<!doctype html>
<html>
<head>
<meta charset="utf-8">
<title>图像映射</title>
</head>
<body>
<img src="photo01.jpg" usemap="myMap" />
<map name="myMap">
<area shape="rect" coords="200,390,300,480" href="#rect" target="_blank">
<area shape="circle" coords="250,170,100" href="#circle" target="_blank">
<area shape="poly" coords="100,380,100,480,200,380" href="#rect"
target="_blank">
</map>
</body>
</html>
```

Web 页面中看不到映射区域的效果，但是在 Dreamweaver 的设计页面中可以看到这些区域的效果，如下图所示。

23.1.5 实例：实现多页面跳转

本例将演示一个多页面跳转的效果。在同一个浏览器窗口中，单击页面上不同的超链接，实现多个页面之间的跳转。为演示此功能，我们需要一个列表，并且列表中显示多个页面的超链接地址，每个地址对应一个 HTML 页面。相关代码如下：

```html
<!doctype html>
<html>
<head>
<meta charset="utf-8">
<title>页面跳转</title>
<style>
ul{
    list-style-type:none;
}
li{
    margin:1px;
    border:1px solid #B8B8B8;
    width:100px;
    float:left;
}
li:last-child{
    clear:right;
}
a:link,a:visited{
    display:block;
    font-weight:bold;
    background-color:#D9D9D9;
    color:#F17022;
    padding:5px;
    text-align:center;
    text-decoration:none;
}
a:hover,a:active{
    background-color:#F17022;
    color:white;
}
</style>
</head>
<body>
<uL>
    <li><a href="home.html">主页</a></li>
    <li><a href="blog.html">论坛</a></li>
    <li><a href="projects.html">项目</a></li>
    <li><a href="about.html">关于我们</a></li>
```

```
</uL>
<br>
<h1>这是首页面</h1>
</body>
</html>
```

列表中每个超链接对应的 HTML 页面代码基本相同，只有<h1>元素的内容不同，这样当单击每个超链接时，都会跳转到对应的 HTML 页面，效果如下图所示。

23.2　超链接特效

通常情况下，我们可以给超链接设置一些 CSS 样式，改变它们原有的样式，比如取消下画线。另外，还可以通过 CSS 样式设置超链接的一些特殊效果，比如让超链接看起来更像一个按钮或浮雕。

23.2.1　实例：按钮式超链接

通过 CSS 样式设置超链接的文字颜色、背景色、位置、边框等属性，再加上伪类选择器的效果，可以让超链接看起来更像一个按钮。例如下面的代码：

```
<!doctype html>
<html>
<head>
<meta charset="utf-8">
<title>按钮式超链接</title>
<style>
a{
    font-family:Arial;
    font-size:18px;
    text-align:center;
    margin:10px;
    padding:5px 30px;
}
a:link,a:visited{
    color:white;
    background-color:#2FAD85;
    text-decoration:none;
```

```
    border-radius:3px;
}
a:hover{
    background-color:#50CFA7;
}
</style>
</head>
<body>
<br><br>
<a href="#">下载</a>
<a href="#">收藏</a>
</body>
</html>
```

在这段代码中，首先通过标记选择器设置超链接的基础样式，再通过伪类选择器分别设置超链接在未访问状态、已访问状态和鼠标悬停状态下的样式，效果如下图所示。

23.2.2 实例：浮雕式超链接

浮雕式超链接与按钮式超链接的制作基本类似，制作按钮式超链接需要使用伪类选择器改变超链接的背景颜色，而浮雕式超链接则需要使用伪类选择器改变超链接的背景图片，让超链接看起来更有浮雕效果。相关代码如下：

```
<!doctype html>
<html>
<head>
<meta charset="utf-8">
<title>浮雕超链接</title>
<style>
*{
    padding:0;
    margin:0;
}
a{
    font-family:Arial;
    font-size:12px;
    text-align:center;
    margin:1px;
    padding:5px 30px;
```

```
}
a:link,a:visited{
    background-image:url(bg02.png);
    text-decoration:none;
    border-radius:3px;
}
a:hover{
    background-image:url(bg01.png);
}
</style>
</head>
<body>
<br><br>
<a href="#">三年一班</a><a href="#">三年二班</a>
</body>
</html>
```

在这段代码中，我们为超链接准备了两张不同的背景图片，当超链接未被访问和访问过后使用 bg02.png；当鼠标悬停在超链接上面时使用 bg01.png。这样就制作出了具有浮雕效果的超链接，效果如下图所示。

23.3　鼠标特效

在 windows 系统中，我们可以通过系统设置改变鼠标的显示方式，可以是箭头、手形或 I 字等其他效果。在 HTML 页面中，也可以使用 CSS 的 cursor 属性设置网页中鼠标的显示方式。

23.3.1　CSS 控制鼠标箭头

在 HTML 中，任何元素都有 cursor 属性，通过 CSS 设置该属性，可以控制鼠标箭头的显示效果。CSS 提供了很多种鼠标箭头效果可供选择，具体如下表所示。

属性值	描　述
default	默认光标（通常是一个箭头）
auto	默认。浏览器设置的光标
crosshair	光标呈现为十字线
pointer	光标呈现为指示链接的指针（一只手）

（续表）

属性值	描　述
move	此光标指示某对象可被移动
e-resize	此光标指示矩形框的边缘可被向右（东）移动
ne-resize	此光标指示矩形框的边缘可被向上及向右移动（北/东）
nw-resize	此光标指示矩形框的边缘可被向上及向左移动（北/西）
n-resize	此光标指示矩形框的边缘可被向上（北）移动
se-resize	此光标指示矩形框的边缘可被向下及向右移动（南/东）
sw-resize	此光标指示矩形框的边缘可被向下及向左移动（南/西）
s-resize	此光标指示矩形框的边缘可被向下移动（南）
w-resize	此光标指示矩形框的边缘可被向左移动（西）
text	此光标指示文本
wait	此光标指示程序正忙（通常是一只表或沙漏）
help	此光标指示可用的帮助（通常是一个问号或一个气球）

23.3.2　实例：鼠标变化的超链接

既然有这么多鼠标特效可供选择，那么我们就可以根据超链接文本的内容，在鼠标悬停到超链接上时，改变鼠标的效果。相关代码如下：

```
<!doctype html>
<html>
<head>
<meta charset="utf-8">
<title>鼠标变化的超链接</title>
<style>
a{
    font-family:Arial;
    font-size:18px;
    text-align:center;
    margin:10px;
    padding:5px 30px;
}
a:link,a:visited{
    color:white;
    background-color:#2FAD85;
    text-decoration:none;
    border-radius:3px;
}
a:hover{
    background-color:#50CFA7;
}
a.crosshair:hover{
```

```
    cursor:crosshair;
}
a.pointer:hover{
    cursor:pointer;
}
a.move:hover{
    cursor:move;
}
a.wait:hover{
    cursor:wait;
}
a.help:hover{
    cursor:help;
}
</style>
</head>
<body>
<br><br>
<a class="crosshair" href="#">十字线</a>
<a class="pointer" href="#">一只手</a>
<a class="move" href="#">移动效果</a>
<a class="wait" href="#">等待</a>
<a class="help" href="#">帮助</a>
</body>
</html>
```

运行这段代码后，当鼠标悬停在相应的超链接上时，鼠标就会显示对应的效果，如下图所示。

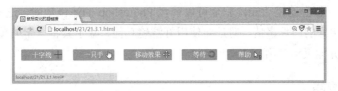

测试题

（1）根据超链接的路径，超链接可分为哪几种？

（2）如何创建图像映射超链接？

（3）如何创建浮雕式超链接？

（4）CSS 中通过什么属性控制鼠标样式？

23.4　本章小结

本章主要介绍了如何对超链接和鼠标应用样式。通过本章的学习，读者应该熟练掌握超链接样式的设置方法，如何创建各种特效的超链接样式，以及如何通过 CSS 控制鼠标特效。

第**24**章

CSS 中的**滤镜**

在一些图形处理软件，比如 Photoshop 中经常会用到滤镜，它可以用很简单的方法对页面中的文字做出特效处理，如阴影、模糊、各种淡入淡出效果等。而 CSS 中也提供了滤镜功能，同样可以完成在图形处理软件中才有的各种滤镜效果。本章将详细介绍 CSS 中滤镜的使用方法。

24.1　了解 CSS 滤镜

CSS 中提供了一整套滤镜功能，完全可以替代 Photoshop 的滤镜功能，这对不熟悉 Photoshop 的用户来说，是非常好的一件事情。但是要使用好滤镜功能，除了具备一定的美术功底外，还需要对滤镜非常熟悉，并能灵活使用。

24.1.1　Alpha 滤镜

Alpha 滤镜用于对透明度进行处理。它的语法如下：

filter：alpha（opacity=opcity, finishopacity=finishopacity,

style=style, startX=startX, startY=startY, finishX=finishX,

finishY=finishY）

其中 opacity 代表透明度等级，可选值为 0~100，0 代表完全透明，100 代表完全不透明。 Style 参数指定了透明区域的形状特征。finishopacity 是一个可选项，用来设置结束时的透明度，从而达到一种渐变效果，它的值也是从 0~100。startX 和 startY 代表渐变透明效果的开始坐标，finishX 和 finishY 代表渐变透明效果的结束坐标。除了 opacity 是必须参数外，其他都是可选参数。

由于浏览器兼容性的原因，如果要在 chrome 浏览器中使用 alpha 滤镜效果，应该使用下面这种语法：

-webkit-filter:opacity(value);

或者：

opacity:value;

value 表示图片的透明值，范围为 0~1，0 表示完全透明，1 表示完全不透明。例如下面的代码：

```
<!doctype html>
<html>
<head>
<meta charset="utf-8">
<title>CSS 中的滤镜</title>
<style>
div{
    margin:10px auto;
    text-align:center;
}
img{
    width:30%;
    height:30%;
    display:inline;
}
#opacity{
    -webkit-filter:opacity(0.4);
    margin-left:100px;
}
</style>
</head>
<body>
<div>
<img src="img.jpg"/><img id="opacity" src="img.jpg"/>
</div>
</body>
</html>
```

运行这段代码后，效果如下图所示，左边图形是没有使用滤镜的效果，右边图形是使用滤镜的效果。

24.1.2　Blur 滤镜

Blur 滤镜用于对模糊度进行处理。它的语法如下：

filer: blur(value);

其中 value 表示模糊半径，取值范围为 0 至 N 个像素，且只能是整数。如果值为 0，就表示没有效果。例如下面的代码：

```
<!doctype html>
<html>
<head>
<meta charset="utf-8">
<title>CSS 中的滤镜</title>
<style>
div {
    margin: 10px auto;
    text-align: center;
}
img {
    width: 30%;
    height: 30%;
    display: inline;
}
#opacity {
    -webkit-filter: blur(3px);
    -moz-filter: blur(3px);
    -o-filter: blur(3px);
    -ms-filter: blur(3px);
    filter: blur(3px);
    margin-left: 100px;
}
</style>
</head>
<body>
<div> <img src="img.jpg"/><img id="opacity" src="img.jpg"/> </div>
</body>
</html>
```

运行这段代码后，效果如下图所示。

24.1.3 Grayscale 滤镜

Grayscale 滤镜主要用于对灰度进行处理。它的语法如下：

filer: grayscale(value);

其中 value 的取值为 0~1 或 0~100%。如果值为 0，就表示没有效果；如果值为 1 或 100%，就表示最大效果。例如下面这段代码：

```html
<!doctype html>
<html>
<head>
<meta charset="utf-8">
<title>CSS 中的滤镜</title>
<style>
div {
    margin: 10px auto;
    text-align: center;
}
img {
    width: 30%;
    height: 30%;
    display: inline;
}
#opacity {
    -webkit-filter: grayscale(100%);
    -o-filter: grayscale(100%);
    -moz-filter: grayscale(100%);
    -ms-filter: grayscale(100%);
    filter: grayscale(100%);
    margin-left: 100px;
}
</style>
</head>
<body>
<div> <img src="img.jpg"/><img id="opacity" src="img.jpg"/> </div>
</body>
</html>
```

运行这段代码后，效果如下图所示。

24.1.4　Sepia 滤镜

Sepia 滤镜主要用于对图片或元素整体进行褐色处理，其效果为老照片效果。它的语法如下：

filer: sepia(value);

其中 value 的取值为 0~1 或 0~100%。如果值为 0，就表示无效果；如果值为 1 或 100%，就表示最大效果。例如下面这段代码：

```
<!doctype html>
<html>
<head>
<meta charset="utf-8">
<title>CSS 中的滤镜</title>
<style>
div {
    margin: 10px auto;
    text-align: center;
}
img {
    width: 30%;
    height: 30%;
    display: inline;
}
#opacity {
    -webkit-filter: sepia(100%);
    -moz-filter: sepia(100%);
    -o-filter: sepia(100%);
    -ms-filter: sepia(100%);
    filter: sepia(100%);
    margin-left: 100px;
}
</style>
</head>
<body>
<div> <img src="img.jpg"/><img id="opacity" src="img.jpg"/> </div>
</body>
</html>
```

运行这段代码后，效果如下图所示。

24.1.5 Brightness 滤镜

Brightness 滤镜主要用于对亮度进行处理。它的语法如下：

filer: brightness(value);

其中 value 的取值为大于或等于 0 的数字或百分比。如果值为 1，就表示无效果。例如下面这段代码：

```
<!doctype html>
<html>
<head>
<meta charset="utf-8">
<title>CSS 中的滤镜</title>
<style>
div {
    margin: 10px auto;
    text-align: center;
}
img {
    width: 30%;
    height: 30%;
    display: inline;
}
#opacity {
    -webkit-filter: brightness(2);
    -moz-filter: brightness(2);
    -o-filter: brightness(2);
    -ms-filter: brightness(2);
    filter: brightness(2);
    margin-left: 100px;
}
</style>
</head>
<body>
<div> <img src="img.jpg"/><img id="opacity" src="img.jpg"/> </div>
</body>
</html>
```

运行这段代码后，效果如下图所示。

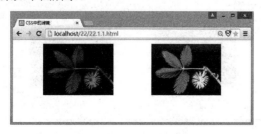

24.1.6 Hue-rotate 滤镜

Hue-rotate 滤镜主要用于对相色进行处理。它的语法如下：

filer: hue-rotate(value);

其中 value 的取值为 0 搭配 365，单位为 deg。如果值为 0，就表示无效果。例如下面这段代码：

```html
<!doctype html>
<html>
<head>
<meta charset="utf-8">
<title>CSS 中的滤镜</title>
<style>
div {
    margin: 10px auto;
    text-align: center;
}
img {
    width: 30%;
    height: 30%;
    display: inline;
}
#opacity {
    -webkit-filter: hue-rotate(200deg);
    -moz-filter: hue-rotate(200deg);
    -o-filter: hue-rotate(200deg);
    -ms-filter: hue-rotate(200deg);
    filter: hue-rotate(200deg);
    margin-left: 100px;
}
</style>
</head>
<body>
<div> <img src="img.jpg"/><img id="opacity" src="img.jpg"/> </div>
</body>
</html>
```

运行这段代码后，效果如下图所示。

24.1.7　Invert 滤镜

Invert 滤镜主要用于对反色进行处理。它的语法如下：

filer: hue-Invert (value);

其中 value 的取值为 0~1 或 0~100%。如果值为 0，就表示无效果；如果值为 1 或 100%，就表示最大效果。例如下面这段代码：

```
<!doctype html>
<html>
<head>
<meta charset="utf-8">
<title>CSS 中的滤镜</title>
<style>
div {
    margin: 10px auto;
    text-align: center;
}
img {
    width: 30%;
    height: 30%;
    display: inline;
}
#opacity {
    -webkit-filter: invert(1);
    -moz-filter: invert(1);
    -o-filter: invert(1);
    -ms-filter: invert(1);
    filter: invert(1);
    margin-left: 100px;
}
</style>
</head>
<body>
<div> <img src="img.jpg"/><img id="opacity" src="img.jpg"/> </div>
</body>
</html>
```

运行这段代码后，效果如下图所示。

24.1.8　Saturate 滤镜

Saturate 滤镜主要用于对饱和度进行处理。它的语法如下：

filer: saturate(value)

其中 value 的取值范围为大于或等于 0 的数字或百分比。如果值为 1，就表示无效果；如果值为 0，就表示为灰度图。例如下面这段代码：

```html
<!doctype html>
<html>
<head>
<meta charset="utf-8">
<title>CSS 中的滤镜</title>
<style>
div {
    margin: 10px auto;
    text-align: center;
}
img {
    width: 30%;
    height: 30%;
    display: inline;
}
#opacity {
    -webkit-filter: saturate(2);
    -moz-filter: saturate(2);
    -o-filter: saturate(2);
    -ms-filter: saturate(2);
    filter: saturate(2);
    margin-left: 100px;
}
</style>
</head>
<body>
<div> <img src="img.jpg"/><img id="opacity" src="img.jpg"/> </div>
</body>
</html>
```

运行这段代码后，效果如下图所示。

24.1.9　Contrast 滤镜

Contrast 滤镜主要用于对对比度进行处理。它的语法如下：

filer: contrast(value);

其中 value 的取值范围为大于或等于 0 的数字或百分比。如果值为 1，就表示无效果。例如下面这段代码：

```
<!doctype html>
<html>
<head>
<meta charset="utf-8">
<title>CSS 中的滤镜</title>
<style>
div {
    margin: 10px auto;
    text-align: center;
}
img {
    width: 30%;
    height: 30%;
    display: inline;
}
#opacity {
    -webkit-filter: contrast(2);
    -moz-filter: contrast(2);
    -o-filter: contrast(2);
    -ms-filter: contrast(2);
    filter: contrast(2);
    margin-left: 100px;
}
</style>
</head>
<body>
<div> <img src="img.jpg"/><img id="opacity" src="img.jpg"/> </div>
</body>
</html>
```

运行这段代码后，效果如下图所示。

24.1.10　Drop-shadow 滤镜

Drop-shadow 滤镜主要用于对阴影进行处理。它的语法如下：

filer: drop-shadow(x-offset y-offset 阴影模糊半径 阴影颜色);

其中 x-offset 和 y-offset 为阴影相对于元素左上角的位移距离。需要注意的是，阴影的外观受 border-radius 样式的影响。另外，:after 和:before 等伪元素会继承阴影的效果。例如下面这段代码：

```
<!doctype html>
<html>
<head>
<meta charset="utf-8">
<title>CSS 中的滤镜</title>
<style>
div {
    margin: 10px auto;
    text-align: center;
}
img {
    width: 30%;
    height: 30%;
    display: inline;
        border::10px solid #831111;
    -webkit-border-radius: 10px;
}
#opacity {
    -webkit-filter: drop-shadow(10px 10px 0px #333);
    -moz-filter: drop-shadow(10px 10px 0px #333);
    -o-filter: drop-shadow(10px 10px 0px #333);
    -ms-filter: drop-shadow(10px 5px 0px #333);
    filter: drop-shadow(10px 10px 0px #333);
    margin-left: 100px;
}
</style>
</head>
<body>
<div> <img src="img.jpg"/><img id="opacity" src="img.jpg"/> </div>
</body>
</html>
```

运行这段代码后，效果如下图所示。

测试题

（1）CSS 中 Alpha 滤镜用于处理什么效果？

（2）CSS 中 Blur 滤镜和 Drop-shadow 滤镜处理效果有什么不同？

（3）能否使用滤镜处理文字效果？

（4）详细解释滤镜-webkit-filter: drop-shadow(10px 10px 0px #333)中各参数的含义。

24.2　本章小结

　　本章主要介绍了 CSS 中各种滤镜的使用方法。通过本章的学习，读者应该能够熟练掌握各种滤镜的使用方法，并且在使用滤镜的过程中，要正确对待不同浏览器的处理效果。

第 **25** 章

项目实战案例

我们已经对 HTML5 和 CSS3 做了全面而系统的介绍，相信大家已经掌握了如何使用 HTML5 和 CSS3 制作网页的基本技能。本章将通过两个项目实战案例，综合运用前面学习的各种知识，加深和巩固大家对 HTML5 和 CSS3 的认识。

25.1 项目实战案例一：企业门户网站

企业门户网站是企业对外宣传的窗口，本例将使用 HTML5 和 CSS3 制作一个企业门户网站，在制作的过程中，将详细介绍网页中各个元素的作用，以及如何使用 CSS 对页面中的元素设置样式。首先我们来看一下门户网站的效果，如下图所示。

为了让大家能够更加清楚地了解网站的主体结构，我们对这个网站的组织结构进行了分析。

（1）header 结构元素：页面顶部的公司 Logo 和名称，以及导航条都属于 header 部分，有的门户网站还会将广告等信息也放在这个结构中。

（2）aside 结构元素：页面中间左边的部分，这部分经常用于显示与当前网页或整个网站相关的一些信息，如文章列表、商品列表、组织结构、友情链接等，有的门户网站还会在这里添加一些滚动的图片或文字信息，这样可以让整个页面看起来更加生动。

（3）section 结构元素：这部分是整个网站所有页面的主体内容，当网站中多个页面之间相互切换的时候，通常只有这部分内容在变化，而其他部分的内容则相对保持不变。

（4）footer 结构元素：页面最下面的部分，每一个页面都应该有一个 footer 结构元素，这部分内容通常为网站的版权声明、备案信息、联系方式、友情链接等。

本例中网站的主体结构如下图所示。

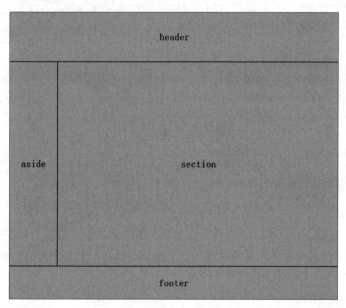

有了这个主体结构图之后，我们就可以创建基本的 HTML 页面代码了。先创建一个样式表文件，并且所有的样式都将在这个文件中完成。相关代码如下：

```
<!doctype html>
<html>
<head>
<meta charset="utf-8">
<title>嘉峻制衣有限公司</title>
<link rel="stylesheet" type="text/css" href="25.1.css"/>
</head>
<body>
<header></header>
<aside></aside>
<section></section>
<footer></footer>
```

```
    </body>
    </html>
```

header 元素中包括了公司的 Logo 图片、中/英文语言切换链接及页面导航条。我们先用\<img\>元素插入公司的 Logo 图片，然后分别用列表显示中/英文语言切换链接和导航条，其中在导航条的第一个列表项中填入一个空格（空格用 表示）。相关代码如下：

```
<header>
    <img src="logo.gif"/>
    <ul id="header_ul">
        <li>|<span><a href="#">中文版</a></span></li>
        <li>|<span><a href="#">English</a></span></li>
    </ul>
    <ul id="header_nav">
        <li id="not_item"><a href="#"> </a></li>
        <li><a href="#">首页</a></li>
        <li><a href="#">关于嘉峻</a></li>
        <li><a href="#">产品</a></li>
        <li><a href="#">品牌</a></li>
        <li><a href="#">权威认证</a></li>
        <li><a href="#">新闻动态</a></li>
        <li><a href="#">合作伙伴</a></li>
        <li><a href="#">人才招聘</a></li>
        <li><a href="#">联系我们</a></li>
    </ul>
</header>
```

在样式表中先使用星号（CSS 中*表示所有对象）清除默认的内边距和外边距，然后设置 body 的尺寸，为了让 header 居中显示，需要设置上、下外边距为 0，左、右外边距为 auto，同时设置整个页面默认字体的大小。相关代码如下：

```
* {
    margin: 0;
    padding: 0;
}
body {
    height: 800px;
    width: 962px;
    margin: 0 auto;
    font-size: 12px;
}
```

25.1.1 header 元素中的内容

我们为 header 准备了一张背景图片，使用 background-image 属性为其设置背景，并让背景在水平方向上重复，同时设置 header 的高度为 120 个像素。相关代码如下：

```
header {
    height: 120px;
    background-image: url(bg.jpg);
    background-repeat: repeat-x;
}
```

在上面的代码中，我们已经使用<img>元素插入了公司的 Logo 图片。为了让 Logo 图片显示在 header 的左边，中/英文语言切换链接显示在右边，需要设置<img>向左浮动，#header_ul 向右浮动，并且#header_ul 与右边保持一定的距离。另外，为了让链接垂直居中显示，需要设置 line-height 的高度与 Logo 图片的高度相同。相关代码如下：

```
header img {
    float: left;
}
#header_ul {
    float: right;
    padding-right: 20px;
    line-height:80px;
}
```

为了让列表中的列表项水平显示，我们需要清除<li>元素中 list-style 属性的默认值，并让其向左浮动。列表项的内容与竖线之间需要有一定的间距，通过<span>元素的左、右内边距就可以进行设置，最后清除超链接的下画线。相关代码如下：

```
#header_ul li {
    list-style: none;
    float: left;
    color: #3A708E;
}
#header_ul li span {
    padding-left: 10px;
    padding-right: 10px;
}
#header_ul li span a {
    color: #3A708E;
    text-decoration: none;
}
```

此时，header 元素中的公司 Logo 和中/英文语言切换超链接效果就完成了，如下图所示。

接下来我们设置导航条的样式。值得注意的是，这里我们使用了 clear 属性，用于清除之前的

浮动设置，不让它影响到导航条的效果。另外，我们同样为导航条准备了一张背景图片，并让它在水平方向上重复。border-radius 属性用于设置导航条的圆角效果，其他的样式设置与前面的中/英文语言超链接基本类似。相关代码如下：

```
#header_nav {
    clear: both;
    height: 40px;
    border-radius: 10px 10px 0 0;
    background-image: url(copy1_de.gif);
    background-repeat: repeat-x;
}
#header_nav li{
    list-style: none;
    float: left;
    text-align: center;
    width: 100px;
    line-height: 40px;
}
#header_nav li a {
    text-decoration: none;
    color: white;
}
```

接下来我们为导航条做一些效果设置。首先是鼠标悬停的效果，使用 opacity 属性设置当鼠标悬停在列表项上时，改变其透明度为 0.7，并设置新的背景色。而对于第一个列表项，我们将其视为一个占位符，为了不影响导航条的圆角效果，使用:first-child 选择器设置其宽度为 20 个像素，并在鼠标悬停时清除背景色。相关代码如下：

```
#header_nav li:hover{
    opacity: 0.7;
    background-color: #EF090D;
}
#header_nav li:first-child{
    width: 20px;
}
#header_nav #not_item:hover{
    background-color:transparent;
}
```

至此，header 元素中的内容及样式设置就完成了，效果如下图所示。

25.1.2　aside 元素中的内容

aside 元素中的内容比较简单，我们使用一个超链接，并在其中用<img>元素插入一张图片即可。相关代码如下：

```
<aside><a href="#"><img src="image3.png"/></a></aside>
```

设置 aside 元素的尺寸并让其向左浮动，与 header 保持 5 个像素的外边距，设置一个背景色即可。相关代码如下：

```
aside {
    height: 600px;
    width: 215px;
    float: left;
    margin-top: 5px;
    background-color: #F0EBEF;
}
```

刷新页面后，效果如下图所示。

25.1.3　section 元素中的内容

section 元素中的内容可以分为两个 div 区域，上面的 div 中是两张图片，其中一张是 flash 图片，需要用<object>元素插入图片。相关代码如下：

```
<section>
<div id="section_top"><a href="#"><img src="img_contact.jpg"/></a>
    <object classid="clsid:D27CDB6E-AE6D-11cf-96B8-444553540000"
codebase="http://download.macromedia.com/pub/shockwave/cabs/flash/swflash
.cab#version=6,0,29,0"
    width="214" height="206">
        <param name="movie" value="w1.swf">
        <param name="quality" value="high">
        <param name="menu" value="false">
```

```
    <embed src="w1.swf" quality="high" pluginspage=
"http://www.macromedia.com/go/getflashplayer" type="application/
x-shockwave-flash" width="214" height="206">
    </object>
  </div>
</section>
```

其样式也比较简单，分别设置其向左右浮动即可。相关代码如下：

```
section {
    height: 600px;
    width: 742px;
    float: left;
    margin: 5px 0 0 5px;
    background-color: #F5F8FB;
}
#section_top img {
    float: left;
}
#section_top object {
    float: right;
}
```

刷新页面后，效果如下图所示。

section 中第二个<div>元素用于显示新闻列表，我们同样用列表来展示这些信息。相关代码如下：

```
<div id="section_content">
    <h1>新闻动态</h1>
    <hr>
    <ul id="section_ul">
      <li><span id="title">信息标题</span><span id="pubdate">发布时间</span>
</li>
```

```
        <li><a href="#">我司获中国人民解放军总装备部，中华人民共和国公安部用品定点生产企
业认定</a><span>2014-11-20</span></li>
        <li><a href="#">国务院参事、全国工商联副主席林毅夫先生，汤敏博士一行到访我司
</a><span>2014-11-18</span></li>
        <li><a href="#">嘉峻-团队合作与执行及自我激励拓展培训
</a><span>2012-01-06</span></li>
        <li><a href="#">110TH 广交会</a><span>2011-11-10</span></li>
        <li><a href="#">2011 年德国杜塞尔多夫工业安全及劳保用品博览会
</a><span>2011-11-10</span></li>
        <li><a href="#">广东碧桂园学校双语部小学五(四)班全体师生为临参观
</a><span>2011-11-10</span></li>
        <li><a href="#">109 届广交会</a><span>2011-05-05</span></li>
        <li><a href="#">嘉峻制衣新装修的展厅已正式投入使用
</a><span>2011-05-05</span></li>
        <li><a href="#">户外营销培训</a><span>2011-01-05</span></li>
        <li><a href="#">公司举办的亲子游</a><span>2011-01-05</span></li>
        <li><a href="#">户外拓展</a><span>2010-12-08</span></li>
        <li><a href="#">嘉峻制衣有限公司网站正式开通
</a><span>2010-10-22</span></li>
    </ul>
  </div>
```

这里新闻列表的样式设置稍微复杂一些。首先清除前面浮动元素对当前列表元素的影响，然后设置列表的一些基本样式。对于列表中第一个作为信息标题和发布时间的列表项，我们希望它们与其他的列表项在垂直方向上保持一致，还需要在背景色上有所区别，所以为其设置背景色时使用了!important 属性，其目的是为了通过隔行换色设置其他列表项的背景色时，不会影响它们的背景色。另外，所有信息标题的超链接页面都通过:before 选择器插入了一个小图标，而且所有显示发布日期的<span>元素都在垂直方向上保持一致。相关代码如下：

```
#section_content {
    clear: both;
}
#section_content h1 {
    padding: 5px 0 5px 10px;
}
#section_content hr {
    margin-left: 5px;
    border: 1px solid #3A708E;
    width: 727px;
}
#section_ul {
    margin-top: 10px;
    margin-left: 35px;
    list-style: none;
    width: 670px;
```

```
    }
#section_ul li {
    line-height: 25px;
    margin-top: 2px;
}
#section_ul li #title {
    display: inline-block;
    width: 568px;
    padding-left: 20px;
    text-align: left;
    font-size: 14px;
    font-weight: bold;
    background-color: #E6E6E6 !important;
}
#section_ul li #pubdate {
    display: inline-block;
    margin-left: 2px;
    width: 80px;
    text-align: center;
    font-size: 14px;
    font-weight: bold;
    background-color: #E6E6E6;!important;
}
#section_ul li a {
    display: inline-block;
    width: 588px;
    text-align: left;
    text-decoration: none;
    color: #3A708E;
}
#section_ul li a:hover {
    text-decoration: underline;
    color: #B71517;
}
#section_ul li a:before {
    content: url(icon03.gif);
    margin-left: 10px;
    margin-right: 10px;
}
#section_ul li span:nth-child(2) {
    display: inline-block;
    width: 80px;
    text-align: center;
    margin-left: 2px;
}
```

```
#section_ul li:nth-child(odd) {
   background-color: #F3F3F3;
}
#section_ul li:nth-child(even) {
   background-color: white;
}
```

刷新页面后，效果如下图所示。

25.1.4 footer 元素中的内容

footer 元素中的内容也通过两个<div>元素分成上下两部分。第一个<div>元素用于显示底部的
导航条，该导航条与 header 中的导航条内容相同，但是显示效果不同。第二个<div>元素用于显示
公司的 Logo 图片以及版权、联系方式等信息。相关代码如下：

```
<footer>
   <div>
   <ul id="footer_nav">
    <li><a href="#">首页</a>|</li>
    <li><a href="#">关于嘉峻</a>|</li>
    <li><a href="#">产品</a>|</li>
    <li><a href="#">品牌</a>|</li>
    <li><a href="#">权威认证</a>|</li>
    <li><a href="#">新闻动态</a>|</li>
    <li><a href="#">合作伙伴</a>|</li>
    <li><a href="#">人才招聘</a>|</li>
    <li><a href="#">联系我们</a></li>
   </ul>
   </div>
```

```
        <div id="footer_bottom">
        <img src="index2.jpg"/>
        <div> Copyright © 2009 kachun.com.cn. All Rights
          Reserved<br>
          <span>E-mail:info@kachun.com.cn      电话:+86-757-23331223 23356929
</span>
        </div>
    </footer>
```

首先设置 footer 的高度，并清除之前浮动效果对当前元素的影响。底端导航条样式的设置与
header 中导航条样式的设置基本相同，但为了让其靠右显示，这里采用设置内边距的方式。而对于
公司 Logo 和版权的样式设置，同样使用了浮动效果，让其与图片显示在一行，并通过设置外边距，
让版权和联系方式与图片保持一定的距离。相关代码如下：

```
footer {
    height: 40px;
    clear: left;
}
#footer_nav {
    height: 40px;
    padding-left: 400px;
    border-radius: 10px;
    background-image: url(copy1_de.gif);
    background-repeat: repeat-x;
}
#footer_nav li {
    list-style: none;
    float: left;
    color: white;
    text-align: center;
    line-height: 40px;
}
#footer_nav li:hover {
    text-decoration: underline;
}
#footer_nav li a {
    text-decoration: none;
    color: white;
    padding-left: 5px;
    padding-right: 5px;
}
#footer_bottom {
    text-align: left;
    height: 62px;
}
#footer_bottom img {
```

```
    display: inline-block;
    margin-top: 15px;
    margin-left: 20px;
    margin-right: 10px;
    float: left;
}
#footer_bottom div {
    float: left;
    display: inline;
    margin-top: 15px;
    color: #3A708E
}
```

至此，企业门户网站的案例就制作完成了。刷新页面后，效果如下图所示。

25.2　项目实战案例二：用户管理

HTML5 和 CSS3 不仅可以制作各种风格特效的网站，还可以用来开发 Web 应用程序，而且这个趋势近几年越来越明显，很多 C/S 架构的应用程序都在向 B/S 架构迁移，这也是为什么 HTML5 和 CSS3 这么流行的重要原因。

本节我们以 Web 应用程序中常见的用户管理界面为例，为大家演示如何使用 HTML5 和 CSS3 制作 Web 应用程序。由于一般的 Web 应用程序都会有很多界面，而我们篇幅有限，为了演示方便，我们将用户新增、编辑、删除和列表显示在一个页面上，效果如下图所示。

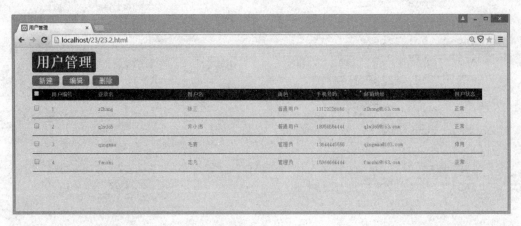

新增用户和编辑用户都需要填写用户信息，而且这两个界面中的元素基本相同，通常都会共用一个界面，通过单击不同的按钮，执行新增或编辑操作。无论是新增用户还是编辑用户，用户的某些信息都是必填的，在这些信息的标签前面一般都会标注一个红色的星号。执行操作之前，如果这些必填项中有某项没有填写，那么需要在界面中给出提示，这里我们采用了一个隐藏的\<div\>元素显示提示信息。

用户列表我们采用 table 布局，除了 table 的表头外，数据行均只显示底边框，并当鼠标悬停在数据行上时更改数据行的背景色。每个数据行的第一列是一个复选框，通过选中该复选框可以确定用户需要对哪条数据进行编辑或删除操作。有关本例中的 HTML 代码如下：

```
<!doctype html>
<html>
<head>
<meta charset="utf-8">
<title>用户管理</title>
<link rel="stylesheet" type="text/css" href="25.2.css"/>
<script src="25.2.js" type="text/javascript"></script>
</head>
<body>
<div>
  <h1>用户管理</h1>
  <div id="edit_user">
    <input type="hidden" id="editUserId" value=""/>
    <table>
      <tr>
        <td colspan="4" id="error_text" style="text-align:left"></td>
      </tr>
      <tr>
        <td class="mustitem">登录名</td>
        <td><input type="text" name="user_login_name" id="user_login_name" /></td>
        <td>手机号码</td>
        <td><input type="tel" name="user_phone"  id="user_phone"/></td>
      </tr>
```

```html
        <tr>
          <td class="mustitem">用户名</td>
          <td><input type="text" name="user_name" id="user_name" /></td>
          <td>邮箱地址</td>
          <td><input type="email" name="user_email" id="user_email"/></td>
        </tr>
        <tr>
          <td class="mustitem">密码</td>
          <td><input type="password" name="user_password" id="user_password" />
</td>
          <td>角色</td>
          <td><select name="user_role" id="user_role">
            <option value="1">普通用户</option>
            <option value="2">管理员</option>
          </select></td>
        </tr>
        <tr>
          <td class="mustitem">确认密码</td>
          <td><input type="password" name="user_confirm_password"
id="user_confirm_password" /></td>
          <td>用户状态</td>
          <td><select name="user_state" id="user_state">
            <option value="1">正常</option>
            <option value="2">停用</option>
          </select></td>
        </tr>
        <tr id="btns">
          <td colspan="4"><input type="button" name="btn_save"
onClick="btn_save();" value="确定" />
            <input type="button" name="btn_hide" value="取消"
onClick="btn_hide();" /></td>
        </tr>
      </table>
    </div>
  </div>
  <div id="menu"> <span id="add"  onClick="btn_show();">新建</span> <span
id="edit" onClick="btn_edit();">编辑</span> <span id="delete"
onClick="btn_del();">删除</span> </div>
  <div>
    <table cellspacing="0">
      <thead id="t_title">
        <tr>
          <th id="chkall"><input type="checkbox" name="chk_all" /></th>
          <th id="user_id">用户编号</th>
          <th id="user_login_name">登录名</th>
```

```
        <th id="user_name">用户名</th>
        <th id="user_role">角色</th>
        <th id="user_phone">手机号码</th>
        <th id="user_email">邮箱地址</th>
        <th id="user_state">用户状态</th>
      </tr>
    </thead>
    <tbody id="t_body">
    </tbody>
  </table>
</div>
</body>
</html>
```

本例中的所有样式代码都在外部样式表中，通过在 HTML 中引入外部样式表使用这些样式。在设置样式时，使用了多种选择器，例如在新建用户的必填项标签前使用 E:before 选择器插入星号并设置颜色；在排版新建界面元素时，使用 E:nth-child 选择器设置标签文字对齐；在制作按钮时使用: hover 和: active 伪类选择器，让普通的文字在鼠标悬停和按下时更有按钮效果。本例中的 CSS 样式代码如下：

```
* {
    margin: 0;
    padding: 0px;
}
body {
    background-color: #EBEBEB;
}
h1 {
    color: white;
    background-color: #165175;
    width: 150px;
    text-align: center;
    margin: 10px 40px;
    padding: 5px 0;
    border-radius: 5px;
    float: left;
}
#menu {
    clear: both;
    margin-left: 40px;
    margin-bottom: 10px;
}
#add, #edit, #delete {
    color: white;
    background-color: #52AC3D;
    text-align: center;
```

```
        padding: 3px 15px;
        border: 1px solid #2F862B;
        border-radius: 5px;
}
#add:hover, #edit:hover, #delete:hover {
        border: 1px solid #146700;
}
#add:active, #edit:active, #delete:active {
        background-color: #429D2C;
}
table {
        margin-left: 40px;
        color: #999999;
        font-size: 12px;
        text-align: left;
}
#t_title tr {
        background-color: #09142B;
        height: 25px;
}
#t_title tr th {
        padding: 2px 5px;
}
#chkall {
        min-width: 30px;
}
#user_id {
        min-width: 100px;
}
#user_login_name {
        min-width: 200px;
}
#user_name {
        min-width: 200px;
}
#user_password {
        min-width: 100px;
}
#user_role {
        min-width: 80px;
}
#user_phone {
        min-width: 100px;
}
#user_email {
        min-width: 200px;
```

```
    }
    #user_state {
        min-width: 60px;
    }
    #t_body tr {
        height: 40px;
    }
    #t_body tr:hover {
        background-color: white;
    }
    #t_body tr td {
        padding: 2px 5px;
        border-bottom: 1px solid #09142B;
    }
    #edit_user {
        display: none;
        margin-top: 10px;
        margin-left: 400px;
    }
    #edit_user table tr td:nth-child(odd) {
        text-align: right;
        font-weight: bold;
        padding-right: 5px;
    }
    #edit_user table tr td input[type="text"], #edit_user table tr td
input[type="password"], #edit_user table tr td input[type="tel"], #edit_user
table tr td input[type="email"], #edit_user table tr td select {
        width: 200px;
        height: 20px;
        color: #999999;
        font-size: 12px;
    }
    .mustitem:before {
        content: "*";
        color: red;
        padding-right: 5px;
    }
    #btns td input {
        width: 75px;
        height: 25px;
        color: white;
        background-color: #52AC3D;
        border: 1px solid #2F862B;
        border-radius: 5px;
        margin: 0 10px;
    }
```

```
#btns td input:hover {
    border: 1px solid #146700;
}
#btns td input:active {
    background-color: #429D2C;
}
```

为了在演示中使用动态数据，我们使用 Web SQL API 将所有的数据都存储在本地数据库，而执行这些操作的所有 JavaScript 代码都在外部 js 文件中。首先在页面加载时，通过调用 openDb() 函数创建一个本地数据库和数据表，同时调用 loadUserInfo()函数加载所有数据项。当然，初次加载页面时还没有任何数据，所以在单击"新增"按钮时调用 btn_show()函数显示隐藏的用户信息编辑界面，填写完所有用户信息后，单击"确定"按钮保存信息，这时会调用 btn_save()函数将用户信息保存在本地数据库中。在这个操作过程中，因为新建用户和编辑用户共用一个界面，所以需要通过隐藏域判断当前用户执行的是新增操作还是编辑操作，以便执行相关的函数。当选中数据行前面的复选框时，会通过 btn_edit()函数检索当前用户选中的是哪条数据，并将选中的数据赋值到编辑界面，以便用户进行编辑和删除操作。本例中完整的 JavaScript 代码如下：

```
var db;                          //数据库连接
window.onload=function(){        //加载用户信息
    openDb();
    loadUserInfo();
}
function openDb(){               //打开数据库连接
    db = openDatabase("UserInfo", "2.0", "mydb", 5*1024 * 1024);
    if(!db){
        alert("创建数据库失败！");
    }else{
        createTable(db);
    }
}
function createTable(db){        //创建表
    db.transaction(function(tx) {
    tx.executeSql("create table if not exists TUser (userId UNIQUE,
userLoginName TEXT,userPhone TEXT,userName TEXT,userEmail TEXT,userPass TEXT,
userRole TEXT,userConfirmPassword TEXT,userState TEXT)", [],
    function(tx, result){ },
    function(tx, error){ alert("创建表 tUser 失败:" + error.message);}
        );
    });
}
function loadUserInfo(){         //加载数据
    //先删除所有 table 行
    var tbody=document.getElementById("t_body");
    var rowNum=tbody.rows.length;
    for(var i=0;i<rowNum;i++){
        tbody.deleteRow(i);
```

```
            rowNum=rowNum-1;
            i=i-1;
        }
        //再添加所有数据
        var sql="select * from TUser";
        var data=[];
        db.transaction(function(tx)
        {
            tx.executeSql(sql,data,
            function(tx,result)
            {
                for(var i=0;i<result.rows.length;i++)
                {
                    var tr= document.createElement("tr");
                    var td_chk= document.createElement("td");
                    var td_userId= document.createElement("td");
                    var td_userLoginName= document.createElement("td");
                    var td_userName= document.createElement("td");
                    var td_userRole= document.createElement("td");
                    var td_userPhone= document.createElement("td");
                    var td_userEmail= document.createElement("td");
                    var td_userState= document.createElement("td");
                    td_chk.innerHTML="<input type='checkbox' name='chk_user'
onClick='btn_edit();'/>";
                    td_userId.innerHTML=result.rows.item(i).userId;

td_userLoginName.innerHTML=result.rows.item(i).userLoginName;
                    td_userName.innerHTML=result.rows.item(i).userName;
                    td_userRole.innerHTML=result.rows.item(i).userRole==1?"普通用
户":"管理员";
                    td_userPhone.innerHTML=result.rows.item(i).userPhone;
                    td_userEmail.innerHTML=result.rows.item(i).userEmail;
                    td_userState.innerHTML=result.rows.item(i).userState==1?"正常
":"停用";
                    tr.appendChild(td_chk);
                    tr.appendChild(td_userId);
                    tr.appendChild(td_userLoginName);
                    tr.appendChild(td_userName);
                    tr.appendChild(td_userRole);
                    tr.appendChild(td_userPhone);
                    tr.appendChild(td_userEmail);
                    tr.appendChild(td_userState);
                    tbody.appendChild(tr);
                }
            },
            function(tx,error){alert("数据查询失败："+error.message)});
```

```
        });
    }
    function btn_show(){                //显示新增界面
        document.getElementById("edit_user").style.display="block";
    }
    function btn_hide(){                //隐藏编辑界面
        document.getElementById("user_login_name").value="";
        document.getElementById("user_phone").value="";
        document.getElementById("user_name").value="";
        document.getElementById("user_email").value="";
        document.getElementById("user_password").value="";
        document.getElementById("user_role").selectedIndex=0;
        document.getElementById("user_confirm_password").value="";
        document.getElementById("user_state").selectedIndex=0;
        document.getElementById("error_text").innerHTML="";
        document.getElementById("editUserId").value="";
        document.getElementById("edit_user").style.display="none";
    }
    function btn_save(){                //新增/编辑用户信息
        var userCount=0;
        var sql="select * from TUser";
        var data=[];
        db.transaction(function(tx)
        {
            tx.executeSql(sql,data,
            function(tx,result)
            {
                var userId=document.getElementById("editUserId").value;
                var userLoginName=document.getElementById
("user_login_name").value;
                var userPhone=document.getElementById("user_phone").value;
                var userName=document.getElementById("user_name").value;
                var userEmail=document.getElementById("user_email").value;
                var userPass=document.getElementById("user_password").value;
                var userRole=document.getElementById("user_role");
                var userConfirmPassword=document.getElementById
("user_confirm_password").value;
                var userState=document.getElementById("user_state");
                var user={
                    userId:userCount,
                    userLoginName:userLoginName,
                    userPhone:userPhone,
                    userName:userName,
                    userEmail:userEmail,
                    userPass:userPass,
                    userRole:userRole.options[userRole.selectedIndex].value,
```

```
                userConfirmPassword:userConfirmPassword,
                userState:userState.options[userState.selectedIndex].value
                };
            if(check(user)){                          //校验数据
                if(document.getElementById("editUserId").value!=""){
                    user.userId=parseInt(document.getElementById
("editUserId").value);
                    updateData(db,user);
                }else{
                    user.userId=result.rows.length+1;
                    insertData(db,user);
                }
            }
        },
        function(tx,error){alert("数据查询失败："+error.message)});
    });
    }
    function check(user){                             //数据校验
        if(user.userLoginName==null || user.userLoginName==""){
            document.getElementById("error_text").innerHTML="<span
style='color:red;font-size:12px;'>请填写登录名。</span>";
            return false;
        }
        if(user.userName==null || user.userName==""){
            document.getElementById("error_text").innerHTML="<span
style='color:red;font-size:12px;'>请填写用户名。</span>";
            return false;
        }
        if(user.userPass==null || user.userPass==""){
            document.getElementById("error_text").innerHTML="<span
style='color:red;font-size:12px;'>请填写密码。</span>";
            return false;
        }
        if(user.userConfirmPassword==null || user.userConfirmPassword==""){
            document.getElementById("error_text").innerHTML="<span
style='color:red;font-size:12px;'>请填写确认密码。</span>";
            return false;
        }
        if(user.userPass!=user.userConfirmPassword){
            document.getElementById("error_text").innerHTML="<span style=
'color:red;font-size:12px;'>两次输入密码不一致。</span>";
            return false;
        }
        return true;
    }
    function insertData(db,user){                         //写入数据
```

```
        var sql="insert into TUser(userId ,userLoginName , userName , userPass ,
userConfirmPassword , userPhone , userEmail , userRole ,userState )
values(?,?,?,?,?,?,?,?,?)";
        var data=[user.userId,user.userLoginName,user.userName,user.userPass,
user.userConfirmPassword,user.userPhone,user.userEmail,user.userRole,
user.userState];
        db.transaction(function(tx){
            tx.executeSql(sql,data,
            function(tx,result){btn_hide();loadUserInfo();},
                                                    //数据保存成功后重新加载数据
            function(tx,error){alert("数据添加失败："+error.message)});
        });
    }
    function updateData(db,user){                     //修改数据
        var sql="update TUser set userLoginName=?, userName=? , userPass=? ,
userConfirmPassword=? , userPhone=? , userEmail=? , userRole=? ,userState=? where
userId=?";
        var data=[
        user.userLoginName,user.userName,user.userPass,
user.userConfirmPassword,user.userPhone,user.userEmail,user.userRole,
user.userState,user.userId
        ];
        db.transaction(function(tx)
        {
            tx.executeSql(sql,data,
            function(tx,result){btn_hide();loadUserInfo();},
                                                    //数据修改成功后重新加载数据
            function(tx,error){alert("数据修改失败："+error.message)});
        });
    }
    function btn_edit(){               //编辑用户信息
        var count=0;
        var selectedRow;               //当前选中的行
        var t_body=document.getElementById("t_body");
        for(var i=0;i<t_body.rows.length;i++){
            if(t_body.rows[i].cells[0].children[0].checked){
                selectedRow=t_body.rows[i];
                count++;
            }
        }
        if(selectedRow==null){
            alert("请选择需要编辑的数据！");
            return;
        }
        if(count>=2){
            alert("只能编辑一行数据！");
```

```
            return;
        }
        btn_show();
        document.getElementById("editUserId").value=selectedRow.cells[1].
innerText;
        document.getElementById("user_login_name").value=selectedRow.cells[2].
innerText;
        document.getElementById("user_name").value=selectedRow.cells[3].
innerText;
        document.getElementById("user_role").selectedIndex=
selectedRow.cells[4].innerText=="普通用户"?0:1;
        document.getElementById("user_phone").value=selectedRow.cells[5].
innerText;
        document.getElementById("user_email").value=selectedRow.cells[6].
innerText;
        document.getElementById("user_state").selectedIndex=
selectedRow.cells[7].innerText=="正常"?0:1;
    }
    function btn_del(){               //删除用户信息

        var selectedRow;              //所有选中的行
        var t_body=document.getElementById("t_body");
        for(var i=0;i<t_body.rows.length;i++){
            if(t_body.rows[i].cells[0].children[0].checked){
                selectedRow=t_body.rows[i];
            }
        }
        if(selectedRow==null){
            alert("请选择要删除的数据！");
            return;
        }
        var userId=parseInt(selectedRow.cells[1].innerText);
        deleteData(db,userId);
    }
    function deleteData(db,userId){
    var sql="delete from TUser where userId=?";
        var data=[userId];
        db.transaction(function(tx)
        {
            tx.executeSql(sql,data,
            function(tx,result){btn_hide();loadUserInfo();
console.log(result)},
            function(tx,error){alert("数据删除失败："+error.message)});
        });
    }
```